国家林业和草原局普通高等教育"十三五"规划教材

大学生生态文明建设教程

陈建成　主编

中国林业出版社

图书在版编目(CIP)数据

大学生生态文明建设教程/陈建成主编. —北京:中国林业出版社,2018.7
国家林业和草原局普通高等教育"十三五"规划教材
ISBN 978-7-5038-9681-1

Ⅰ.①大… Ⅱ.①陈… Ⅲ.①生态文明-建设-中国-高等学校-教材 Ⅳ.
①X321.2

中国版本图书馆 CIP 数据核字(2018)第 165004 号

财政部国家生态文明建设电子书包系统平台建设项目　　资助
国家林业和草原局生态文明教材及林业高校教材建设项目

策划编辑:徐小英　杨长峰
责任编辑:何　鹏　许　玮

出版　中国林业出版社(100009　北京西城区刘海胡同 7 号)
　　　　http://lycb.forestry.gov.cn
　　　　E-mail　forestbook@163.com　电话　010-83143543
印刷　北京中科印刷有限公司
版次　2018 年 7 月第 1 版
印次　2018 年 7 月第 1 次
开本　787mm×1092mm　1/16
印张　13
字数　260 千字
定价　45.00 元

《大学生生态文明建设教程》

编　委　会

主　任：宋维明

副主任：陈建成　张云飞　林　震　黄国华　徐小英

编　委：(按姓氏笔画排序)

丁夕友　王　平　宁秋娅　刘宏文　杨长峰　何　鹏

宋维明　沈登峰　张　闯　张云飞　陈建成　陈明海

陈秋华　林　震　胡明形　徐小英　黄国华　魏国印

编　写　组

主　编：陈建成

副主编：铁　铮　田　阳　林　震

编　者：陈建成　张云飞　彭文英　林　震　铁　铮　田　阳

胡祖吉　吴凡明　贺大兴　黄俊立　张秀芹　任　重

周　鑫　李秀娟

前　言

我国已经走进生态文明建设新时代。习近平生态文明思想已经确立。大学生是生态文明建设的有生力量。为了给大学生生态文明教育提供教材，在财政部国有资本经营预算项目"国家生态文明建设电子书包系统平台建设"、国家林业和草原局生态文明教材及林业高校教材建设项目的支持下，2017 年启动了本书的编撰工作。

本书的编撰过程，是参与者认真学习、深入研究、细心领会习近平总书记系列重要讲话精神，特别是习近平生态文明思想的过程。在本书编委会的指导下，主编、北京林业大学陈建成教授带领编写人员反复讨论，不断完善编写大纲，并认真审改全稿。副主编铁铮教授、田阳副研究员统筹了编撰具体工作。中国林业出版社约请有关专家对编写大纲进行论证，并召开书稿终审会，多次提出修改完善意见与建议。作者按照分工几易其稿，并随着时间的推移不断增补最新的内容。

参与本书编撰工作的作者有三个特点。一是学校来源广泛，作者分别来自北京大学、中国人民大学等多所高校；二是学术水平较高，作者均具有博士以上学历，在生态文明研究中取得了显著成果；三是教学经验丰富，作者均长期工作在教学第一线，对教学、对学生十分熟悉。

本书的编撰具体分工如下：第一章，北京林业大学张秀芹副教授；第二章，北京林业大学田阳副研究员；第三章，北京林业大学林震教授；第四章，首都经贸大学彭文英教授；第五章，北京大学黄俊立副教授；第六章，北京大学贺大兴副教授；第七章，北京科技大学周鑫副教授、中国人民大学张云飞教授；第八章，浙江农林大学任重教授、胡祖吉副教授；第九章，湖州师范学院吴凡明教授、李秀娟博士；第十章，北京林业大学田阳副研究员。

本书是团队集体努力的结果。除署名的作者外，北京林业大学巩前文博士审读了全稿，另有多名研究生参加了编务工作。

本书在编撰过程中，力图做到导向正确、观点鲜明、行文简要、适用性强，以便各类高校各年级的本科生、研究生使用。

本书被列为国家林业和草原局普通高等教育"十三五"规划教材。感谢中国林业出版社的编辑为本书顺利出版所付出的努力。感谢所有为本书问世作出贡献的人们。由于时间有限，本书定有一些疏漏，恳望读者批评指正。

编　者
2018 年 6 月 26 日

目　　录

第一章
绪　论

在习近平生态文明思想指引下,我国已经走向社会主义生态文明建设新时代。

党的十七大首次把建设生态文明写入党的报告,作为全面建设小康社会的新要求之一。党的十八大报告单篇论述生态文明,把"美丽中国"作为未来生态文明建设的宏伟目标,把生态文明建设摆在总体布局的高度来论述,把生态文明建设摆在"五位一体"的高度来论述,提出了"大力推进生态文明建设、走向社会主义生态文明新时代"的奋斗目标;党的十九大报告中明确提出,加快生态文明体制改革,建设美丽中国,强调人与自然是生命共同体,坚持人与自然和谐共生。人类必须尊重自然、顺应自然、保护自然。我们要建设的现代化是人与自然和谐共生的现代化,既要创造更多物质财富和精神财富以满足人民日益增长的美好生活需要,也要提供更多优质生态产品以满足人民日益增长的优美生态环境需要。必须坚持节约优先、保护优先、自然恢复为主的方针,形成节约资源和保护环境的空间格局、产业结构、生产方式、生活方式,还自然以宁静、和谐、美丽。

建设生态文明是中华民族永续发展的千年大计。我们要深入学习、贯彻、落实习近平生态文明思想,树立和践行绿水青山就是金山银山的理念,坚持节约资源和保护环境的基本国策,像对待生命一样对待生态环境,统筹山水林田湖草系统治理,实行最严格的生态环境保护制度,形成绿色发展方式和生活方式,坚定走生产发展、生活富裕、生态良好的文明发展道路,建设美丽中国,为人民创造良好生产生活环境,为全球生态安全作出贡献。

第一节 生态文明概念与特征

一、生态文明的概念

生态文明是人类文明发展的一个新的阶段,是继原始文明、农业文明、工业文明之后的人类新的文明,是人类新的生存方式。生态文明是以人与自然、人与人、人与社会和谐共生、良性循环、全面发展、持续繁荣为基本宗旨的社会形态。生态文明是人类遵循人、自然、社会和谐发展这一客观规律、为保护和建设美好生态环境而取得的物质成果、精神成果和制度成果的总和,是贯穿于经济建设、政治建设、文化建设、社会建设全过程和各方面的系统工程,集中反映了一个社会的文明进步状态。

"生态"指的是自然界中有生命的个体和周围其他非生物体之间相互联系、相互作用所构成的彼此之间能量与信息相互交换的有机系统。从广义上讲,生态包含着一切生物的生存状态。德国生物学家海克尔(E. H. Haeckel)在 1866 年提出"生态"一词,他指出生态学是认识、揭示自然现象和规律的一门科学。到了 20 世纪中叶,生态学发展成为一门完备的科学体系,进而引起了学界对"生态学"与"生态文明"之间关系的关注。

在一般层面,"文明"对应"野蛮",指开化 、进步、美好的人类行为。在政治层面,"文明"特指人类整体的进步状态。历史学家对"文明"的定义也不尽相同。法国历史学家基佐(F.P.G.Guizot)认为文明是包含一切的。基佐从历史角度来阐释"文明",认为文明所呈现的是一段具体的历史事实,并把社会和人的进步以及社会活动和人的活动的发展认定为文明必须具备的两个条件,这表明基佐认为"文明"一词包含着进步和发展的要素,是上升的、发展的社会历史趋势。日本学者福泽谕吉认为:"归根结底,文明可以说是人类智德的进步"[1]。显然,基佐与福泽谕吉都强调文明是发展的、进步的,历史学家所说的"文明"不仅包含了当代社会所公认的人性的进步,而且特指社会文化的发展与进步,是人类生产生活方式的不断提升,是人类社会形态的持续演进。

从生态学的角度理解生态文明,其含义主要有以下几个方面:①正确认识"人本位"与"自然本位"的关系。生态文明理念的出发点和落脚点是为人类社会发展作出贡献,为人与自然的和谐发展作出贡献。②强调生态文明是更高级的、独立的社会文明形态。生态文明是社会发展到一定阶段的必然产物,是继工业文明之后更高的文明形态。③生态文明不只是保护,还需要创造和推动,要求我们在保护生态环境的同时创造性地利用自然,以积极的态

---

[1] [日]福泽谕吉.文明论概略[M].北京编译社,译.北京:商务印书馆,1995.

度对待自然,而不是简单地为保护自然而消极发展。新的文明形态要求用科学的、绿色的方式发展生产,来实现社会发展和生态良好的相互融合、相互促进。

目前,关于生态文明的研究与日俱增,学者们对于生态文明的定义也不尽相同。通过对文献的梳理和研究可以得出这样的结论,目前学者们对生态文明的定义大致有以下两种:一种是具有共时特性的修补论,认为生态文明同政治文明、经济文明、文化文明一样是人类文明的一个方面,是构成文明的子系统,与其他文明相互联系而共同发挥作用。修补即是要求人们着力改善生态环境,合理开发自然,协调社会生产与保护自然之间的关系,进而在人与自然和谐共生的基础上推动整个文明的发展与进步。另一种是具有历时性的超越论,即生态文明是人类社会文明更高级的阶段,是人类新型文明形态,是对不合时宜的文明的扬弃,是要克服工业文明无限剥削自然的弊端,同时继承工业文明的积极成果,进而实现人类的可持续的发展。这一观点得到了大多数学者的认同。

生态文明是人与自然的关系由恐惧、崇拜,到利用、征服,再到破坏性利用,转而走向和谐共生的崭新文明形态。生态文明是人类在发展过程中,遵循人、自然、社会和谐发展的客观规律所取得的物质与精神成果的总和。生态文明以尊重和维护生态环境为主旨,以可持续发展为根据,以未来人类的继续发展为着眼点,强调人的自觉与自律,强调人与自然环境的相互依存、相互促进、共处共融。

一般认为,著名生态学家叶谦吉教授在我国学术界首次提出后,生态文明的概念不断丰富和完善。2003 年 6 月 25 日发布的《中共中央 国务院关于加快林业发展的决定》正式提出,要"建设山川秀美的生态文明社会"。这是"生态文明"第一次进入国家政治文件。2007 年 10 月,党的十七大报告中首次在最高层级使用"生态文明"的概念。2012 年 11 月,党的十八大报告中独辟专章集中论述生态文明建设问题。2017 年 10 月,党的十九大报告将生态文明建设纳入"两个一百年"奋斗目标。2018 年 5 月,习近平总书记在全国生态环境保护大会发表了重要讲话,确立了习近平生态文明思想。

二、生态文明的特征

生态文明的主要特征是人类社会全面转型,包括价值观转型、哲学转型、社会经济转型、生产方式转型、生活方式转型、文化转型等。其主要内容有以下几个方面:

一是范畴的丰富性。从其内涵看,生态文明包括意识上的、法制上的和行为上的文明。生态意识文明,主要指人们对待自然的看法,即通过对生态文明理念的领悟来达到正确认识生态问题,形成符合生态文明理念的价值观和伦理观。生态制度文明,通常是指与生态文明相关的各类法律制度上的规范和规定。生态行为文明,指人们为了达到人与自然的和谐而采取的各类行动。从外延上看,生态文明所包含的范围较为广泛,包含社会生活的方方面面,生态文明是作为一个各个方面相互联系的整体而存在的。

二是形态的高级性。从人类经历原始文明、农耕文明、工业文明的发展状况来看,人类社会是不断发展、更替的时代,每个文明时代有其特定的生产方式和生活方式。以机器化大生产为主导的工业文明以索取和破坏自然为代价,对生态环境的破坏已经威胁到人类社会的发展,唯有生态文明是人类社会能够永续发展、润泽子孙后代的文明形态;必然代替工业文明。当今全球性生态危机的直接原因是人类社会生产和生活方式的不节制和失范性,窥探其本质是文化危机。在马克思主义的定义中,资本主义制度本身无法走出生态危机,只有发展到共产主义社会,才能真正解决人和自然、人和人之间的矛盾,只有人与自然和谐,才能最终实现人与人的和谐。

三是建设的长期性。生态文明目前还处于发展起步阶段,从以往的文明形态发展来看,必然要经历一段长期的艰苦过程。要把生态文明作为一种指导思想融入社会建设的方方面面,促进经济发展方式和人民生活方式向绿色、环保转型,把生态文明作为一种理念在全社会范围进行宣传,营造绿色环保的社会氛围,使生态文明深入进人民内心。由此看来,生态文明建设的长期性更为突出。

四是推进的全面性。生态文明是一个整体,具有全面性、系统性。在推进生态文明建设过程,要构建生态文明体系。构建生态文明体系,是一场包括发展方式、治理体系、思维观念等在内的深刻变革。要加快构建生态文明体系,加快建立健全以生态价值观念为准则的生态文化体系,以产业生态化和生态产业化为主体的生态经济体系,以改善生态环境质量为核心的目标责任体系,以治理体系和治理能力现代化为保障的生态文明制度体系,以生态系统良性循环和环境风险有效防控为重点的生态安全体系。这是推进生态文明建设的具体部署,也是从根本上解决生态环境问题的对策体系。

第二节 生态文明的理论基础

生态文明理论的产生是一个辩证发展的历史过程,是对以往生态思想的继承、发展与创新。生态文明理论继承了中国哲学中蕴含的生态思想、马克思主义生态思想及西方环境哲学中的生态思想等。在此基础上,生态文明理论与中国的具体实际相结合,立足于中国乃至整个人类社会来解决社会发展与生态环境之间的矛盾。

一、中国哲学生态思想资源

生态文明是当今中国大力推行的战略举措与价值观念,然而,值得关注的是,中华民族向来尊重自然、热爱自然,绵延5000多年的中华文明也孕育着丰富的生态文化。例如,"中道"思想即是要求人们适度地在对待其他存在物,遵循一定的道德标准;"和谐"思想即是要求人们要在处理人与人、人与自然的关系时要实现互惠互利、和睦相处的目的等等。在博大精深的中国哲学中,"天人合一"思想、"道法自然"思想、"众生平等"思想,因其影响的广泛性和深远性,无疑成为了生态文明的主要思想源头。

(一)"天人合一"思想

"天人合一"的思想最早见于《易经》。道家的庄子对这一思想进行了解读。他在《庄子·达生》中说,"天地者,万物之父母也"。他力图阐明,自然规律高于人的意志,人类应对自然大道心怀敬畏。庄子眼中的"天人合一"的根本在于,对欲望既不能放任自流,也不能盲目扼杀,而要根据自然规律,得出并释放出合理的欲望。

儒家的"天人合一"思想最早起源于春秋战国时期的孔子,汉朝董仲舒发展为天人感应说,程朱理学又将之引申为天理说。"天人合一"要求人们要对"天"有所敬畏,不能单纯考虑人类自身的利益,要与"天"实现一致的发展,而"天"在"天人合一"中指的就是大自然。中国古代哲学大多都在探讨人与天地之间的关系。在儒家看来,天代表着道德的源头与标准,人做的事都要遵循天的要求,即是要遵循自然规律,不能逆规律而行。

"天人合一"思想认为,人本来应该和天不自觉地合二为一,但是人在后天受到利益和欲望的蒙蔽,不能发现自己的本心,因而失去了人本质中存在的道德原则。"天人合一"思想在中国古代得到了传承和发展,并结合时代被赋予了新的含义。"天人合一"思想为人们的生产生活提供了道德准则,要求人们用善意来对待天命,通过修身养性来安身立命。

(二)"道法自然"思想

道家"道法自然"思想在中国传统文化中也影响颇深,道家的自然观是生态哲学思想的源头。老子曾经提出"人法地,地法天,天法道,道法自然"的主张,并一直影响至今。在道家看来,人是自然的一个组成部分,因而人理所应当地与自然和谐相处。道家告诫人们对待自然要"无为",要顺应自然的本真面貌。"无为"思想是对人的本性的认识,是根源于"道"的,"无为"深刻体现了老庄思想中的矛盾原理,即人的自然本性与"道"的根本特征是具有同一性,道家的无为思想不是指什么都不做,消极生活,而是一种"无为即大为"的理念,是一种更高层次的境界。老庄思想中蕴含着朴素的人与自然和谐共生的思想,为我们现代的生态文明思想提供了哲学基础。

(三)"众生平等"思想

佛家文化对中国传统文化有深刻的影响,并蕴含着生态文明的思想。它告诫人们要对生物及自然怀有敬畏与感激之心,胸怀众生平等的理念,否则就会得到自然的惩罚。佛家文化倡导人们要行善事、积善果,要保持对自然的善心与善举,才能得到自然善的回馈。

中国哲学蕴含的生态思想资源丰富而深刻,不仅对解决中国的生态问题大有裨益,对于解决世界范围内的生态问题也能够起到启发性的作用。

二、马克思主义生态思想

在马克思主义理论体系中,马克思思想包含着深刻的生态思想,要真正地将它挖掘出来并领会,必须要把握产生生态危机的根源。目前倡导的"绿色"理论,强调将生态破坏、自然退化与科学技术、现代性紧紧联系在一起,而没有看到导致生态危机的真正根源。正是在这样的背景之下,一些西方的"生态马克思主义"理论家(如莱易斯、阿格尔、奥康纳等)提出了一系列关于生态危机的理论,富有说服力地向人们表明:生态学马克思主义就是指导人类消除生态危机的学说。

美国著名的生态学马克思主义代表人物约翰·贝拉米·福斯特肯定了马克思主义体系中蕴含的生态思想,他不仅对马克思生态思想进行了系统分析,还赋予马克思和恩格斯以"生态学家"的称呼,福斯特认为马克思的世界观抓住了事物的根本。

关于马克思的生态思想,主要有以下几个方面的内容:

(一)人与自然的辩证关系

一是自然对人的约束。自然界是人类获取生产资料的直接来源,对人的劳动具有制约作用。二是人对自然的作用。人通过劳动来满足自身需要的同时也为自然打上了自身活动的烙印,进而改变了自然界的结构,使得原始自然、人化自然和人工自然成为统一体。人化自然强调客观世界被人类对象化的过程。人工自然是指通过人类实践而改变了的那部分自然,包括人类直接影响到的自然、生态系统以及人类利用自然材料创造的人工自然物。三是自然对人类盲目行为的报复和惩罚。马克思在谈到自然和人类之间的相互关系时说:"尽管人类是能动性的存在物,但是我们不要过分陶醉于我们人类对自然界的胜利。对于每一次这样的胜利,自然界都对我们进行报复,每一次胜利,起初确实取得了我们预期的结果,但是往后和再往后却发生完全不同的、出乎预料的影响,常常把最初的结果又消除了。"[1]在马克思主义看

---

[1] 恩格斯.自然辩证法[M].北京:人民出版社,2017.

来,人与自然是相互依存、相互作用的辩证关系,人类盲目对自然破坏的行为必然会受到自然的惩罚。

(二)人与自然相关联的中介桥梁

人作为感性存在物,具有各种各样的物质需要,并将物质需要诉诸自然界。那么,人类通过何种中介将自身与自然界联系起来呢?在马克思主义看来,劳动"是制造使用价值的有目的的活动,是为了人类的需要而对自然物的占有,是人和自然之间的物质变换的一般条件,是人类生活的永恒的自然条件,因此,它不以人类生活的任何形式为转移,倒不如说,它为人类生活的一切社会形式所共有"[1]。马克思发现了将人类与自然联系起来的中介,即是人的劳动。人类通过劳动与自然之间进行着物质变换,通过劳动引起了人类和自然界的新进化。总之,以劳动作为中介,人与自然的关系就打上了社会的烙印,具有了社会性。

(三)人与自然的异化现实

生态学马克思主义认为,生态危机的根源是资本主义制度,资本主义的发展带来了人与自然、人与人之间关系的异化。资产阶级为了扩大再生产、获取剩余价值,尽可能地刺激消费,造成生产和消费的迅速膨胀,造成对资源的破坏和滥用,进而引发生态环境问题。资本家刺激人们的奢侈消费,进一步通过扩大再生产榨取剩余价值,企图通过异化消费来补偿异化劳动中的痛苦。由于生态系统的有限性与扩大再生产的无限性之间的矛盾,当生产资料无法获取时,人们的社会生产和生态环境也将面临巨大的危机。生物学家阿格尔根据马克思异化劳动的实现形式,提出了"消灭异化消费"和"期望破灭"理论,主张建立社会主义经济模式。

(四)人与自然的和谐走向

要达到人与自然的和谐共存,需要具备以下几个条件:一是经济条件。生态文明在社会现代化发展到一定程度的基础上才能实现,只有生产力高度发达,工业文明才能逐步向生态文明演进;二是政治选择。在解决生态危机过程中需要政府的积极作为,政府必须变革现有不合理的生产方式和社会制度;三是文化选择。要实现人与自然和谐发展,在文化上就必须回归到辩证思维中来,认识到人与自然之间的辩证统一性。需要在全社会范围内进行生态文明理念教育,树立可持续的发展理念,培养大众生态文明意识,在尊重客观规律的基础上进行生产活动,防止环境污染和生态破坏;四是科技选择。自然的奥秘和科学的认知是大海和水滴的关系,人类通过科学技术来改造环

---

[1]　中共中央编译局.1844年经济学哲学手稿[M].北京:人民出版社,2017.

境,创造满足自身需要的产品,并逐步认识世界。但是,目前自然界依然有许多需要人类进一步发现和认知的奥秘。在人类运用科学技术探索世界的同时,对自然也不能进行过多的干预,人类对自然过度干预后带来的消极后果也只能由人类自己来承担;五是人生价值选择。人生的真正意义在于精神享受而非物质享受。正是在社会物质生产相对丰富的条件下,人们依然追求物质享受,完全忽视社会生态环境的承载力,才导致了严重的生态危机问题,并最终危及人类生存。因此,只有注重生态文化建设,摒弃无节制的物质享受观念,改变"大量生产、大量消费"的传统生产生活方式,积极推进生态文明建设,才能在解决生态环境问题上有所突破。

三、西方环境哲学的生态思想

西方哲学的核心问题是人与自然的关系,而这也是西方环境哲学(也可称作环境伦理学)探讨的核心内容。20 世纪 70 年代中期,西方的环境问题逐渐显现,出于解决环境问题的实践要求,西方环境哲学的轮廓开始显现。与历次环境保护运动的发展相呼应,西方环境哲学也迅速发展,到 20 世纪 90年代初实现了重大的创新和发展,形成了诸多颇具影响力的流派,这些流派从不同角度呈现出了对人与生态关系的反思。

(一)人类中心主义

人类中心主义在人类的道德生活中具有悠久的历史。在不同的文明传统中,我们都可以找到人类中心主义的因素,但是只有在西方文明中,人类中心主义才得到了最彻底的张扬。它的表现形式主要有自然目的论、神学目的论、灵魂肉体二元论、理性优越论和现代人类中心主义。自然目的论最核心的观点是人是其他自然存在物的目的。基督教进一步强化了这个观点。灵魂与肉体二元论的代表人物笛卡尔,认为只有人具有灵魂,因而人可以任意地对待动植物。理性优越论认为只有人具有理性,而动物因不具备理性而只能被当做工具使用。现代人类中心主义的核心观念是:只有人具有理性和理性价值,而其他存在物只具有工具理性,大自然如果缺乏人的存在就变得没有价值。

关于人类中心主义的研究,开启了人们对人类与自然关系的深刻反思。人类中心主义认为,人的需要和利益是道德关怀的唯一参考标准,大自然以及其他存在物的存在都是为人的存在而服务的。人类中心主义进一步强化了人的地位和权利,削弱了自然的地位和权利,但事实上研究人类中心主义本身即是对人与生态环境关系的反思。对人类中心主义的深入剖析,正是为了纠正西方长期以来以人为中心的思维模式,打破人对于自然环境肆无忌惮的行为模式。例如,现代人类中心主义中的强式人类中心主义认为人可以在自然中为所欲为,依据是人在自然界中至高无上的地位。人类如果在自然中无所顾忌地肆意妄为,必然会导致自然的灾难和人的灾难,这是对人类毫无节制的破坏生态行为的反面警告。弱式人类中心主义则指出,人虽然在自然中有比其他存在物相对优先的地位,但也承认其他存在物存在的合理性,因而人应当考虑人类的长远利益和大局利益,不能肆意破坏生态,不能肆意伤害生物。

(二)动物解放论与动物权利论

以辛格为代表的动物解放论者以功利主义和平等原则作为出发点,认为利益是评判行为是否道德的标准。根据动物解放论,动物同人一样具有感觉的能力,因而动物也具有获得快乐、避免痛苦的利益,伤害动物的行为就是伤害了动物的利益,是不道德的。以雷根为代表的强式动物解放论者认为,仅仅从功利主义和平等原则出发确立动物的权利是不恰当的。雷根认为动物同人一样具有天赋的价值,内在地、自然地具有不受侵害的权利。以沃伦为代表的弱式动物权力论者认为,动物拥有权利的基础是动物的利益,而并不是动物身上具有的天赋价值。沃伦认为权利是利益的保障,因而动物同样拥有权利。

从积极意义上而言,动物解放论强调将动物从残酷的人为限制中解放出来,动物权力论主张动物的权利主体地位。动物解放论/动物权利论将权利的主体从人扩展到动物,蕴含着保护动物、保护大自然的生态思想因素。生态思想要求人类善待自然、善待动植物,作为西方环境哲学的组成部分之一,动物解放论/动物权力论划开了长期在西方思想中占据主导地位的"人是一切的主体"思想的天幕,为现代生态思想作出了贡献。尽管动物解放论/动物权利论也存在消极的作用和难以逾越的论证难题,但却对人们剥削动物与践踏生态环境的错误行径提出了警示,能够激起人类与动物和生态环境和谐共处的内心共鸣,也进一步为西方环境哲学向更加科学、更加合理的方向发展提出了新的要求和启示。

(三)生物中心主义

泰勒是道义论的生物中心主义的代表人物,他认为尊重是伦理的本质,凡是具有价值的存在物都值得被尊重,而如何地尊重生物要取决于我们如何看待生物及看待我们与其他生物之间的关系。在后果主义的生物中心主义的代表人物阿提费尔德看来,道德与利益有着紧密的联系。生物有自己的利益,因而生物都有受到帮助或者受到伤害的权利。如果说道义论的生物中心主义主张根据人们是否抱有尊重自然的态度,而去评判人的道德价值,那么后果主义的生物中心主义评判人的道德价值的标准是人的行为造成的善果和恶果的二者比较权衡。

总体而言,生物中心主义强调人类并非比其他生物优越,人类同其他生物一样都是大自然中的成员,应当平等地对待野生动植物。生物中心主义进一步将权利的范围扩展到了大自然中的所有生物,进一步扩展了非人类中心主义的范围,完善了环境哲学的理论体系。在调整人与动物关系方面,生物中心主义做出了有益探索,为实现人与自然的和谐永续、健康稳定的发展做出了贡献。在如何对待动物生命的方面,生物中心主义主张尊重生命、保护生命、珍爱生命,这对于人们树立尊重自然、保护自然、顺应自然的生态文明理念同样存在着有益的启示。

(四)生态中心主义

生态中心主义认为人类必须对其他存在物以及整个生态系统进行道德上的关怀,并强调人与生态的不可分割性,生态中心主义主要可以分为大地伦理学、自然价值论和深生态学三个流派。利奥波德是大地伦理学的主要代表人物,他认为自然界是由人与其他存在物共同构成的共同体,作为共同体的成员,人对其他存在物拥有道德上的义务。罗尔斯顿的自然价值论将价值当做事物的属性,强调存在物价值的最重要的体现是事物的创造性。自然有创造力,自然就存在价值。深层生态学这个概念是奈斯于1973年首次提出来的,深层生态学将生态学视为一种协调人与自然关系的行为方式,认为人与环境是一体的,认为人与整个生态系统有着密不可分的深层联系。

生态中心主义可以说是西方生态文明思想的主要体现,强调人在生态系统中的从属地位,要求树立整体的、循环的、联系的生态观念。生态中心主义与人类中心主义不同,将生态系统的地位置于人的地位之上,力求人与生态的和谐相处,并构建了一系列人的生态行为的规范原则。生态中心主义打破了以往将人的需要和价值凌驾于自然中任何存在物之上的固有思想,并将人类置于生态大系统之中,强调人的行为要以生态的稳定和发展为先决条件,对人们树立生态文明意识、践行生态文明行为具有非常积极的促进意义。生态中心主义打破了以往将人与生态僵化二分的固有思维模式,建立了人与生态既对立又统一的新型伦理范式,适应了当前解决生态危机的现实需求,为人类实现可持续的发展提供了有益的探索。但生态中心主义忽视了人类在生态文明建设中的主观创造作用的发挥,忽视了人类能够科学地认识世界与改造世界的实践能动作用的发挥。

第三节　生态文明建设的时代背景

生态环境是人类社会生存发展的基石,它为人类提供生产生活所需的物质资料,同时也承载着人类从事生产活动产生的垃圾废物。良好的生态环境是人民生活幸福安康、人类社会永续发展的前提。然而,随着工业现代化发展,环境问题日趋加剧,生态环境遭到破坏,资源瓶颈问题突出,生态系统失调,甚至出现全球性的生态危机。针对目前我国的生态环境问题,党和国家指出要进一步推进生态文明建设。生态文明不仅指生产活动要重视环境保护,人们要树立环保的价值观,更是一种社会文明形态。目前,我国在经济、科技、法律、民生等方面取得重大成就,使得推进生态文明建设具有了可行性,因此,推进生态文明建设是时代必要性的彰显。习近平总书记在党的十九大报告中指出,我国的生态文明建设成就显著,并进一步指出建设生态文明是中华民族永续发展的千年大计,昭示着我国生态文明建设的重要意义以及生态文明建设的永久性、持续性。

一、全球生态危机的预警

工业文明和现代化给人类带来了巨大的物质财富和良好的生活条件,但并没有给人们带来持续的幸福感,反而开始威胁我们的生存。人类不合理的实践活动,以及向自然无限度索取,已经导致了生态环境危机。人与自然的关系越发紧张,大自然不断向人类发出警告,频发的自然灾害不仅给人类带来深重灾难,而且也把自然界推向了更加脆弱的边缘。例如,全球气候变暖、臭氧层破坏、酸雨蔓延、土地荒漠化、资源短缺、水环境污染严重、大气污染肆虐、固体废弃物成灾、森林锐减、生物多样性减少。目前,生态危机已经发展为全球性的问题,不仅存在于发达国家,也蔓延到发展中国家,如果任其发展下去,最终将威胁人类生存。

要解决全球性的生态危机问题,需要世界各个国家共同努力。中国作为一个大国,也面临着生态危机的威胁,但我国也在积极采取措施应对危机,思考如何走一条人与自然和谐相处的道路,从经济发展模式、社会生活方式等各个方面构建符合生态文明的发展道路。新时代下,为解决人类不合理的实践活动带来的生态危机问题,习近平生态文明建设思想熠熠生辉,为我国未来社会发展指明了方向,同时也为世界发展贡献中国方案。

二、全球生态环境治理的趋势

工业革命首先产生于西方发达国家,由于西方发达国家资本的逐利性,无限度向大自然索取,生态危机一度困扰着西方发达国家,随着危机问题愈演愈烈,西方发达国家意识到其危害,于是开始采取措施治理环境污染,因此西方发达国家早于发展中国家开展环境治理。这在一定程度上为我国环境治理提供了参考。回顾西方发达国家的治理模式,主要有源头治理和末端治理、手段多元综合治理、多利益群体参与、开发节能产业等方式,取得了良好的效果,也形成了一系列环境治理理论,对我国生态文明建设提供了借鉴思路。因此作为发展中国家的大国,理应担负起保护环境的责任,这不仅是我国社会永续发展的要求,而且也是承担起全球环境治理的公共责任的需要。根据我国发展现实,人口众多、资源利用率低、现代化发展不足等因素,我国面临的生态环境挑战远远大于其他国家,面对这些问题,我们要合理借鉴国外环境治理经验和教训。鉴于西方发达国家的环境治理理论和实践的启示,我国生态文明建设思想也在不断的走向成熟,以更科学合理的方式探索我国生态环境治理新模式。

三、我国生态环境面临的问题

人与自然是生命共同体,人与生态命脉相连。自党的十八大以来,我国生态文明建设成效显著。但是由于长期粗放型的经济发展,可观的经济增长背后却是资源大量消耗、生态严重破坏的沉重代价。我国生态文明建设水平仍滞后于经济发展,粗放的生产方式,过度消费的生活方式,资源约束趋紧,环境污染严重,生态系统退化,发展与人口资源之间的矛盾日益突出,已经成为经济社会可持续发展的重大瓶颈制约。

（一）粗放的生产方式

由于受地理环境、发展阶段、技术水平、经济模式等因素制约,我国经济长期依靠增加生产要素量的投入来扩大生产规模,实现经济增长。粗放的生产方式引发的生态环境问题日益成为可持续发展的限制因素。具体表现为:一是能源资源消耗巨大,数据表明,我国是世界上铁矿石、氧化铝、钢铁、铜、水泥等资源消耗量最大的国家;二是资源能源利用率低,污染排放量巨大,主要污染物排放已经超过环境承载能力;三是产品质量难以提高,经济效益低下。我国以往高投入、高消耗、高污染的粗放的生产方式,对生态环境造成了严重的威胁,并伴随着资源短缺、环境污染、生物多样性破坏等严重的生态灾难,成为经济社会发展的重要制约因素。因此,要加强生态文明建设,发展低碳循环经济,由低效、高污染的粗放生产方式向高效、可持续的集约生产方式转变,促进产业结构整体转型,提高产品质量和经济效益。

（二）过度消费的生活方式

除了生产领域的粗放发展,生活领域的过度消费也是我国生态环境保护面临的一大问题。消费已经成为现代人生活的重要方式,而过度消费则会在人们有意或无意间对生态环境造成巨大的破坏。随着经济社会的快速发展,居民生活条件普遍提高,奢侈浪费的消费观念也随之而来。全民在衣、食、住、用、行、游等领域仍未树立起勤俭节约、绿色低碳、文明健康的消费观念,各种奢侈消费、不合理消费现象仍然充斥着大众的消费行为当中。公众既成了生态环境问题的受害者,也成了生态环境问题的制造者。例如,在线外卖市场现已非常火爆,庞大的外卖订单引发的却是资源浪费和环境污染的严重问题。公众在饱受生态环境破坏之苦时,却又在日常生活中破坏着生态环境。生态文明建设需要充分依靠人民群众的力量,推动公众形成绿色的生活方式,其所达到的效果也将会超过政府投入的数百倍,也会促进经济发展方式的绿色化转型,能够为生态文明建设和美丽中国建设奠定坚实的群众基础。

(三)资源约束趋紧

资源是人类社会生存和发展的重要基础,现代化、工业化的发展离不开能源资源的支撑。我国自然资源总量丰富,但人均资源量少,资源利用率低,资源浪费严重。我国矿产资源低品位、难选冶矿多;土地资源中难利用地多、宜农地少;水土资源空间匹配性差,资源富集区与生态脆弱区多有重叠。随着人口的增长和经济的发展,能源资源需求总量仍将持续增长。然而,我国资源供给正在数量减少,质量下降,可开发利用的难度提升,利用国外资源的风险和难度不断加大。国家资源禀赋变化导致资源能源供需不均衡,以致我国资源数量控制型约束与质量控制型约束日趋紧张。因此,我国需要加快转变经济增长方式,缓解资源压力。这不仅能为当代人造福,也能润泽子孙万代。

(四)环境污染严重

工业革命以来,人们看到了对自然无限索取所带来的巨大经济利益。大规模的工业生产造成了向自然界大量的污染排放,这些污染排放量远远超过了环境承载的能力,导致多次严重的环境污染事件,最后导致了全球普遍性的环境污染。西方发达国家也只是在小范围内认识到了这些问题,但没有从根本上提出解决措施,而是把重污染工业转嫁到发展中国家。我国经济高增长的背后,是环境的高污染。土地污染、大气污染、水污染、噪声污染、辐射污染已经严重影响到我国人民群众的生产和生活条件,尤其是大气污染已经严重影响到我国居民的健康。而城市污染也呈现出向农村地区扩散的趋势。因而,我国面临着严峻的环境污染的国内外形势,打好污染防治攻坚战已经迫在眉睫。

(五)生态系统退化

整个地球的生物包括微生物,无论是植物的还是动物的,这些共同构成了生态系统,各个生物之间进行着能量守恒的物质交换。生态系统具有调节功能,这一调节功能使得环境更加稳定。然而,当前全球性的生态系统已经发生改变,它自身的调节能力遭到破坏,造成了生态系统退化。现代化让人类享受便利优越的同时,也产生了巨大的负面作用,导致全球性的生态危机威胁人类生存。总体上看,我国生态环境质量持续好转,出现了稳中向好趋势,但成效并不稳固。生态文明建设正处于压力叠加,负重前行的关键期,正进入提供更多优质生态产品以满足人民日益增长的优美环境需要的攻坚期,也到了有条件有能力解决生态环境突出问题的窗口期。

随着经济社会的不断向前迈进,发展与资源之间的矛盾进一步凸显,生态文明建设已经刻不容缓。中国特色社会主义已经进入新时代,习近平总书记高度重视生态文明建设。政府机构的改革、经济实力的增强、科学技术的创新、发展理念的转变等各方面的进步,也为我国生态文明建设事业的进一步向前推进提供了机遇和条件。

第四节　生态文明建设的重大意义

随着生态文明建设的不断推进和人类社会的不断发展,生态文明将成为一种新型的文明理念伴随着人们的生产生活。它要求人们在生产和生活等各个方面都坚持绿色、环保、集约的方式,重视环境保护,合理利用自然,形成一种人与自然良性互动的状态,实现资源节约、环境友好、生态健康、经济发展的美好局面。大力推进生态文明建设,将生态文明价值观融入社会主义核心价值观,并深入人民内心,从根本上解决经济社会发展与生态环境之间的矛盾,实现建设美丽中国的美好愿景,在全面建成小康社会的决胜期具有举足轻重的影响。

一、生态文明建设为经济发展提供新动力

2013年5月,习近平总书记在中央政治局第六次集体学习时指出,“要正确处理好经济发展同生态环境保护的关系,牢固树立保护生态环境就是保护生产力、改善生态环境就是发展生产力的理念”[1]。这一重要论述,阐明了如何正确处理发展生产力与保护生态环境之间的关系,蕴含着深刻的生态文明理念。习近平生态文明建设思想就生产力和经济发展的问题进行了深刻的阐述,强调要把绿色发展、循环发展、低碳发展作为生态文明建设的基本途径。生态文明建设不仅仅是对生态环境的修复和治理,而是需要将生态文明理念贯穿到生产方式、生活方式、消费方式等各个方面,改变传统的经济发展模式,追求绿色、可持续的发展。

从生产方面来看,工业化为我国带来了前所未有的经济发展,但同时也伴随着一些突出问题。由于长期受到地理环境、经济发展模式、人口等因素的制约,资源浪费、环境污染等问题不断困扰着我国的经济发展,我国经济发展模式仍然有待进步。在整体方面,由于我国过去粗放式的经济增长,造成了对资源能源的巨大消耗,带来的是我国重要矿产资源和能源对外依存度的持续上升。产业升级问题也一直是我国经济发展的难题,钢

---

[1]　中共中央文献研究室.习近平关于社会主义生态文明建设论述摘编[M].北京:中央文献出版社,2017.

铁、水泥、煤化工等产业依然面临着产能过剩的威胁。有些产业虽然规模较大，但缺乏核心竞争力，在全球市场处于弱势地位，特别是当前我国经济发展进入新常态，如何适应新的发展阶段以求得更高的、更文明的发展是我们亟须考虑和解决的问题。

从生产产品方面来看，现代文明的发展使得人类对产品的要求越来越高，人们更加注重产品的环保甚至是创新性能，生态文明通过产业创新，生产出具有更高品质和更高性能的产品，使得新产品从传统产品中脱颖而出，更加具有竞争力，进一步促进经济增长。生态文明可以优化生产环境，尤其在第一产业表现尤为明显，例如依靠自然条件生存的产业，生态环境恶化造成自然条件恶劣，农业生产也会带来损失。因此，从生产到产品产出是一个环环相扣的过程，每一过程都与生态文明建设息息相关。

从消费方面来看，纵观当前我国的消费市场，奢侈消费、一次性消费、盲目攀比消费之风盛行，给国外产品侵占中国市场带来了可乘之机。国外奢侈品已经占据了巨大的国内消费市场，造成对我国产品的巨大冲击，严重压缩了我国产品的生存空间。不合理的消费现象与我国提倡的消费观念相悖离，造成了社会资源的极大浪费。因而，在消费领域要努力优化不合理的消费结构，倡导绿色消费，形成绿色、环保的消费理念，并鼓励发展绿色产品，这将是我国未来开展生态文明建设的一个重要着力点。

在生态文明建设中，应该立足于绿色经济和低碳经济，寻求新的经济增长点，把发展生产向关注生态环境方面转变，在促进节能减排的同时提高国际竞争力，达到经济发展与环境友好的双赢局面。

二、生态文明建设为政治稳定提供战略保障

生态问题进入政治生活领域后，是国际国内政治内容的重要组成部分，具体表现为一方面影响和冲击原有的政治格局和思维，另一方面丰富和发展原有的政治生活和内容。

从国际影响上来看，生态文明建设关系到全球生态安全问题，这无疑成为当今世界面临的重大问题之一，近年来国际上越来越重视全球环境治理问题，针对目前全球出现的气候变化、灾害频发、环境污染等问题召开了一系列重大会议，讨论并达成了《联合国气候变化框架公约》《巴黎协定》等标志性成果，逐渐对生态问题有了更加清晰地认识。中国作为一个大国，是国际问题的积极践行者和参与者，主动承担责任，致力于推动全世界和平和发展。我国积极推进生态文明建设，不仅是在国内进行生态环境治理，更是承担了全球节能减排的重要任务，并取得了举世瞩目的成绩。我国积极推进和践行生态文明建设，切实推动我国承担全球生态责任，增强我国国际话语权；有效消除国际对我国的误解，展示我国负责任的大国风范；充分增强我国的道路自信、理论自信和制度自信，彰显中国特色社会主义魅力。

从国内影响来看,生态文明建设关系着国家的政治稳定、人类的和谐幸福。生态环境直接影响人类生存,由于生态环境破坏带来的自然灾害已经在警醒着我们,破坏自然会危及人类生存。环境问题往往和政治、经济等诸多问题相互掺杂,无论是自然灾害还是人为造成的环境危机事件,都会导致政治混乱,甚至使国家或地区的政治运行陷入瘫痪状态,严重影响国家的政治稳定和人民幸福。因此,生态文明建设至关重要,我国生态文明建设源于多年实践,并一步步走向成熟,它根植于时代现实坚持理论创新和实践创新,努力开展环境治理并收到明显成效,很大程度上确保了人民群众的生命财产安全和国家的政治稳定。生态文明建设大力实施,我国生态文明建设鼓励公众参与,着重增强公众的生态文明建设意识和热情,向公众普及生态文化,最大程度地完善公民参与生态文明建设渠道,有助于发挥公民参政的作用力,进一步体现社会主义本质的优越性。生态文明建设事关国际和国内政治稳定,为此,我们需要积极推进生态文明建设,在新时代下以崭新的形象为世界贡献中国智慧。

三、生态文明建设为文化建设提供价值指引

生态文明这种新的文明形态代表着新的符合时代发展的价值观,未来我们要走上一条生态良好、生活富裕、人类文明的发展道路,那么生态文明价值观的树立至关重要。

生态文明建设丰富了人们的价值观和伦理观。随着一系列保护生态环境举措的实施,人们的观念也逐渐发生变化。受到生态价值观的影响,人们会改变自身生产实践活动的方式,学会用联系、辩证的眼光来看待人与自然的关系,逐渐改变逐利思想,形成正确的生态价值观,有利于社会整体进步和转型。受生态文明价值观的影响,人们的伦理观也会随之变化,生态文明要求人类以平等的眼光对待自然,把世间万物生灵纳入人文关怀范围,善待自然。生态文明建设只靠制度约束远远不够,只有从根本上改变人们的价值观和伦理观,用道德的思维约束人的行为,才能真正呈现人与自然和谐的状态。

生态文明建设构成了党的治国理政理念。生态文明建设理论的形成经过了漫长的实践探索,并上升到国家战略高度成为党的指导思想。从治国理政理念出发,把生态文明建设作为一种政治手段实施,是将其现实化的表现,一方面实施生态文明建设促进生态环境良好发展,另一方面丰富党的治国理念。习近平生态文明建设思想进一步继承和创新党的生态思想,体现了开放性、科学性、与时俱进性,开创了我国生态文明建设的新时代。

生态文明建设发展了中国特色社会主义理论。生态文明建设理论是马克思主义中国化的最新成果,它表现出了强大的时代性和创新性。生态文明建设经历了长期的实践和探索,直到上升为国家战略高度,与"五位一体"统

一于中国特色社会主义事业建设,他的发展使得中国特色社会主义理论体系更具有创新性和完整性。生态文明理念是党的重大战略决策,是进一步认识和深化社会主义发展状况的成果,是进一步反思我国生产方式和生活方式的结果,是进一步深入认识可持续发展理念的重要过程,与我国经济、政治、文化、社会建设共同协调发挥作用。在中国特色社会主义理论体系的伟大指引下,中国必将成为全面发展的现代化国家。

习近平同志强调:"生态文明建设事关中华民族永续发展和'两个一百年'奋斗目标的实现,保护生态环境就是保护生产力,改善生态环境就是发展生产力。在生态环境保护上,一定要树立大局观、长远观、整体观,不能因小失大、顾此失彼、寅吃卯粮、急功近利。我们要坚持节约资源和保护环境的基本国策,像保护眼睛一样保护生态环境,像对待生命一样对待生态环境,推动形成绿色发展方式和生活方式,协同推进人民富裕、国家强盛、中国美丽"。[1] 在习近平同志关于社会主义生态文明建设的一系列讲话中,处处体现着开创生态文明建设新局面的伟大格局。

生态文明建设理论作为马克思主义中国化的重要成果,代表着中国特色社会主义理论体系进一步与时俱进,它符合时代的召唤,体现大国的责任。随着我国理论体系和法律制度不断完善,为生态文明理论制度化提供了有力的支撑,社会主义现代化的发展为其提供物质基础,因此,生态文明建设关系着社会生活的方方面面。

四、生态文明为解决关系民生的重大社会问题提供基本保障

生态文明建设要义包括彻底解决生态环境问题。当前,我国生态环境问题直接地影响到人民群众生存和发展的根本利益、切身利益、长远利益。习近平总书记曾指出,多年快速发展积累的生态环境问题已经十分突出,老百姓意见大、怨言多,生态环境破坏和污染不仅影响经济社会可持续发展,而且对人民群众健康的影响已经成为一个突出的民生问题,必须下大气力解决好。民生的"生",不光指生活的"生",还包括生态的"生"。

在新时代,人民群众日益增长的美好生活需要,既包括美好的物质生活,又包括美好的政治生活、美好的精神文化生活、美好的社会生活和美好的生态生活。随着人民群众物质文化生活水平的提高,对生态环境会提出更高要求。呼吸上新鲜的空气,喝到干净的水,吃上放心的食品,构成美好生活的要求之一。

生态文明建设可为生态惠民提供基本保障。生态文明建设是维护和实现大多数人的利益的事业,广大人民群众有着热切期盼加快提高生态环境质

---

[1]　中共中央文献研究室.习近平关于社会主义生态文明建设论述摘编[M].北京:中央文献出版社,2017.

量的现实需要生态文明建设就积极回应人民群众所想、所盼、所急,把解决突出生态环境问题作为民生优先领域。生态文明建设要加快解决空气污染问题,还老百姓蓝天白云、繁星闪烁,不仅要让他们呼吸新鲜的空气,而且要不时仰望星空。生态文明建设要加快解决水污染问题,还给老百姓清水绿岸、鱼翔浅底的景象,不仅要让他们喝上干净的水,而且要到中流击水、浪遏飞舟。生态文明建设要加快解决土壤污染问题,还给老百姓泥土芬芳,不仅要让人们吃得放心、住得安心,而且要像大地一样厚德载物。生态文明建设要大力开展农村人居环境整治行动,建设美丽乡村,不仅要为人们留住鸟语花香田园风光,而且要按照美的规律创造。

生态文明建设可为生态利民提供基本保障。生态文明建设可有助于把经济建设成果切实转化为优质的生态产品。要充分利用中华人民共和国成立以来尤其是改革开放 40 年来积累的坚实物质基础,坚决打好污染防治攻坚战,加大力度解决生态环境问题。通过建立常态化、稳定的生态文明建设的财政资金投入机制,夯实生态文明建设的物质基础,提升生态文明建设的科技水平,推动我国生态文明建设迈上新台阶。除此之外,还要大力创造和培育优质的生态产品。要严格生态环境标准,按照节约、清洁、低碳、循环、安全和高效的原则,不断增强物质产品的绿色含量和生态含量,促进物质产品的生产和消费向绿色化和生态化的方向发展。坚持走生产发展、生活富裕、生态良好的文明发展道路。

生态文明建设可为生态为民提供基本保障。生态文明建设能切实满足人民群众的生态环境需要。对清洁空气的需要、对干净饮水的需要、对生态安全的需要等生态环境需要是人的基本需要,直接关涉到人的生存需要、发展需要和享受需要。因此,必须围绕满足人民群众的生态环境需要来调整和完善社会主义生产的目标。生态文明建设可切实保障人民群众的生态环境权益。生态环境权益是人民群众在生态环境领域中享有的一切权益的总和,包括生态环境事务上的知情权、参与权、监督权等权益。生态文明建设有助于积极推动生态环境权益写入宪法中,加强环境公益诉讼,正确处理生态环境领域中维稳和维权的关系,同损害人民群众生态环境权益的一切行为进行坚决的斗争,同生态环境领域的消极腐败进行坚决的斗争。总之,生态文明建设能有助于依法保证人民群众共享社会主义建设成果,实现共有、共建、共治和共享的统一。

五、生态文明建设为人类文明未来指明方向

随着工业化和现代化的发展,生态环境遭到了一定程度的破坏,生态危机成为全球性的问题。为应对生态危机,我国积极推进生态文明建设,党的十八大更是把生态文明建设提升到一个新高度。加强生态文明建设,是正确处理人与自然关系的重要抓手,是构建社会主义和谐社会的必然要求,是人

类社会永续发展的必由之路。广义上的生态文明包含着人与自然、人与人之间的良好的动态平衡关系,人与人之间的良好关系是构建和谐的社会关系的基础,人与自然的良好关系是社会永续发展的基础,因此,生态文明建设至关重要,与社会的各个方面有着千丝万缕的联系。从人与人之间关系方面来说,生态文明涉及人民生命财产安全是否能够得到保障,良好的生态环境能够增加人民生存的安全感,也更加有利于社会和谐;从人与自然关系方面来说,生态文明要求人类重新审视人与自然的关系,努力寻求合理的生产方式以缓解生态压力,不仅要满足当代社会发展,更要满足子孙后代的需要,实现社会可持续发展。

生态文明是更高级的社会文明形态,我国将生态文明建设提高到了战略高度。生态文明建设是实现中华民族伟大复兴的重要举措,对我国永续发展具有重大意义。

我国从前的社会主义建设突出强调发展生产力,在较短的时间内迅速实现了经济的发展,人民生活总体上达到了小康水平。但随着经济的不断发展,生态环境承载力日趋减弱,人们也逐渐意识到发展过程中存在的问题,于是开始对生态文明建设进行探索。因此,生态文明是我们积极主动的选择。

在生产领域,我们必须改变粗放型的生产模式,处理好经济发展与生态环境保护之间的关系。发展不仅是经济发展,也包含社会整体的进步。经济发展了,生态遭到破坏,也不是广大人民群众所愿意看到的;发展满足了当代人的需求,但威胁到子孙后代的发展,更不是我们想要看到的。因此,中国特色社会主义的发展,既要经济发展,又要生态良好;既要金山银山,又要绿水青山。生态文明建设指明了未来我国社会发展的前进方向,也表明了我国建设美丽中国、走向更高级文明的坚定决心。在生活领域,生态文明应当渗透到人们的生活方式中,生态关系到每个人的发展,生态文明建设也需要全体人民共同努力。习近平同志强调要强化公民意识,加强生态文明理念宣传教育,树立生态文明价值观、伦理观,形成全民共建、共享生态文明的伟大格局,共同推进我国进入新的、更高级的文明形态。在这一文明理念的指导下,将是这样一个社会:大到社会整体经济发展,小到每个人的个体发展,都是以高效、绿色的理念为旗帜,形成绿色、低碳、可持续的良好社会风尚。

当人类从工业文明中走来,实现生态文明的时刻,将是这样的美好画面:在生态环境方面,人类与自然达到高度的和谐,普遍使用新能源,发展绿色技术,以保护生态健康为宗旨;在社会环境方面,社会创造活力得到全面激发,社会生态文化普遍张扬,民主法治更加健全,禁止一切破坏环境的行为;在文化价值方面,人们更注重精神享受,摆脱了对物质的过度依赖,高扬生态文明的价值观念,形成健康、节约、文明的生活方式。这样的生态文明建设目标,是人类社会可持续发展的普遍追求,是建设美丽中国的伟大目标。

思 考 题

1. 如何认识生态文明的内涵？
2. 生态文明的理论基础主要包括哪些？
3. 生态文明建设的时代背景有哪些特点？
4. 如何看待生态文明建设的重大意义？

第二章
习近平生态文明思想

　　中国共产党第十八次和第十九次全国代表大会，以习近平同志为核心的党中央，从坚持和发展中国特色社会主义、实现中华民族永续发展的战略高度，对生态文明建设作出一系列新的重要战略部署，指导生态文明建设和生态环境保护取得历史性成就、发生历史性变革。2018年5月18~19日，全国生态环境保护大会在北京召开。会议正式确立了习近平生态文明思想，为新时代推进生态文明、建设美丽中国提供了强大思想武器和根本遵循。

　　作为习近平新时代中国特色社会主义思想的重要组成部分，习近平生态文明思想立足坚持和发展中国特色社会主义、实现中华民族伟大复兴中国梦，就"为什么建设生态文明、建设什么样的生态文明、怎样建设生态文明"等重大理论和实践问题进行了深刻阐述和系统部署，是推进美丽中国建设的方向指引、根本遵循和实践动力，是为世界可持续发展提供中国示范的生动体现。

第一节　习近平生态文明思想的丰富内涵

2018 年 6 月 16 日,中共中央、国务院发布《关于全面加强生态环境保护坚决打好污染防治攻坚战的意见》,将"深入贯彻习近平生态文明思想"放在意见的首要位置,并从"生态兴则文明兴""人与自然和谐共生""绿水青山就是金山银山""良好生态环境是最普惠的民生福祉""山水林田湖草是生命共同体""用最严格制度最严密法治保护生态环境""建设美丽中国全民行动""共谋全球生态文明建设"八个方面,系统阐述了习近平生态文明思想的逻辑内涵和基本方略。

一、生态兴则文明兴、生态衰则文明衰的深邃历史观

文明是人类永恒的主题。人类文明形态演进遵循生产力和生产关系这一马克思主义唯物史观范畴所揭示的规律运行。从世界和中华民族的文明历史看,生态环境的变化直接影响文明的兴衰演替。人类对大自然的伤害最终会伤及人类自身,这是无法抗拒的规律。

反思美索不达米亚平原上的巴比伦文明、地中海地区的米诺斯文明、巴勒斯坦"希望之乡"等文明的相继衰弱和消亡,都是生态环境破坏导致的可悲后果。纵观工业革命以来发展的道路,加速了人类对自然的过度攫取与破坏。"先污染,后治理"甚至"已污染,未治理",一度成为各国经济发展的定式。近年来,由此引发的生态危机为是全球最为关注的热点之一。

"生态兴则文明兴,生态衰则文明衰"的论述是对生态安全与人类文明发展之间关系的高度概括,是站在人类共同利益的视角思考自然生态、经济和人类关系的辩证观点,回答了生态文明建设的历史定位问题,揭示了生态文明的历史规律。从这个意义讲,生态文明是人类社会进步的重大成果和文明发展重要标志,是实现人与自然和谐发展的必然要求。建设生态文明是关系中华民族永续发展的千年大计、根本大计,功在当代、利在千秋,关系人民福祉,关乎民族未来。决胜全面建成小康社会、开启全面建设社会主义现代化国家新征程,必须把握好人与自然的关系,实现人与自然和谐共生。

二、人与自然和谐共生的科学自然观

人与自然是生命共同体,自然是人类社会存在的基础,是与人类社会的所有发展活动相互作用的有机部分。自然与人类社会的运动与变化不是各自孤立的,不可割裂开来认识。马克思指出:"自然界,就它自身不是人的身体而言,是人的无机的身体。人靠自然界生活。"生态系统与人类发展的相互作用、普遍联系,决定了生态系统具有整体性,生态破坏具有不可逆性,生态修复具有长期性、生态安全具有动态性。

自然生态系统具有生产、支持、服务和文化多重功能,多样化的生态系统为人类生计和福祉奠定了基础。根据世界自然基金会的定义,对人类生命起到支持作用的可再生和不可再生的可用自然资源(如植物、动物、空气、水、土壤、矿物质)称为"自然资本"。自然资本为当地和全球提供多种裨益,这些裨益本身通常被称为"生态系统服务"。过去的极端"人类中心主义",只将自然看作人类社会发展活动的"无声的背景",往往造成人与自然的二元对立,粗放型的生产生活方式让自然环境不堪重负。就是时至今日,还有少数人还存在把自然生态保护与经济发展割裂开来,视之为非此即彼的单项选择,则难免会畸轻畸重、顾此失彼。

根据世界自然基金会发布的地球生命力报告,自20世纪中叶,人类活动在大小和规模上的指数增长,使自然服务人类的能力和自然本身所面临的风险不断升级。2012年,人类消耗了相当于地球生物承载力1.6倍的自然资源和服务。黑格尔说:"当人类欢呼对自然的胜利之时,也就是自然对人类惩罚的开始。"如果放任自然资本不可持续消耗,将导致粮食和水更加不安全、商品价格更高、对水和土地的争夺更加激烈。对自然资本的争夺将加剧冲突、移民、气候变化以及水灾、旱灾等自然灾害。而人类身体、精神健康和福祉的普遍下降将导致更多的冲突和移民,产生不可估量的恶果。因此,必须坚持人与自然是生命共同体的理念,采取变革性措施,共建人与地球和谐共处的未来。

空气、水、土壤、蓝天等自然资源用之不觉、失之难续。因此,必须像保护眼睛一样保护生态环境,像对待生命一样对待生态环境,坚持节约优先、保护优先、自然恢复为主的方针,尊重自然、顺应自然、保护自然,真正实现山水相连,花鸟相依,人与自然和谐相处,还自然以宁静、和谐、美丽,达到人类生存发展与生态的平衡。

三、绿水青山就是金山银山的绿色发展观

2013年9月,习近平主席在哈萨克斯坦纳扎尔巴耶夫大学演讲时提出,"我们既要绿水青山,也要金山银山。宁要绿水青山,不要金山银山,而且绿水青山就是金山银山。"(以下简称"两山论")。"两山论"的三层命题更新了关于生态与资源的传统认识,打破了简单把发展与保护对立起来的思维束缚,深刻揭示了经济发展与生态环境保护的辩证统一关系,深刻阐明了生态环境与生产力之间的关联性和共生性,确立了生态环境在生产力构成中的基础地位,指明了实现发展和保护内在统一、相互促进和协调共生的方法论。

绿水青山既是自然财富,又是社会财富、经济财富。美丽山川、肥沃土地、生物多样性是发展的空间、优势和潜力。保护生态就是保护自然价值和增值自然资本的过程,保护环境就是保护经济社会发展潜力和后劲的过程,把生态环境优势转化成经济社会发展的优势,绿水青山就可以源源不断地带

来金山银山，为子孙后代留下支撑永续发展的绿色银行。

随着实践的深入，"两山论"越来越成为社会共识，为中国绿色发展注入越来越强大的正能量。进入"十三五"以来，中国加大产业结构调整力度，推动绿色、循环、低碳发展，制定被誉为"史上最严格"的环境保护法律，树立不可逾越的生态红线，着力改善突出的大气、江河污染等环境问题。2011～2015年，中国碳排放强度下降了21.8%，相当于少排放23.4亿t二氧化碳。中国确定了"十三五"期间碳排放强度下降18%、非化石能源占一次能源消费比重提高至15%等一系列约束性指标。2017年6月5日第46个世界环境日，中国将"绿水青山就是金山银山"确定为环境日主题，以动员全社会尊重自然、顺应自然、保护自然，自觉践行绿色生活，共同建设美丽中国。

我们要继续践行"两山论"思想，坚持节约资源和保护环境的基本国策，坚持节约优先、保护优先、自然恢复为主的方针，形成节约资源和保护环境的空间格局、产业结构、生产方式、生活方式，把生态文明建设融入经济建设、政治建设、文化建设、社会建设各方面和全过程，建设美丽中国。

只有加强生态保护才能够实现经济发展。绿水青山和金山银山绝不是对立的，保护与发展本身就是辩证统一的关系。保护生态环境就是保护生产力，改善生态环境就是发展生产力。保护绿水青山就是为可持续发展打牢基础，最终目的是拥有更多的金山银山。如果破坏了绿水青山，就是砸掉了金饭碗；留得青山在，就是守住了聚宝盆。守护好绿水青山，是实现更好更快发展的基础，所以必须把保护放在更加重要的位置。

资源环境优势必须在一定条件下才能转化为发展优势。绿水青山并不天然等同于金山银山，实现两者间的转化，关键在人、在思路。一个地区的生态环境越好，对生产要素的集聚力就越强。只有通过一定的机制，把生态环境优势转化为生态农业、生态工业、生态旅游等生态经济的优势，绿水青山才能变成金山银山。

四、良好生态环境是最普惠的民生福祉的基本民生观

"环境就是民生，青山就是美丽，蓝天也是幸福。"良好生态环境是最普惠的民生福祉，是对生态与民生辩证关系的系统表述，阐明了生态环境在改善民生中的重要地位，提出了生态文明的发展实质。习近平同志多次深刻阐述良好生态与人民福祉之间的关系。2013年4月在海南省考察工作时指出，良好生态环境是最公平的公共产品，是最普惠的民生福祉；2014年2月在北京市考察工作时强调，环境治理是一个系统工程，必须作为重大民生实事紧紧抓在手上。2015年5月在华东7省（直辖市）党委主要负责同志座谈会上指出，让良好生态环境成为人民生活质量的增长点。他还指出生态环境不仅是关系党的使命宗旨的重大政治问题，也是关系民生的重大社会问题，要求"把解决突出生态环境问题作为民生优先领域"。

良好生态环境是提高人民生活水平、改善人民生活质量、提升人民安全感和幸福感的基础和保障,是重要的民生福祉。老百姓的生态需求是最基本的民生需求。没有良好的生态环境,我们生活中所需的食物、水、燃料、木材和纤维等将无以获取;没有生态安全,就不会有水的安全、大气安全、粮食安全、木材安全、能源安全,甚至会危及人民群众的生命财产安全。生态环境所产生的效益具有扩散性、外部性的特征,不仅惠及当地,同时也惠及周边、下游乃至更广泛的地区。上游地区生态保护与建设的成果,是下游地区生态安全的重要保障;保护建设好西部地区的生态环境,对于东部地区生态环境的改善具有重要意义;中国生态环境建设所取得的成效,也是对全球环境的重大贡献,必将惠及全人类。因此,良好生态环境也是覆盖面最广、最普惠的民生福祉。

为此,党的十九大提出,要提供更多优质生态产品以满足人民日益增长的优美生态环境需要。根据杨伟民的研究,生态产品是指维系生态安全、保障生态调节功能、提供良好人居环境的自然要素,包括清新的空气、清洁的水源和宜人的气候等等。生态产品同物质产品、精神产品一样,都是人类生存发展所必需的。生态产品具有地域性、不可计量性等特点,其生产需要依托森林、草原等生态空间,才能提供清新的空气、清洁的水源、安全的食品、丰富的物产、优美的景观。

我们要坚持生态惠民、生态利民、生态为民,重点解决损害人民群众健康的突出生态环境问题,努力提供更多优质生态产品,不断满足人民日益增长的优美生态环境需要。为此,必须下决心把环境污染治理好、把生态保护建设好,持续实施大气污染防治行动,打赢蓝天保卫战,加强农业面源污染防治,开展农村人居环境整治行动,实施重要生态系统保护和修复重大工程,开展大规模国土绿化行动,严厉惩处环境违法行为,切实维护公众的生态环境权益。

五、山水林田湖草是生命共同体的整体系统观

2013年习近平同志强调,山水林田湖草是一个生命共同体,人的命脉在田,田的命脉在水,水的命脉在山,山的命脉在土,土的命脉在树,各要素相互作用形成了生命共同体的有机联系。生态系统之所以是统一整体,是由构成生态系统的各个要素之间的空间结构关系、物质交换关系、能量流动关系等相互联系所决定的,最终又形成特定的功能关系。

以森林为例,全球共有近40亿hm^2森林,占陆地面积30%,对人类福祉、可持续发展与地球健康至关重要。全球约四分之一的人口依靠森林获取食物、谋求生计、实现就业、获得收入。森林提供不可缺少的生态系统服务,如木材、食物、燃料、饲料、非木质林产品和住所。森林能够保持水土,提供清洁空气,防止土地退化和荒漠化,降低洪水、山体滑坡、雪崩、干旱、沙尘暴和其

他灾害发生的风险,是 80% 陆地物种的家园。森林可为减缓与适应气候变化、保护生物多样性做出巨大贡献。开展森林可持续管理,可使所有类型森林成为健康、高产、适应力强、可再生的生态系统,为世界各地人们提供必要的商品和服务。在许多地区,森林还拥有重要的文化及精神价值。

所以,对生态环境的保护要采用生态系统方式的管理思路,才能从根本上取得整体性效果。生态系统治理理论认为,水、气、土、生物等各环境要素之间是一个普遍联系的整体,管理生态系统需要运用综合、系统方法;生态系统具有产品供给、环境调节和文化美学等多重服务价值,需要进行多目标的综合管理。所以,坚持山水林田湖草生态系统方式管理是运用生态系统整体性规律解决生态环境问题的综合系统管理策略、思维和实践方法。

山水林田湖草任一要素出现问题,就会影响生命共同体的健康和安全。为此,必须按照生态系统的整体性、系统性及内在规律,综合考虑自然生态各要素、山上山下、地上地下、陆地海洋以及流域上下游,进行整体保护、系统修复、综合治理,全方位、全地域、全过程开展生态文明建设,真正改变治山、治水、护田各自为战的碎片化格局。

六、用最严格制度保护生态环境的严密法治观

建设生态文明是一场涉及生产方式、生活方式、思维方式和价值观念的革命性变革,必须通过实行最严格的制度、最严密的法治,才能为生态文明建设提供可靠保障。我国正处在新型工业化、信息化、城镇化、农业现代化同步发展的进程中,发达国家在一二百年工业化发展过程中逐步显现和解决的环境问题在我国累积叠加,生态环境已经成为全面建成小康社会的突出短板,特别是生态文明体制不完善、机制不健全、法治不完备更是短板中的短板。

由于生态环境保护具有外部性,需要发挥政府的作用,采取必要的行政手段,通过制度规范来引导人们的行为。最严格的生态环境保护制度可以理解立法、执法过程的严肃刚性要求。它包括一系列具体目标、体系、执行与考核等,要在完善生态立法、规范生态执法、严格生态司法、完善公众参与制度等方面,形成重大突破;在建立系统完整的生态文明制度体系和完善的经济社会发展考核评价体系等方面,形成重大突破。

随着全面推行河长制,建立国家公园体制、绿色金融体系、生态环境损害赔偿制度等一项项重要改革举措的落地生根,新的生态文明体制机制的建立完善正在稳步推进。2016 年,国家发展改革委、国家统计局、环境保护部会同中共中央组织部制定了《绿色发展指标体系》和《生态文明建设考核目标体系》,作为生态文明建设评价考核的依据。面向未来,必须要加快制度创新,强化制度执行,让制度成为刚性的约束和不可触碰的高压线,提高生态治理体系和治理能力现代化水平。

七、全社会共同建设美丽中国的全民行动观

习近平同志强调,生态文明建设同每个人息息相关,每个人都应该做践行者、推动者。因此,每个人都是生态环境的保护者、建设者、受益者,每个人都不是旁观者、局外人、批评家,不能只说不做、置身事外。优美生态环境为全社会共同享有,需要全社会共同建设、共同保护、共同治理。这明确了生态文明建设和生态环境保护的权责和行动主体。

建设美丽中国,既需要政府自上而下的制度设计,也需要群众自下而上的全民行动,形成人人参与、人人共享的强大合力。因此,要大力构建生态保护和环境治理社会行动体系。推进国家及各地生态文明教育设施和场所建设,培育普及生态文化,开展创建节约型机关、绿色家庭、绿色学校、绿色社区和绿色出行等行动。大力推动公众有序参与生态保护和环境治理的制度化建设,有效地促进企业和企业家承担生态环保社会责任,引导整个社会树立科学健康的生态文明价值观念和生活方式。同时,要发挥媒体的监督作用,健全生态环境新闻发布机制,曝光突出环境问题,报道整改进展情况。建立政府、企业环境社会风险预防与化解机制。

要坚持知行合一的理念,从理念塑造和实践示范等方面,发挥生态文化建设的引领作用,弘扬中华民族尊重自然、热爱自然的生态文化传统,加强生态文化建设,使生态文化成为全社会的共同的文化理念,依靠文化的熏陶、教化、激励作用,促进绿色发展。在此方面,习近平同志做出了很好的表率。他坚持率先履行义务植树责任,每年参加义务植树活动。2017年在参加首都义务植树活动时,他强调,植树造林,种下的既是绿色树苗,也是祖国的美好未来。要组织全社会特别是广大青少年通过参加植树活动,亲近自然、了解自然、保护自然,培养热爱自然、珍爱生命的生态意识,学习体验绿色发展理念,造林绿化是功在当代、利在千秋的事业,要一年接着一年干,一代接着一代干,撸起袖子加油干。因此,我们要坚持全民参与,形成生态文明建设的强大合力。

八、共谋全球生态文明建设之路的共赢全球观

人类是命运共同体,建设绿色家园是人类的共同梦想,符合世界绿色发展潮流和各国人民共同意愿。2013年3月,习近平主席在莫斯科国际关系学院发表演讲时首次在国际场合向世界提出"命运共同体"概念;2017年2月,在联合国社会发展委员会第55届会议上,"构建人类命运共同体"理念首次被写入联合国决议。

建设清洁美丽世界是构建人类命运共同体的应有之义。在全球可持续发展出现变化的新情况下,中国始终以积极、务实的行动坚持正确引导应对气候变化国际合作,参与全球生态文明建设,已批准加入50多项与生态环境

有关的多边公约和议定书。党的十九大向世界发出了中国作"全球生态文明建设的重要参与者、贡献者、引领者"的宣言。此外,中国倡导推动"一带一路"建设,设立亚洲基础设施投资银行、金砖国家开发银行,对推动绿色发展有重大意义。

共谋全球生态文明建设之路,合作建设清洁美丽世界,既需要各国推动自身绿色发展进程,更需要强化国际合作。2017 年 12 月 4 日第三届联合国环境大会(UNEA-3)召开,大会以"迈向零污染的地球"为主题,重点关注环境污染,并致力于达成多项重要决议,呼吁全球采取行动应对紧急的环境挑战。中国作为人均自然资源相对匮乏、占世界总人口 1/5、GDP 占世界经济比重稳居世界第二的发展中人口大国和新兴经济体,一方面要扎实搞好自身的生态文明建设,继续为全球生态治理贡献中国方案、中国模式,以我国生态环境质量改善为世界可持续发展做出贡献,另一方面要强化生态文明建设的国际合作,继续深度参与全球环境治理,形成世界环境保护和可持续发展的解决方案,真正实现全球可持续包容发展,推动全球绿色事业不断向前。

第二节　习近平生态文明思想对马克思主义生态思想的升华

习近平生态文明思想是运用马克思主义基本原理,结合人类文明发展经验教训的历史总结以及人类文明发展意义,发展马克思主义生态思想,逐步形成的对自然发展规律、经济社会发展规律、人类文明发展规律的最新认识,是对马克思主义关于人、自然、社会之间关系生态思想的丰富创新和升华发展,体现了马克思主义认识论、方法论与实践论的内在统一,体现时代导向、目标导向、问题导向、治理导向和全球导向的有机结合。

一、丰富发展马克思主义自然观

马克思和恩格斯强调自然、环境对人具有客观性和先在性,人们对客观世界的改造,必须建立在尊重自然规律的基础之上。习近平关于"尊重自然、顺应自然、保护自然"的生态文明理念,是对马克思主义关于人与自然关系理论的继承和发展,对多年改革开放实践经验的精辟总结,体现了辩证系统思维。他还明确界定了生态文明的历史阶段。习近平指出,人类经历了原始文明、农业文明、工业文明,生态文明是工业文明发展到一定阶段的产物,是实现人与自然和谐发展的新要求。这说明,生态文明是相较于工业文明更高级别的文明形态,符合人类文明演进的客观规律。同时,生态文明是人类为保护和建设美好生态环境而取得的物质成果、精神成果和制度成果的总和,是贯穿经济建设、政治建设、文化建设、社会建设全过程和各方面的系统工程,单独从某一个或几个方面推进,难以从根本上解决问题。

二、丰富发展马克思主义生态观

习近平生态文明思想将现实与历史相统一，以解决实际问题为导向，从制度变革、发展转型和价值观转变等方面，继承并发扬了马克思主义生态观的实践要求，在解决人类生态文明问题的路径设计上提出了明确的策略，对推进我国绿色发展、解决突出环境问题、保护生态系统、改革生态环境监管体制等战略方针的实施提供了重要指引。同时，强调"生态环境问题是利国利民利子孙后代的一项重要工作""为子孙后代留下天蓝、地绿、水清的生产生活环境"等重要论述，把党的宗旨与人民群众对良好生态环境的现实期待、对生态文明的美好憧憬紧密结合在一起。

马克思提出了"历史向世界历史转变"的重要思想，揭示了生态问题的全球化趋势。习近平生态文明思想深刻把握了人类社会发展大趋势，提出构建人类命运共同体，建设清洁美丽的世界，树立了全球化的生态安全观，将马克思主义生态观真正推进到了全球化的层面，坚持国际合作应对气候变化，积极推动实现全人类与自然的和谐发展，将世界可持续发展的经济发展、社会进步和环境保护"三大支柱"拓展上升为经济、政治、文化、社会、生态文明建设"五位一体"，为世界可持续发展提供了中国理念、中国智慧、中国方案。

三、丰富发展马克思主义生产力思想

生产力是一切社会发展的最终决定力量。马克思指出，不仅自然界是劳动者的生命力、劳动力和创造力的最终源泉，而且是"一切劳动资料和劳动对象的第一源泉"。习近平同志指出："牢固树立保护生态环境就是保护生产力、改善生态环境就是发展生产力的理念。"这一科学论断把自然生态环境纳入到生产力范畴，深刻阐明了生态环境与生产力之间的关系，揭示了生态环境作为生产力内在属性的重要地位，肯定了环境在生产力构成中的基础性作用，极大丰富和发展了马克思主义生产力思想内涵。习近平生态文明思想明确要构建人与自然和谐共生关系，要统一整合经济效益、社会效益和生态效益，致力于实现公平正义、促进人全面发展的核心价值，强化了人与自然和谐共生在建设社会主义强国目标中的重要地位。

第三节　新时期生态文明建设的根本遵循

党的十九大把"坚持人与自然和谐共生"确立为新时代坚持和发展中国特色社会主义基本方略的重要组成部分，"美丽中国"成为建设社会主义现代化强国的重要目标。加快生态文明体制改革、坚决打好污染防治攻坚战，建设生态文明、建设美丽中国已成为全党全国人民坚定不移的信念和行动。

全国生态环境保护大会提出加大力度推进生态文明建设、解决生态环境问题,坚决打好污染防治攻坚战,推动我国生态文明建设迈上新台阶。会后,党中央和国务院专门发布《关于全面加强生态环境保护 坚决打好污染防治攻坚战的意见》(以下简称"意见")。这是以习近平为核心的党中央对加强生态环境保护、打好污染防治攻坚战的战略新部署,对于我们实现"两个一百年"奋斗目标、建成美丽中国具有重大的现实意义和深远的历史意义。

一、深刻把握生态文明建设三期并存的新特征

党的十八大以来,党中央集中统一领导生态文明建设,推进一系列根本性、开创性、长远性的工作,从根本上扭转了我国在生态环境保护方面的被动局面,出现了生态环境质量总体上持续好转、稳中向好的趋势,我国生态环境开始发生历史性、转折性、全局性的变化。一是生态文明顶层设计、制度体系建设和法治建设加快推进;二是中央环境保护督察制度建立并实施;三是绿色发展大力推动;四是大气、水、土壤污染防治三大行动计划、《国家应对气候变化规划(2014~2020年)》等重大战略深入实施;五是《中国落实2030年可持续发展议程国别方案》率先发布。

与此同时,我国生态文明建设和生态环境保护面临不少困难和挑战,存在许多不足。一些地方和部门对生态环境保护认识不到位,责任落实不到位;经济社会发展同生态环境保护的矛盾仍然突出,资源环境承载能力已经达到或接近上限;城乡区域统筹不够,新老环境问题交织,区域性、布局性、结构性环境风险凸显,重污染天气、黑臭水体、垃圾围城、生态破坏等问题时有发生。这些问题,成为重要的民生之患、民心之痛,成为经济社会可持续发展的瓶颈制约,成为全面建成小康社会的明显短板。

基于此,党中央提出我国生态文明建设处在关键期、攻坚期、窗口期的重大战略判断,对此我们要深刻把握。一是压力叠加、负重前行的关键期。这就需要正确判断和科学把握形势、充分认识生态文明建设的重要性、紧迫性,把生态文明建设放在重中之重的位置抓紧抓好。二是进入提供更多优质生态产品以满足人民日益增长的优美生态环境需要的攻坚期。这就要求在生态文明建设中要敢打硬仗、敢啃硬骨头、敢于攻坚克难。三是有条件、有能力解决生态环境突出问题的窗口期。在这一时期,我国经济由高速增长阶段转向高质量发展阶段,需要跨越常规性和非常规性关口。虽会有未定性或未呈现的事件或问题发生,但我们有条件、有能力加以妥善破解。

二、加快构建生态文明五大体系

构建生态文明体系,是一场包括发展方式、治理体系、思维观念等在内的深刻变革。习近平同志强调,要加快构建生态文明体系,加快建立健全以生态价值观念为准则的生态文化体系,以产业生态化和生态产业化为主体的生态经济体系,以改善生态环境质量为核心的目标责任体系,以治理体系和治

理能力现代化为保障的生态文明制度体系,以生态系统良性循环和环境风险有效防控为重点的生态安全体系。"五大体系"系统界定了生态文明体系的基本框架,指出构建生态文明体系的思想保证、物质基础、制度保障以及责任和底线,需要坚决落实和长期贯彻。

生态文化是生态文明建设的灵魂,要加快建立健全以生态价值观念为准则的生态文化体系。观念引导行动,有什么样的观念就会有什么样的行动。良好的生态文化体系包括人与自然和谐发展,共存共荣的生态意识、价值取向和社会适应。树立尊重自然、顺应自然、保护自然的生态价值观,把生态文明建设放在突出地位,才能从根本上减少人为对自然环境的破坏。我们在处理人与自然的关系时,要守护、传承和创新传统的生态智慧和文化基因,坚守生态价值观,坚持"以人为本"的原则,并把这一原则贯穿到生态文化体系建设的全过程。在全社会大力倡导生态伦理和生态道德,提倡可持续发展的生态价值观,推行绿色消费模式,引导人们树立绿色、环保、节约的文明消费模式和生活方式。只有当低碳环保的理念深入人心,绿色生活方式成为习惯,生态文化才能真正发挥出它的作用,生态文明建设就有了内核。

生态经济体系是生态文明建设的物质基础。要加快建立健全以产业生态化和生态产业化为主体的生态经济体系。只有坚持绿色发展理念和发展方式,才可以实现百姓富、生态美的有机统一。要构建以产业生态化和生态产业化为主体的生态经济体系,注重把握整个生产源头、过程、结果的绿色化、生态化。通过深化供给侧结构性改革,坚持传统制造业改造提升与新兴产业培育并重、扩大总量与提质增效并重,实现传统产业改造升级和发展的绿色化,着力发展高效生态农业,大力发展现代服务业,全面构筑绿色发展现代产业新体系,促进一二三产业融合发展,让生态优势变成经济优势。

生态环境保护目标责任体系是刚性约束。要加快建立健全以改善生态环境质量为核心的目标责任体系。生态环保目标落实得好不好,领导干部是关键,要树立新发展理念、转变政绩观,加强法治和制度建设,划定生态红线,建立责任追究制度。特别是建立健全考核评价机制,把生态环境放在经济社会发展评价体系的突出位置,压实责任、强化担当。特别是要建立科学合理的干部考核的绿色评价体系和责任追究制度。对那些不顾生态环境盲目决策、造成严重后果的领导干部真追责、敢追责、严追责、终身追责,从而使推动生态文明建设成为广大领导干部的自觉行动,从根本上杜绝为追求 GDP 的政绩工程而损害生态环境的行为。设定并严守资源消耗上限、环境质量底线、生态保护红线,夯实生态文明建设的责任动力。

生态文明制度体系是体制机制依托。要建立健全以治理体系和治理能力现代化为保障的生态文明制度体系。保护生态环境必须依靠制度、依靠法治。只有实行最严格的制度、最严密的法治,才能为生态文明建设提供可靠保障。这就要求从治理手段入手,提高治理能力,把资源消耗、环境损害、生态效益等体现生态文明建设状况的指标纳入经济社会发展评价体系,建立体现生态文明要求的目标体系、考核办法、奖惩机制,使之成为推进生态文明建设的重要导向和约束。要按照十九大的统一部署,建立健全资源生态环境管理制度,加快建立国土空间开发保护制度,强化水、大气、土壤等污染防治制度,建立反映市场供求和资源稀缺程度、体现生态价值、代际补偿的资源有偿使用制度和生态补偿制度,健全生态环境保护责任追究制度和环境损害赔偿制度,强化制度约束作用。

生态安全体系是核心基石。要建立健全以生态系统良性循环和环境风险有效防控为重点的生态安全体系。生态安全关系人民群众福祉、经济社会可持续发展和社会长久稳定,是国家安全体系的重要基石。建立生态安全体系是加强生态文明建设的应有之义,是必须守住的基本底线。要立足维护生态系统的完整性、稳定性和功能性,确保生态系统的良性循环;处理好涉及生态环境的重大问题,包括妥善处理好国内发展面临的资源环境瓶颈、生态承载力不足的问题,以及突发环境事件问题。

三、抓好具有重要全局意义的生态文明建设基础性工作

一是要全面推动绿色发展。这是解决生态环境问题的根本之策。经济发展不应是对资源和生态环境的竭泽而渔,生态环境保护也不应该是舍弃经济发展的缘木求鱼。绿色发展是构建高质量现代化经济体系的必然要求,是解决生态环境问题的根本之策。重点是调整经济结构和能源结构,优化国土空间开发布局,调整区域流域产业布局,培育壮大节能环保产业、清洁生产产业、清洁能源产业,推进资源全面节约和循环利用,实现生产系统和生活系统循环链接,倡导简约适度、绿色低碳的生活方式,反对奢侈浪费和不合理消费。

二是要有效防范生态环境风险,未雨绸缪,系统构建全过程、多层级生态环境风险防范体系。坚决打赢蓝天保卫战是重中之重,要以空气质量明显改善为刚性要求,强化联防联控,基本消除重污染天气,还老百姓蓝天白云、繁星闪烁。要深入实施水污染防治行动计划,保障饮用水安全,基本消灭城市黑臭水体,还给老百姓清水绿岸、鱼翔浅底的景象。要全面落实土壤污染防治行动计划,突出重点区域、行业和污染物,强化土壤污染管控和修复,有效防范风险,让老百姓吃得放心、住得安心。要持续开展农村人居环境整治行动,打造美丽乡村,为老百姓留住鸟语花香的田园风光。

三是要提高环境治理水平。积极组织开展重大项目科技攻关,对重大生态环境问题开展对策性研究,用科技推动生态文明建设。要充分运用市场化手段,完善资源环境价格机制,采取多种方式支持政府和社会资本合作项目,加大重大项目科技攻关,对涉及经济社会发展的重大生态环境问题开展对策性研究。要实施积极应对气候变化国家战略,推动和引导建立公平合理、合作共赢的全球气候治理体系。

　　四是全面实施积极应对气候变化国家战略,推动和引导建立公平合理、合作共赢的全球气候治理体系,以彰显我国负责任大国形象。我国于2015年9月宣布设立200亿元人民币的中国气候变化南南合作基金。2016年4月22日,中国在联合国总部签署《巴黎协定》,同年9月3日全国人大常委会批准中国加入《巴黎协定》向国际社会发出了中国愿与各国共同抵御全球变暖积极而有力的信号。2017年1月18日,国家主席习近平在联合国日内瓦总部发表主旨演讲,再次庄严承诺:"《巴黎协定》的达成是全球气候治理史上的里程碑。我们不能让这一成果付诸东流。各方要共同推动协定实施。中国将继续采取行动应对气候变化,百分之百承担自己的义务。"

思　考　题

　　1. 习近平生态文明思想是怎样形成的? 其基本内涵是什么?

　　2. 自然资源保护管理改革的主要任务是什么? 在生态文明治理体系中占有怎样的地位?

　　3. 生态文明建设与共建人类命运共同体的内在联系是什么?

第三章
生态文明建设的中国智慧

　　生态文明是一个极富中国特色的概念。它是中国共产党领导和带领中国人民探索可持续发展的一个创新理念和创新道路，又是基于对中华传统文化中的生态智慧的继承和发扬，以及对党和政府在建设社会主义现代化进程中的经验、教训的总结和反思。

第一节　生态文明思想的历史渊源

2013 年 5 月 24 日,习近平总书记在中共中央政治局就大力推进生态文明建设进行第六次集体学习时发表重要讲话指出:"我们中华文明传承五千多年,积淀了丰富的生态智慧。'天人合一''道法自然'的哲理思想,'劝君莫打三春鸟,儿在巢中望母归'的经典诗句,'一粥一饭,当思来处不易;半丝半缕,恒念物力维艰'的治家格言,这些质朴睿智的自然观,至今仍给人以深刻警示和启迪。"的确,我们的祖先留给后人的不仅有着丰富的生态思想,还有丰富的管理实践和制度建设,由此古老的中华文明得以延绵不绝,永续发展。

一、我国古代的生态自然观

(一)尊重自然,追求人与自然和谐

人类生存于自然之中,对自然的认识是人类构建知识体系并逐步走向文明的开始。我们的祖先正是从对天地万物的观察中感知自然规律,调节人类行为,依自然而生,与自然共生。五行、八卦是中国古代哲学的核心概念,《易·系辞下》有一段关于我国人类始祖伏羲(包牺)氏创造八卦情况的描述。《尚书·洪范》则阐述了五行的内涵——"五行:一曰水,二曰火,三曰木,四曰金,五曰土。水曰润下,火曰炎上,木曰曲直,金曰从革,土爰稼穑。润下作咸,炎上作苦,曲直作酸,从革作辛,稼穑作甘。"人们正是从与生产生活密切相关的五个自然元素出发,观察其自身特有的属性,并进而联想到"五味",后来又发展成"五行相生相克"的理论。古代先贤在思考与处理人与自然的关系时,一直强调人与自然共为一体,两者应和谐共处。汉代大儒董仲舒在其名著《春秋繁露》中指出:"天地人,万物之本也。天生之,地养之,人成之……三者相为手足,合以成体,不可无一也。"对于治国理政者来说,致力于追求"人与天调,然后天地之美生"(《管子·五行》),也知道要"不堕山,不崇薮,不防川,不窦泽"(《国语·周语》)。古人对自然的尊重,也体现在对美好生态环境的憧憬方面。孔子认为人与自然万物的和谐相处十分重要,并把凤凰、麒麟等祥瑞之物的出现看作君王行仁政的重要标志,我们可以把它理解为是一种对野生动植物的保护。道家将自己跟整个自然统一起来,面对战国乱象,庄子追求"天地与我并生,万物与我为一"。这些朴素的生态观念,形成中国古代"天人合一"哲学思想的核心内容。

(二)顺应自然,实现资源永续利用

按照自然界的规律合理利用生物资源,通过"顺天时"来"尽地利",是古人谋求永续发展的一个重要经验。《史记》开篇就记载黄帝带领人民"顺天

地之纪,幽明之占……时播百谷草木,淳化鸟兽虫蛾……劳勤心力耳目,节用水火财物。"管仲十分注意善用山林川泽和草木鸟兽等自然资源,提出"山泽救於火,草木殖成,国之富也"(《管子·立政》),"山林虽广,草木虽美,禁发必有时"(《管子·八观》)。孟子有概括:"斧斤以时入山林,林木不可胜用也。谷与鱼鳖不可胜食,材木不可胜用,是使民养生丧死无憾也。"(《孟子·梁惠王上》)。道家思想深刻阐述了如何顺应自然。老子提出天地间万事万物的行为规则应该是"人法地,地法天,天法道,道法自然"(《老子》第二十五章)。因此,人类应"以辅万物之自然而不敢为"(《老子》第六十四章)。即人要辅助万物按其自然本性生长而不能任意作为。

(三)保护自然,注重生态平衡发展

古人正是出于对自然的尊重与敬畏,产生了师法自然、保护自然的思想与实践。同时,先民们也对滥用自然资源可能带来的后果进行了反思。《国语·周语》说,"若夫山林匮竭,林麓散亡,薮泽肆既,民力雕尽,田畴荒芜,资用乏匮,君子将险哀之不暇,而何易乐之有焉?"意思是,山秃了,林没了,河干了,民力凋敝,田野荒芜,财用匮乏,哪里还有轻松快乐呢?《吕氏春秋·孝行览·义赏》指出,"竭泽而渔,岂不获得? 而明年无鱼;焚薮而田,岂不获得? 而明年无兽。"孔子主张"钓而不纲,弋不射宿",告诫人们钓鱼时不可一网打尽,归巢的鸟不要刻意射杀,捕猎不能赶尽杀绝,要给动物以繁衍生息的机会。《孟子·告子上》说,"苟得其养,无物不长;苟失其养,无物不消"。换句话说,只有人们很好地保护自然,维持生态平衡,资源才能取之不尽,用之不竭,人与自然也才能和谐共生。

二、古代保护资源、环境、生态的制度安排

(一)以时禁发的政策措施

古人尊重自然、顺应自然、保护自然的思想充分体现在各个时期的政策法令上。古人把自然资源保护摆在了能否"立为天下王"的高度。荀子也在《王制篇》中指出:"养山林、薮泽、草木、鱼龟、百索,以时禁发,而财物不屈。"

森林是人类最初的家园。早在夏商周时期,人们就懂得要适时开发利用森林资源,并形成相应的制度规定。相传在大禹时就制定了禁令。而周文王临终前在镐京告诫太子姬发(周武王),要把他所保持与所坚守的原则传给子孙后代。山林不到季节不举斧子砍伐,以成就草木的生长;河流湖泊不到季节不下渔网,以成就鱼鳖的生长;不杀幼兽不吃鸟蛋,以成就鸟兽的生长;渔猎要有季节,不捕杀怀胎的动物;马驹不要驱赶奔跑,土地耕作不要错失适宜的时令。根据周代礼制,要求各邦国、王公贵族的采地和社坛都要种树,而且采伐也必须守时守禁。古人在禁发有时的同时,还奖励人工造林,《管子》

中记载："民之能树艺者,置之黄金一斤,直食八石"。也就是对那些在植树、园艺方面的专家,提倡给予一斤黄金的奖励,价值八石粮食。

(二)保护生态环境的法律规范

我国有着悠久的法治传统,在环境保护方面,殷商时期就有严惩乱倒垃圾灰烬的规定。《韩非子》记载,商代已有不得随意倾倒灰烬的法律,"殷之法,弃灰于公道者断其手。"后来秦国商鞅变法中制定的秦律也有"弃灰于道者被刑"的条文。

周文王时期颁布有《伐崇令》,它被誉为"世界最早的环境保护法令"。《伐崇令》规定:"毋坏屋,毋填井,毋伐树木,毋动六畜,有不如令者,死无赦。"周代还制定保护自然资源的《野禁》和《四时之禁》等。

秦朝的《田律》是迄今为止保存最完整的古代环境保护法律文献,专门讲述自然资源和生态环境的保护。该禁令不但保护植物林木、鸟兽鱼鳖,而且还保护水道不得堵塞。秦朝的《厩苑律》《仓律》《工律》《金布律》当中也都有一系列关于按照季节合理开发、利用和保护森林、土地、水流、野生动植物等自然资源的规定。

西汉的《四时月令五十条》是一份以诏书形式向全国颁布的法律。这部法律规定,每年一月无论树木大小,都不得砍伐,二月不能破坏川泽,三月则修缮堤防沟渠,四月不得砍伐树林,五月不能烧草木灰,六月官员派人到山上巡视。从这部法令中可以看出,物要因时禁发,在非开发的季节,不得进山砍伐小树取材,不得捞水草烧灰,不得带捕捉鸟兽的器具出门,不得携网捕鱼等。

《唐律》专设"杂律"一章。"杂律"对自然环境和生活环境的保护作了较为具体的规定,"诸侵巷街、阡陌者,杖七十。若种植垦食者,笞五十。各令复故。虽种植无所妨废者,不坐。其穿垣出秽污者,杖六十;出水者,勿论。主司不禁者与同罪。"

北宋十分重视资源与环境保护方面的立法、执法,保护的对象包括山场、林木、植被、河流、湖泊、鸟兽、鱼鳖等众多方面。明清时期对山林川泽的保护承袭了前代的规定,并且管制范围相当广泛。明万历年间,官府张榜全国,严禁民间擅捕青蛙,违者"问罪枷号"。

(三)保护自然资源的机构设置

我国古代很早就设有专门的机构来保护自然资源和生态环境。虞衡制度是我国古代掌管山林川泽的政府机构的泛称,一般包括山虞、泽虞、川衡、林衡等,其职责主要是保护山林川泽等自然资源,制定和执行相关方面的政策法令。根据《周礼》记载,周王朝在天子之下设有隶属于"王"的天、地、春、夏、秋、冬之官,即所谓的"六卿"。地官共有职官78种,是"六卿"之中官职最多的一类,其中与今天意义上的生态保护最为接近的职官当为虞衡。

秦汉时期,虞衡演变为少府,但其职责仍为管理山林川泽,具体分管的有林官、湖官、陂官、苑官、畴官等。隋唐时期,虞衡职责有了进一步的扩展,管理事务范围不断扩大。明朝"虞""衡"专管山泽采捕和陶冶之事,在保护山林职责之外,还增加了物资供应的职能。清朝时在工部下设有虞衡清吏司,只负责帝王、圣贤、忠义、名山、陵墓、祠庙等区域内的管理,禁止在它们的周围樵牧。尽管如此,虞衡制度在我国历史上存在了数千年,可以说是中国对世界自然资源管理做出的制度性贡献。

第二节　中国共产党对生态文明认识的深化

中华人民共和国成立以来,中国共产党在带领全国各族人民进行社会主义现代化建设的实践中不断深化对人与自然关系的认识,探索并提出了一系列关于统筹人与自然关系的生态理论和观点,逐渐形成了对生态文明建设的科学认知和系统认识,丰富完善了马克思主义生态观的思想内涵。

一、中华人民共和国成立初期对生态文明建设的初步探索

中华人民共和国成立后,中国共产党着手"收拾旧山河",开始进行有计划的经济建设。面对经济、社会和环境的多重压力,生态治理和环境保护成为中国共产党治国理政的一项迫切任务,以毛泽东为核心的第一代党中央领导集体有针对性地提出了一些保护生态环境的主张,拉开我国生态文明建设的序幕。

为了修复因战乱造成的生态环境破坏问题,毛泽东向全党提出了植树造林、消灭荒地荒山的任务,作出了一系列加强生态环境建设的重要论述。

1955年10月,毛泽东在《农业合作化的一场辩论和当前的阶级斗争》中指出:"我看特别是北方的荒山应当绿化,也完全可以绿化。北方的同志有这个勇气没有?南方的许多地方也还要绿化。南北各地在多少年以内,我们能看到绿化就好。这件事情对农业,对工业,对各方面都有利。"[1] 1955年12月,毛泽东在《征询对农业十七条的意见》中进一步指出:"在十二年内,基本上消灭荒地荒山,在一切宅旁、村旁、路旁、水旁以及荒地荒山上,即在一切可能的地方,均要按规格种起树来,实行绿化。"[2]

遵照毛泽东的指示,1956年3月,陕西、甘肃、山西、内蒙古、河南等五省(自治区)青年造林大会在革命圣地延安召开。毛泽东在给大会的贺电中,向全体青年发出了"绿化祖国""实现大地园林化"的号召。随后,我国开始了第一个"十二年绿化运动",全国上下掀起了一场轰轰烈烈的垦荒及植树

[1][2]　毛泽东文集(第六卷)[M].北京:人民出版社,1999.

造林热潮。

1958年8月，毛泽东在中共中央政治局扩大会议上提出："要使我们祖国的河山全都绿起来，要达到园林化，到处都很美丽，自然面貌要改变过来。"同年11月，毛泽东在一次会议上指出："要发展林业，林业是个很了不起的事业。"随后，毛泽东又发出了"实行大地园林化"的号召，并指出："一切能够植树造林的地方都要努力植树造林，逐步绿化我们的国家，美化我国人民劳动、工作、学习和生活的环境。"这一系列重要论断，为新中国生态环境建设指明了前进方向。

对于开展植树造林，毛泽东也意识到了其长期性、艰巨性和复杂性。他明确指出，植树造林不是一蹴而就的事情，"一两年怎么能绿化了？用二百年绿化了，就是马克思主义。先做十年、十五年规划，'愚公移山'，这一代人死了，下一代人再搞。"[1]

在党中央的重视和引导下，全国人民积极响应号召，以极大的热情投入到了绿化祖国的大潮中。到1958年，全国已累计造林1.7亿亩，并初步建成了防风固沙的防护林体系，东北西部及河北、河南等地的防护林于1954年基本建成，东北西部、内蒙古东部的防护林面积超过21.8亿hm²，陕西、甘肃境内长达3000多km的防沙线上造林2.7万hm²，新中国生态环境建设的成效初步显现。

令人遗憾的是，虽然中国共产党在生态环境建设方面进行了初步探索，但鉴于当时的首要任务还是发展生产力，对生态文明建设的认知具有一定的局限性。在"向自然开战"的号召及"人定胜天"等思想的影响下，全国各地掀起了"大跃进""全民炼钢"以及"文化大革命"期间以粮为纲、毁林开荒、围湖造田等生产运动的热潮，不仅违反了客观的自然和经济规律，还造成了不必要的资源浪费和环境污染，使大量森林植被遭到了破坏性的采伐，生态环境遭到了十分严重的破坏，给国家建设带来了严重的影响。

值得庆幸的是，在经历挫折困难后，中国共产党及时总结经验、拨乱反正，把加强环境保护提上了重要议程。1972年，我国受邀参加联合国人类环境会议，周恩来亲自确定了出席会议的代表团成员，并要求代表团要"通过这次会议，了解世界环境状况和各国环境问题对经济、社会发展的重大影响，并以此作为镜子，认识中国的环境问题"。1973年8月，我国召开第一次全国环境保护会议，会议作出了"环境问题现在就抓、为时不晚"的重要论断，提出了"全面规划、合理布局、综合利用、化害为利、依靠群众、大家动手、保护环境、造福人民"的环境保护工作方针，审议并通过了中华人民共和国成立以来的第一个环境保护文件《关于保护和改善环境的若干规定》。以此次会议的召开为标志，新中国生态文明建设事业开始兴起。

---

[1] 毛泽东文集(第七卷)[M].北京:人民出版社,1999.

以毛泽东为核心的第一代中央领导集体对新中国的生态环境保护与建设进行了初步的探索,在取得一系列成绩的同时,也经历了一些曲折和挫折,在此过程中,中国共产党逐渐意识到生态环境保护的重要性,并逐步调整到正确的轨道上来,全面开启了新中国生态文明建设事业的伟大征程。

二、改革开放以来生态文明建设的持续深化

改革开放以后,一方面,经历了"大跃进"和"文化大革命"等浩劫,我国许多地方的生态环境破坏严重,水土流失、沙漠化等环境问题日益突出;另一方面,随着社会主义现代化建设的深入开展,在经济社会建设取得辉煌成就的同时,新的环境污染问题也日益凸显。以邓小平同志为核心的第二代中央领导集体通过深刻总结新中国成立以来生态环境建设的历史经验与教训,认真思考经济社会发展和生态环境保护协调发展的新思路,并立足于改革开放和社会主义现代化建设的大局,将控制人口、节约资源和保护环境作为我国社会主义现代化建设的重要内容,初步形成了中国共产党关于生态文明建设的基本框架,取得了社会主义生态文明建设的重大进展。

1978年,在修订《中华人民共和国宪法》时,全国人民代表大会正式将"国家保护环境和自然资源,防止污染和公害"写入宪法之中,为我国的生态环境保护工作奠定了根本法制基础和最高法律支持。同年12月,邓小平在中央工作会议上指出:"应该集中力量制定刑法、民法、诉讼法和其他各种必要的法律,例如人民公社法、森林法、草原法、环境保护法……做到有法可依,有法必依,执法必严,违法必究。"[1] 1979年9月,我国第一部环境保护法规《中华人民共和国环境保护法(试行)》正式颁布,标志着我国的生态环境保护工作上升到了有法可依的阶段。此后,我国陆续颁发了《中华人民共和国森林法》等一系列法律法规,中国的生态文明建设从此走上了法制化、制度化的轨道。

1981年,在中共中央制定的《关于在国民经济调整时期加强环境保护工作的决定》中,明确要求必须"合理地开发和利用资源""保护环境是全国人民根本利益所在"。1983年12月,国务院召开第二次全国环境保护会议,正式将环境保护确定为我国的一项基本国策,并提出了"经济建设、城乡建设和环境建设要同步规划、同步实施、同步发展,做到经济效益、社会效益、环境效益相统一"的"三同步"和"三统一"方针,明确了"预防为主、防治结合""谁污染、谁治理""强化环境管理"的环境保护三大政策。1984年5月,国务院正式印发《关于环境保护工作的决定》,对环境保护、污染防治等一系列重大问题做出了明确的规定,环境保护开始纳入国民经济和社会发展计划,成为国家经济社会生活的重要组成部分。1988年,国家环境保护局正式成立,

---

[1]　邓小平文选(第2卷)[M].北京:人民出版社,1993.

这标志着我国的生态环境保护工作从此迈上了新台阶。

邓小平十分重视科学技术在生态环境建设中的重要作用，并将"科学技术是第一生产力"的思想深刻融入到生态环境的保护之中。他明确指出："解决农村能源、保护生态环境等等，都要靠科学"，主张在我国资源短缺、人口众多的现实国情下，必须依靠科技的发展来解决有关生态环境保护的一些基础性、全局性和关键性的问题。此外，邓小平还提出了利用科学技术开发新能源的思想，提倡绿色技术在国民生产和生活中的推广与普及，并积极引进国外治理环境污染问题的先进技术，以此来改善我国生态环境治理的不合理现状。1986年，国务院颁布了我国第一部《环境保护技术政策要点》，对在环境保护中应用先进环保技术作出明确规定，为我国的生态文明建设事业增添了科技助力与制度支撑。

以邓小平为核心的第二代中央领导集体对生态环境保护工作给予了高度的重视，提出了人与自然协调发展的重要思想，使"环境保护"的概念逐渐深入人心，并推动了我国生态环境保护事业从小到大、不断发展，这些都充分体现了中国共产党对生态文明建设理论和实践探索的不断深化。

党的十三届四中全会之后，在全球性环境问题日益突出并成为世界各国发展共同问题的时代背景下，第三代中央领导集体立足改革开放以来推进环境保护基本国策和方针政策的实际，进一步深化对我国生态环境问题紧迫性和重要性的认识，把生态环境保护提升到关系社会主义现代化建设全局和人类社会永续发展的战略高度，制定并实施了我国的可持续发展战略，形成了一系列关于生态环境保护的重要战略思想，丰富和发展了中国特色社会主义生态文明建设的理论和实践。

早在1990年6月，江泽民就指出："这个问题（指环境问题）十分重要，关系到人类千秋万代的生存与发展。"[1] 1990年12月，国务院正式印发《关于进一步加强环境保护工作的决定》，决定指出，保护和改善生产环境与生态环境、防治污染和其他公害，是我国的一项基本国策。决定同时对在改革开放中进一步搞好环境保护工作提出了"严格执行环境保护法律法规""依法采取有效措施防治工业污染""积极开展城市环境综合整治工作""在资源开发利用中重视生态环境的保护""利用多种形式开展环境保护宣传教育""积极研究开发环境保护科学技术""积极参与解决全球环境问题的国际合作""实行环境保护目标责任制"等八个方面的要求。

1992年3月，联合国环境与发展大会在巴西里约热内卢召开，大会通过了《里约热内卢宣言》和《21世纪议程》两个纲领性文件，确立了以可持续发展思想为主导的一系列政策，被称为实现可持续发展的行动纲领。这次大会标志着可持续发展思想日益深入人心并逐渐成为全球共识，成为人类环境与

---

[1]　江泽民文选（第1卷）[M].北京：人民出版社，2006.

发展史上一次影响深远的大会[1]。为落实大会精神,1992 年 8 月,我国政府正式提出"中国环境与发展十大对策",并将实行可持续发展战略作为十大对策之首,成为我国长期坚持的一个重要战略,为实现可持续发展奠定了基础。随后,我国政府开始着手制定环境与发展的行动计划,并于 1994 年 3 月,正式发布了《中国 21 世纪议程——中国 21 世纪人口、环境与发展白皮书》,成为世界上第一个实质性落实联合国环境与发展大会精神、制定国家级 21 世纪议程的国家。

1996 年 7 月,江泽民在第四次全国环境保护会议上进一步指出:"经济的发展,必须与人口、环境、资源统筹考虑,不仅要安排好当前的发展,还要为子孙后代着想,为未来的发展创造更好的条件,决不能走浪费资源和先污染后治理的路子,更不能吃祖宗饭,断子孙路。"在这次会议上,江泽民还提出了"保护环境的实质就是保护生产力"的重要论断,进一步深化了对可持续发展战略的认识。

2002 年 11 月,党的十六大正式将"可持续发展能力不断增强,生态环境得到改善,资源利用效率显著提高,促进人与自然的和谐,推动整个社会走上生产发展、生活富裕、生态良好的文明发展道路"写入报告,并作为全面建设小康社会的四大目标之一加以贯彻实施。

党的十六大之后,面对全面建设小康社会的新形势和新任务,以胡锦涛为总书记的党中央领导集体深刻把握世情国情,在传承可持续发展战略的基础上,与时俱进地提出了科学发展观这一重大战略思想,并首次提出了"生态文明"的科学概念,主张全面、协调、可持续的发展理念,对统筹促进人与自然和谐发展进行全面布局,推动了中国特色社会主义生态文明建设的创新发展。

2003 年 10 月,胡锦涛在十六届三中全会中提出,要坚持以人为本,树立全面、协调、可持续的发展观,促进经济社会和人的全面发展。在十六届三中全会的第二次全体会议上,胡锦涛进一步强调:"树立和落实科学发展观,这是二十多年改革开放实践的经验总结……也是推进全面建设小康社会的迫切要求。""各级党委和政府一定要坚持科学发展观,不断探索促进全面发展、协调发展和可持续发展的新思路新途径,进一步提高发展质量,实现更快更好的发展。"由此,中国共产党在历史上第一次提出了科学发展观,为全面建设小康社会提供了有力的思想指导武器。

2004 年 3 月,胡锦涛在中央人口资源环境座谈会上发表了重要讲话,他深刻阐述了科学发展观对做好人口、资源、环境工作的重要指导意义,他强调,要统筹人与自然和谐发展,"彻底改变以牺牲环境为代价去换取一时的经济增长,不能以眼前发展损害长远利益,不能用局部发展损害全局利益。"

---

[1]　邓小平文选(第 2 卷)[M].北京:人民出版社,1993.

面对日益严峻的资源与环境形势,在以胡锦涛为总书记的党中央的高度重视下,中国共产党结合国情,按照落实科学发展观的要求,进一步作出了建设资源节约型、环境友好型社会的重大决策。

2005年3月,胡锦涛在中央人口资源环境工作座谈会上指出:"要大力推进循环经济,建立资源节约型、环境友好型社会……大力宣传循环经济理念,加快制定循环经济促进法,加强循环经济试点工作,全方位、多层次推广适应建立资源节约型、环境友好型社会要求的生产生活方式。"2005年10月,十六届五中全会通过了《中共中央关于制定国民经济和社会发展第十一个五年规划的建议》,并将"建设资源节约型、环境友好型社会"正式纳入"十一五"规划纲要,实现了生态文明建设的重大跨越。

随着贯彻落实科学发展观的不断推进,中国共产党在深入探索人口资源环境、可持续发展和两型社会建设等问题的过程中,对生态文明建设的认识逐渐明晰,2007年10月,党的十七大报告正式提出了"建设生态文明,基本形成节约能源资源和保护生态环境的产业结构、增长方式、消费模式"的战略部署,强调要"坚持生产发展、生活富裕、生态良好的文明发展道路,建设资源节约型、环境友好型社会,实现速度和结构质量相统一,经济发展与人口资源环境相协调,使人民在良好生态环境中生产生活,实现经济社会永续发展。"自此,"生态文明"的科学理念正式被提出,这是中国特色社会主义理论体系的又一次重大创新,也是中国共产党执政兴国理念的又一次创新发展。

2012年10月,党的十八大报告首次独立成篇地对生态文明建设进行系统论述,将生态文明建设提高到前所未有的高度,将其正式纳入中国特色社会主义建设总体布局,使中国特色社会主义建设总体布局由"四位一体"拓展为"五位一体",使生态文明建设的重要性得到前所未有的提升,并在新的历史条件下焕发出蓬勃的生机。

党的十八大以来,以习近平同志为核心的党中央高度重视生态文明建设,把生态文明建设作为中华民族永续发展的千年大计,摆在全局工作的突出地位,坚持节约资源和保护环境的基本国策,坚持节约优先、保护优先、自然恢复为主的方针,坚持绿色富国、绿色惠民的原则,为人民提供更多优质生态产品,推动形成绿色发展方式和生活方式,协同推进人民富裕、国家富强、中国美丽。

纵观中国共产党在不同历史时期对生态文明建设认识的不断深化与发展,分别从时间空间、国际国内等维度,对人与自然的关系不断进行科学的探索和认识,体现了中国共产党在生态文明建设理论与实践中的与时俱进、开拓创新,为我们建设美丽中国,实现中华民族永续发展奠定了坚实的基础。

第三节　生态文明建设新理念新思想新战略

习近平同志指出:"走向生态文明新时代,建设美丽中国,是实现中华民族伟大复兴的中国梦的重要内容。"这一重要论述表明:实现中国梦是中国各族人民的共同愿景,生态文明建设是中国梦不可或缺的重要组成部分。从党的十七大提出生态文明理念,到党的十八大提出生态文明建设"五位一体",再到党的十九大生态文明作为新时代中国特色社会主义思想和基本方略的重要组成,提出了实现中国梦第二个百年目标两个阶段的生态环境保护目标,部署了推进绿色发展、治理突出环境问题、加大生态系统保护和改革生态环境监管体制四大任务,彰显了中国共产党作为最大的发展中国家执政党的绿色执政新理念新思想新战略,特别是展示了中国共产党在世界可持续发展进程中的引领性贡献。

一、生态文明建设新理念

2015 年 10 月 26 日召开的中共十八届五中全会提出了"创新发展、协调发展、绿色发展、开放发展、共享发展"的新发展理念。新发展理念将引领"十三五"发展方式从五个方面实现重大转型。其中,"绿色发展"的新理念将引领我国从高污染、单纯追求 GDP 的粗放型的发展方式转向遵循自然规律的绿色发展。习近平总书记在主持中共中央政治局第四十一次集体学习时强调,推动形成绿色发展方式和生活方式,为人民群众创造良好生产生活环境。这是贯彻落实新发展理念的必然要求,是发展观的一场深刻革命。

(一)基本内涵:推动绿色发展方式+倡导绿色生活方式

(1)推动绿色发展方式:绿色发展方式同过去的发展方式有本质区别,虽然改革开放后取得了显著的发展成就,但唯 GDP 至上的发展理念带来了资源和环境的沉重负担,因此也被称作"灰色 GDP"或"黑色 GDP",调整产业结构一方面有利于构建更为科学健康的经济体系,另一方面也增强了绿色发展的动力。2013 年,习近平总书记在参加河北省委常委班子专题民主生活会时指出:"要给你们去掉紧箍咒,生产总值即便滑到第七、第八位了,但在绿色发展方面搞上去了,在治理大气污染、解决雾霾方面作出贡献了,那就可以挂红花、当英雄。反过来,如果就是简单为了生产总值,但生态环境问题越演越烈,或者说面貌依旧,即便搞上去了,那也是另一种评价了。"这种对于 GDP 政绩观念的转变也意味着绿色发展的时代来临了。党的十九大报告对绿色发展也做了战略部署,包括构建经济体系、创新体系、产业体系、能源体系以及消费革命等。

（2）倡导绿色生活方式：2015年出台的《关于加快推进生态文明建设的意见》指出，要加强生态文化的宣传教育，倡导勤俭节约、绿色低碳、文明健康的生活方式和消费模式，提高全社会生态文明意识。培育绿色生活方式。倡导勤俭节约的消费观。广泛开展绿色生活行动，推动全民在衣、食、住、行、游等方面加快向勤俭节约、绿色低碳、文明健康的方式转变，坚决抵制和反对各种形式的奢侈浪费、不合理消费。尤其强调"党政机关、国有企业要带头厉行勤俭节约。"2016年2月，由国家发展改革委等十部委联合制定了《关于促进绿色消费的指导意见》，重点突出了培养绿色消费理念、引导绿色生活方式和消费模式、公共机构带头绿色消费、推动企业增加绿色产品和服务供给、开展全社会反对浪费行动以及健全绿色消费长效机制等。党的十九大报告也强调要"倡导简约适度、绿色低碳的生活方式，反对奢侈浪费和不合理消费"。

（二）基本方针：节约优先、保护优先、自然恢复为主

党的十八大报告明确提出，推进生态文明建设，要坚持节约优先、保护优先、自然恢复为主的方针。党的十九大报告指出，必须坚持节约优先、保护优先、自然恢复为主的方针，形成节约资源和保护环境的空间格局、产业结构、生产方式、生活方式，还自然以宁静、和谐、美丽。

节约优先，就是在资源上把节约放在首位，着力推进资源节约集约利用，提高资源利用率和生产率，降低单位产出资源消耗，杜绝资源浪费。保护优先，就是在环境上把保护放在首位，加大环境保护力度，坚持预防为主、综合治理，以解决损害群众健康突出环境问题为重点，强化水、大气、土壤等污染防治，减少污染物排放，防范环境风险，明显改善环境质量。自然恢复为主，就是在生态上由人工建设为主转向自然恢复为主，加大生态保护和修复力度，保护和建设的重点由事后治理向事前保护转变、由人工建设为主向自然恢复为主转变，从源头上扭转生态恶化趋势。[1]

（三）基本原则：尊重自然、顺应自然、保护自然

2012年，党的十八大报告指出：建设生态文明，是关系人民福祉、关乎民族未来的长远大计。面对资源约束趋紧、环境污染严重、生态系统退化的严峻形势，必须树立尊重自然、顺应自然、保护自然的生态文明理念。充分点明了这一发展原则和建设理念在当前发展形势下的重要性，直面最严峻的环境代价。2016年8月24日，习近平总书记在青海考察时再次强调：必须把生态文明建设放在突出位置来抓，尊重自然、顺应自然、保护自然，筑牢国家生态安全屏障，实现经济效益、社会效益、生态效益相统一。

---

[1]　《新思想·新观点·新举措》编写组.新思想·新观点·新举措[M].北京:红旗出版社,2012.

(四)基本要求:人与自然和谐共生

党的十八大报告强调,加快建立生态文明制度,健全国土空间开发、资源节约、生态环境保护的体制机制,推动形成人与自然和谐发展现代化建设新格局。在经历了五年的高速发展和结构调整之后,我党我国深刻认识到生态文明建设的战略重要性,生态文明是可持续发展的文明,是未来我国综合实力提升的关键,也是资源永续利用的基础。仅仅将自然环境视为人类的可利用资源是狭隘的,从尊重自然的角度而言就要遵守自然发展规律,人与自然不仅仅是要和谐发展,更要追求和谐共生。因此,党的十九大报告指出,我们要建设的现代化是人与自然和谐共生的现代化,既要创造更多物质财富和精神财富以满足人民日益增长的美好生活需要,也要提供更多优质生态产品以满足人民日益增长的优美生态环境需要。故而,人与自然和谐共生体现出了生态文明的中国智慧。

(五)基本途径:绿色发展、循环发展、低碳发展

2015 年,中共中央、国务院印发《关于加快推进生态文明建设的意见》,对当前和今后一个时期我国生态文明建设作出全面部署。其中,明确提出要把绿色发展、循环发展、低碳发展作为生态文明建设的基本途径。绿色发展是对我国发展方向的要求,区别于传统的"黑色发展""灰色发展",强调发展中要保护环境、修复生态与科学开发资源;循环发展是对资源利用的要求,区域于传统粗放、浪费、不可持续的破坏式资源攫取,既要科学利用现有资源,还要提高资源利用质量与效率,打造完整合理的产业链,推动废弃资源的回收利用;低碳发展是对环境容量的要求,要认识到我国高速发展中付出的沉重环境代价,结合政府调控与低碳市场的建立实现节能减排,在水资源、生物能源、土地资源、森林资源等诸多领域大力发展低碳经济,减少碳排放。以绿色发展、循环发展和低碳发展为途径的发展才称得上是可持续发展。

二、生态文明建设新思想

(一)绿水青山就是金山银山

2005 年 8 月 15 日,时任浙江省委书记习近平同志在浙江安吉余村调研考察时,听到村里下决心关掉了石矿,停掉了水泥厂,他说,"一定不要再去想走老路,还迷恋过去那种发展模式。你们下决心停掉一些矿山是高明之举,绿水青山就是金山银山。我们过去讲既要绿水青山,也要金山银山,实际上绿水青山就是金山银山,本身它有含金量。"这也就是著名的"两山论"。

对绿水青山和金山银山这"两座山"之间关系的认识经过了三个阶段:第一个阶段,是用绿水青山去换金山银山,不考虑或者很少考虑环境的承载

能力,一味索取资源。第二个阶段,是既要金山银山,但是也要保住绿水青山。这时候经济发展和资源匮乏、环境恶化之间的矛盾开始凸显出来,人们意识到环境是我们生存发展的根本,要留得青山在,才能有柴烧。第三个阶段,是认识到绿水青山可以源源不断地带来金山银山,绿水青山本身就是金山银山。我们种的常青树就是摇钱树,生态优势变成经济优势,形成了浑然一体、和谐统一的关系,这一阶段是一种更高的境界。

一方面,"两山论"阐明了经济发展与环境保护的关系,打破了长久以来对两者矛盾的固化认识,对于改变过去以沉重的环境代价实现经济发展成就的模式具有重要的理论指导意义;另一方面,"两山论"为我国未来经济经济发展方式指明了道路,使各级政府和社会重新审视自然资源的生态价值,建构了更为前沿的文明发展格局。

(二)保护生态环境就是保护生产力,改善生态环境就是发展生产力

2013 年 5 月 24 日,习近平同志在十八届中央政治局第六次集体学习时的讲话指出:要正确处理好经济发展同生态环境保护的关系,牢固树立保护生态环境就是保护生产力、改善生态环境就是发展生产力的理念,更加自觉地推动绿色发展、循环发展、低碳发展,决不以牺牲环境为代价去换取一时的经济增长,决不走"先污染后治理"的路子。

这一思想的内涵主要包括:

(1)生态环境就是生产力。优良的生态环境就是优良的生态产品,生态产品本身既是经济发展的资源,又是经济发展的结果,因此保护生态环境与发展经济要两手抓,两手都要硬,正确处理好环保与经济发展的关系具有重要的意义。如果片面追求经济指标的增长而置环保于不顾,这样的高增长必然带来资源消耗和污染物排放总量的剧增,造成严重的环境问题,反过来也会严重制约社会的持续发展。

(2)改善生态环境可以强化生产力。一方面,改善生态环境可以有效缓解经济发展与环境保护的矛盾,为经济发展带来新的契机,实现更长远的高速发展;另一方面,良好的生态环境具有广泛的社会需求和市场需求,改善生态环境的努力会促进技术创新和经济发展方式转变,加速低碳经济、循环经济、清洁能源等领域的发展,带来生产力的进步。

(三)生态兴则文明兴,生态衰则文明衰

早在 2003 年,时任浙江省委书记的习近平,就在《求是》杂志上发表署名文章,提出了"生态兴则文明兴、生态衰则文明衰"这一重要论断。2013 年 5 月 24 日,习近平总书记在主持中共中央政治局第六次集体学习时指出:"生态兴则文明兴,生态衰则文明衰,生态环境保护是功在当代、利在千秋的事业。要清晰认识保护生态环境、治理环境污染的紧迫性和艰巨性,以对人民

群众、对子孙后代高度负责的态度和责任,为人民创造良好的生产生活环境。"这一思想阐明了生态文明建设的重大意义,科学的解读了生态环境与人类文明之间的关系,彰显了中国共产党人对人类文明发展规律、自然规律和经济社会发展规律的深刻认识。

生态兴衰与文明的兴亡有着密切的联系。人类历史上的四大文明古国,均发源于水量充沛、林草丰美、田野肥沃、生态良好的地区。"生态兴"带来了"文明兴"。反之,生态的破坏和衰微,则给几大古文明以致命的打击。恩格斯在《自然辩证法》中曾有描述:"美索不达米亚、希腊、小亚细亚以及其他各地的居民,为了得到耕地,毁灭了森林,但是他们做梦也想不到,这些地方今天竟因此成了不毛之地。"过度开垦、过度毁林和盲目灌溉等,导致水土流失、土地盐碱化、洪水泛滥、气候失调等问题。生态系统遭到了破坏,其所支持的生产和生活也难以为继,并最终导致了文明的衰落或中心的转移。

(四)让居民望得见山、看得见水、记得住乡愁

2013 年 12 月,习近平总书记在中央城镇化工作会议上指出,城镇建设,要实事求是确定城市定位,科学规划和务实行动,避免走弯路;要体现尊重自然、顺应自然、天人合一的理念,依托现有山水脉络等独特风光,让城市融入大自然,让居民望得见山、看得见水、记得住乡愁。

人民对美好生活的向往,就是我们的奋斗目标。必须把生态文明建设放到更加突出的位置,着力在治气、净水、增绿、护蓝上下功夫,为人民群众创造良好的生产生活环境。这一论述反映了人民群众对美好生态环境的期盼。必须坚持以人民为中心的发展思想,坚决打好污染防治攻坚战,增加优质生态产品供给,以满足人民日益增长的良好优美生态环境新期待,提升人民群众获得感、幸福感和安全感。

新农村建设一定要走符合农村实际的路子,遵循乡村自身发展规律,充分体现农村特点,注意乡土味道,保留乡村风貌,留得住青山绿水,记得住乡愁。习近平总书记强调,环境就是民生,青山就是美丽,蓝天也是幸福。

(五)坚持人与自然和谐共生

党的十九大报告指出,坚持人与自然和谐共生。建设生态文明是中华民族永续发展的千年大计。必须树立和践行绿水青山就是金山银山的理念,坚持节约资源和保护环境的基本国策,像对待生命一样对待生态环境,统筹山水林田湖草系统治理,实行最严格的生态环境保护制度,形成绿色发展方式和生活方式,坚定走生产发展、生活富裕、生态良好的文明发展道路,建设美丽中国,为人民创造良好生产生活环境,为全球生态安全作出贡献。

这一思想的内涵主要有：

（1）山水林田湖草是一个生命共同体。早在 2013 年 11 月 9 日，习近平总书记在关于《中共中央关于全面深化改革若干重大问题的决定》的说明中指出：我们要认识到，山水林田湖是一个生命共同体，人的命脉在田，田的命脉在水，水的命脉在山，山的命脉在土，土的命脉在树。用途管制和生态修复必须遵循自然规律，如果种树的只管种树、治水的只管治水、护田的单纯护田，很容易顾此失彼，最终造成生态的系统性破坏。2017 年 7 月 19 日，中央全面深化改革领导小组第三十七次会议中习总书记强调，坚持山水林田湖草是一个生命共同体。同年，党的十九大报告强调要统筹山水林田湖草系统治理。将草原纳入生命共同体理论，体现了对草原生态地位的重视，也进一步丰富了我国生态文明的建设格局。

（2）像保护眼睛一样保护生态环境，像对待生命一样对待生态环境。2017 年 5 月 26 日，中共中央政治局就推动形成绿色发展方式和生活方式进行第四十一次集体学习。习近平总书记指出，推动形成绿色发展方式和生活方式，是发展观的一场深刻革命。这就要坚持和贯彻新发展理念，正确处理经济发展和生态环境保护的关系，像保护眼睛一样保护生态环境，像对待生命一样对待生态环境，坚决摒弃损害甚至破坏生态环境的发展模式，坚决摒弃以牺牲生态环境换取一时一地经济增长的做法，让良好生态环境成为人民生活的增长点、成为经济社会持续健康发展的支撑点、成为展现我国良好形象的发力点，让中华大地天更蓝、山更绿、水更清、环境更优美。

（3）建设生态文明是中华民族永续发展的千年大计。党的十九大报告指出，建设生态文明是中华民族永续发展的千年大计。必须树立和践行绿水青山就是金山银山的理念，坚持节约资源和保护环境的基本国策，像对待生命一样对待生态环境，统筹山水林田湖草系统治理，实行最严格的生态环境保护制度，形成绿色发展方式和生活方式，坚定走生产发展、生活富裕、生态良好的文明发展道路。

三、生态文明建设新战略

党的十九大报告对"两个一百年"奋斗目标的历史交汇期做出了新的战略部署，综合分析国际国内形势和我国发展条件，从 2020 年到本世纪中叶可以分两个阶段来安排。第一个阶段，从 2020 年到 2035 年，在全面建成小康社会的基础上，再奋斗十五年，基本实现社会主义现代化。生态环境根本好转，美丽中国目标基本实现。第二个阶段，从 2035 年到本世纪中叶，在基本实现现代化的基础上，再奋斗十五年，把我国建成富强民主文明和谐美丽的社会主义现代化强国。作为"两个一百年"新战略的重要战略构成，美丽中国战略也已"扬帆起航"。

(一)建设美丽乡村,实现乡村振兴

根据 2015 年 6 月 1 日起实施的《美丽乡村建设指南》(GB 32000—2015)国家标准,美丽乡村是指经济、政治、文化、社会和生态文明协调发展,规划科学、生产发展、生活宽裕、乡风文明、村容整洁、管理民主,宜居、宜业的可持续发展乡村(包括建制村和自然村)。习近平同志指出,中国要强,农业必须强;中国要美,农村必须美;中国要富,农民必须富。2016 年,在安徽省凤阳县小岗村座谈时又强调,建设社会主义新农村,要规划先行,遵循乡村自身发展规律,补农村短板,扬农村长处,注意乡土味道,保留乡村风貌,留住田园乡愁;全面改善农村生产生活条件,为农民建设幸福家园和美丽宜居乡村。这为我们推进美丽乡村建设指明了方向。乡村振兴战略已经成为党的十九大布局的七大重要战略之一。十九大报告要求要坚持农业农村优先发展,按照产业兴旺、生态宜居、乡风文明、治理有效、生活富裕的总要求,建立健全城乡融合发展体制机制和政策体系,加快推进农业农村现代化。

美丽宜居乡村建设是乡村振兴的应有之义。2018 年年初,中央一号文件为乡村振兴战略进行了完整部署,而美丽宜居乡村建设恰是乡村振兴战略的任务之一。美丽宜居乡村建设首先要增强经济产业基础,富裕的乡村才能让农民有更强的获得感与幸福感,产业兴旺才是美丽宜居乡村的根本。因此,美丽宜居乡村建设的重要意义就是为乡村振兴战略助力,有效促进农村经济发展,夯实产业基础、优化产业布局、丰富增收渠道、扩大就业能力,有效促进农村精神文明建设,保护乡风民情、传承农村文化、提升村民素养。经济发展与文化建设是美丽宜居乡村建设的"双翼",更是乡村振兴建设的关键。

把乡村振兴战略作为党和国家重大战略,这是基于我国社会现阶段发展的实际需要而确定的,是符合我国全面实现小康,迈向社会主义现代化强国的需要而明确的,是中国特色社会主义建设进入新时代的客观要求。乡村不发展,中国就不可能真正发展;乡村社会不实现小康,中国社会就不可能全面实现小康;乡土文化得不到重构与弘扬,中华优秀传统文化就不可能得到真正的弘扬[1]。所以振兴乡村对于振兴中华、实现中华民族伟大复兴中国梦都有着重要的意义。

(二)划定生态红线,建立生态屏障

2013 年 5 月 24 日,习近平总书记在中共中央政治局第六次集体学习时强调,要划定并严守生态红线,牢固树立生态红线的观念。在生态环境保护问题上,就是要不能越雷池一步,否则就应该受到惩罚。2017 年 2 月,中央印发《关于划定并严守生态保护红线的若干意见》,指出生态保护红线是指

---

[1] 范建华.乡村振兴战略的时代意义[J].行政管理改革,2018(02).

在生态空间范围内具有特殊重要生态功能、必须强制性严格保护的区域,是保障和维护国家生态安全的底线和生命线,通常包括具有重要水源涵养、生物多样性维护、水土保持、防风固沙、海岸生态稳定等功能的生态功能重要区域,以及水土流失、土地沙化、石漠化、盐渍化等生态环境敏感脆弱区域。生态保护红线战略与主体功能区战略相辅相成,是保护国土开发格局的"硬杠杠"。划定并严守生态保护红线,是贯彻落实主体功能区制度、实施生态空间用途管制的重要举措,是提高生态产品供给能力和生态系统服务功能、构建国家生态安全格局的有效手段,是健全生态文明制度体系、推动绿色发展的有力保障。

生态保护红线原则上按禁止开发区域的要求进行管理。严禁不符合主体功能定位的各类开发活动,严禁任意改变用途,确保生态功能不降低、面积不减少、性质不改变。采取自上而下和自下而上相结合的方式划定全国和各省(自治区、直辖市)生态保护红线。2017年年底前、京津冀区域、长江经济带沿线各省(直辖市)划定生态保护红线;2018年年底前,其他省(自治区、直辖市)划定生态保护红线;2020年年底前,全面完成全国生态保护红线划定、勘界定标,基本建立生态保护红线制度,国土生态空间得到优化和有效保护,生态功能保持稳定,国家生态安全格局更加完善。到2030年,生态保护红线布局进一步优化,生态保护红线制度有效实施,生态功能显著提升,国家生态安全得到全面保障。

(三)管理自然资源,统一行使权限

2013年11月审议通过了《中共中央关于全面深化改革若干重大问题的决定》。习近平在报告中讲到,健全国家自然资源资产管理体制是健全自然资源资产产权制度的一项重大改革,也是建立系统完备的生态文明制度体系的内在要求。我国生态环境保护中存在的一些突出问题,一定程度上与体制不健全有关,原因之一是全民所有自然资源资产的所有权人不到位,所有权人权益不落实。针对这一问题,全会决定提出健全国家自然资源资产管理体制的要求。总的思路是按照所有者和管理者分开和一件事由一个部门管理的原则,落实全民所有自然资源资产所有权,建立统一行使全民所有自然资源资产所有权人职责的体制。

2015年,中共中央印发《生态文明体制改革总体方案》,明确提出健全国家自然资源资产管理体制。要求"按照所有者和监管者分开并一件事情由一个部门负责的原则,整合分散的全民所有自然资源资产所有者职责,组建对全民所有的矿藏、水流、森林、山岭、草原、荒地、海域、滩涂等各类自然资源统一行使所有权的机构,负责全民所有自然资源的出让等"。

2016年12月5日,中央全面深化改革领导小组第三十次会议审议通过了《关于健全国家自然资源资产管理体制试点方案》,会议指出健全国家自然资源资产管理体制,要按照所有者和管理者分开和一件事由一个部门管理的原则,将所有者职责从自然资源管理部门分离出来,集中统一行使,负责各类全民所有自然资源资产的管理和保护。要坚持资源公有和精简统一效能的原则,重点在整合全民所有自然资源资产所有者职责,探索中央、地方分级代理行使资产所有权,整合设置国有自然资源资产管理机构等方面积极探索尝试,形成可复制可推广的管理模式。

2017年10月,党的十九大报告要求加强对生态文明建设的总体设计和组织领导,设立国有自然资源资产管理和自然生态监管机构,完善生态环境管理制度,统一行使全民所有自然资源资产所有者职责,统一行使所有国土空间用途管制和生态保护修复职责,统一行使监管城乡各类污染排放和行政执法职责。2018年3月,国务院新一轮机构改革成立了"自然资源部",组建自然资源部是为统一行使所有国土空间用途管制和生态保护修复职责,着力解决自然资源所有者不到位、空间规划重叠等问题,将国土资源部的职责,国家发改委的组织编制主体功能区规划职责,住建部的城乡规划管理职责,水利部的水资源调查和确权登记管理职责,农业部的草原资源调查和权登记管理职责,国家林业局的森林、湿地等资源调查和确权登记管理职责,国家海洋局的职责,国家测绘地理信息局的职责整合。

(四)攻坚环境保护,贯彻落实"十条"

习近平总书记在不同场合曾多次强调保护生态环境的重要性,尤其强调"环境就是民生,青山就是美丽,蓝天也是幸福",2015年植树节时又强调"植树造林是实现天蓝、地绿、水净的重要途径,是最普惠的民生工程。要坚持全国动员、全民动手植树造林,努力把建设美丽中国化为人民自觉行动"。同年7月,在吉林省调研时强调"要大力推进生态文明建设,强化综合治理措施,落实目标责任,推进清洁生产,扩大绿色植被,让天更蓝、山更绿、水更清、生态环境更美好"。可见,天蓝、地绿、水清是最直接的环保成果和生态产品,更是人民群众的美好期望。因此,"大气十条""土十条"和"水十条"的颁布是恰逢其时、当务之急。

1. "大气十条"

2013年6月14日,国务院召开常务会议,研究了大气污染防治的具体措施,同年9月10日,国务院下发了《关于印发〈大气污染防治行动计划〉的通知》(国发[2013]37号),制定了大气污染防治十条措施。2018年5月31日上午,生态环境部召开2018年5月例行新闻发布会,公布了《2017中国生态环境状况公报》,公报显示环境治理效果突出:蓝天保卫战成效显著。全国338个地级及以上城市可吸入颗粒物(PM10)平均浓度比2013年下降22.7%,京津冀、长三角、珠三角区域细颗粒物(PM2.5)平均浓度比2013年分别下降39.6%、34.3%、27.7%,北京市PM2.5平均浓度从2013年的

89.5μg/m³ 降至 58μg/m³,《大气污染防治行动计划》空气质量改善目标和重点工作任务全面完成。基本完成地级及以上城市建成区燃煤小锅炉淘汰,累计淘汰城市建成区 10 蒸 t 以下燃煤小锅炉 20 余万台,累计完成燃煤电厂超低排放改造 7 亿 kW。全国实施国 V 机动车排放标准和油品标准;黄标车淘汰基本完成,新能源汽车累计推广超过 180 万辆;推进船舶排放控制区方案实施。启动大气重污染成因与治理攻关项目。开展京津冀及周边地区秋冬季大气污染综合治理攻坚行动。清理整治涉气"散乱污"企业 6.2 万家,完成以气代煤、以电代煤年度工作任务,削减散煤消耗约 1000 万 t;落实清洁供暖价格政策,在 12 个城市开展首批北方地区冬季清洁取暖试点;实施工业企业采暖季错峰生产;天津、河北、山东环渤海港口煤炭集疏港全部改为铁路运输。

2. "水十条"

2015 年 2 月,中共中央政治局常务委员会会议审议通过了《水十条》,4 月 16 日国务院发布了《关于印发水污染防治行动计划的通知》(国发[2015]17 号)。《水污染防治行动计划》最早叫"水计划",因为与已经出台的"大气十条"相对应,改为"水十条"。"水十条"不再停留在减排量、排放标准等旧手段上,而直接将河流等水体的改善程度作为考核标准,标志着以环境质量和环境效果为核心的环保时代已经到来。

《2017 年中国生态环境状况公报》显示,全国地表水优良水质断面比例不断提升,Ⅰ~Ⅲ类水体比例达到 67.9%,劣 V 类水体比例下降到 8.3%,大江大河干流水质稳步改善。深入实施《水污染防治行动计划》,97.7% 的地级及以上城市集中式饮用水水源完成保护区标志设置,93% 的省级及以上工业集聚区建成污水集中处理设施,新增工业集散区污水处理能力近 1000 万 m³/日,36 个重点城市建成区的黑臭水体已基本消除。持续开展长江经济带地级及以上城市饮用水水源地环保执法专项行动,排查出的 490 个环境问题全部完成清理整治。国家地下水监测工程建设基本完成,城乡饮用水水质监测实现全国所有地市、县区全覆盖和 85% 的乡镇覆盖。完成 2.8 万个村庄环境整治任务。在 96 个畜牧养殖大县整县推进畜禽粪污资源化利用。农药使用量连续三年负增长,化肥使用量提前三年实现零增长。强化节水管理,全面实行水资源消耗总量和强度双控行动。加强港口船舶码头污染防治,开展全国陆源入海污染源分布排查,全面清理非法或设置不合理的入海排污口。

3. "土十条"

2016 年 5 月 28 日,国务院印发了《土壤污染防治行动计划》(以下简称《土十条》),对今后一个时期我国土壤污染防治工作做出了全面战略部署。结合全面建成小康社会的目标要求,《土十条》确定的工作目标是:到 2020 年,全国土壤污染加重趋势得到初步遏制,土壤环境质量总体保持稳定,农用地和建设用地土壤环境安全得到基本保障,土壤环境风险得到基本管控。到2030年,全国土壤环境质量稳中向好,农用地和建设用地土壤环境安全得到有效保障,土壤环境风险得到全面管控。到本世纪中叶,土壤环境质量全面改善,生态系统实现良性循环。主要指标是:到2020年,受污染耕地安全利用率达到90%左右,污染地块安全利用率达到90%以上。到2030年,受污染耕地安全利用率达到95%以上,污染地块安全利用率达到95%以上。为确保实现上述目标,《土十条》提出了10条35款,共231项具体措施。除总体要求、工作目标和主要指标外,可分为四个方面。第一方面措施2条,着眼于摸清情况、建立健全法规标准体系,夯实两大基础;第二方面措施2条,突出农用地分类管理、建设用地准入管理两大重点;第三方面措施3条,推进未污染土壤保护、控制污染来源、土壤污染治理与修复三大任务;第四方面措施3条,强化科技支撑、治理体系建设、目标责任考核三大保障。为了便于贯彻落实,每项工作都明确了牵头单位和参与部门。

《2017年中国生态环境状况公报》显示,我国已经在土壤治理方面采取了卓有成效的举措。开展已搬迁关闭重点行业企业用地再开发利用情况专项检查,部署应用全国污染地块土壤环境管理信息系统。106个产粮油大县制定土壤环境保护工作方案。江苏、河南、湖南启动耕地土壤环境质量类别划分试点。全面完成永久基本农田划定工作。禁止洋垃圾入境。印发《禁止洋垃圾入境推进固体废物进口管理制度改革实施方案》,发布《进口废物管理目录》(2017年)。开展打击进口废物加工利用行业环境违法行为专项行动和固体废物集散地专项整治行动,实现固体废物进口量同比下降9.2%,其中限制类固体废物进口量同比下降12%。城市生活垃圾无害化处理能力达到63.8万t/日,无害化处理率达97.14%;农村生活垃圾得到处理的行政村比例达74%。排查出2.7万余个非正规垃圾堆放点。

(五)引领气候合作,促进生态共赢

习近平同志指出:"必须从全球视野加快推进生态文明建设,把绿色发展转化为新的综合国力和国际竞争新优势。"中国立场、世界眼光、人类胸怀,携手构建合作共赢、公平合理的气候变化治理机制,始终是习近平同志持续思考、探索和推动建设人类命运共同体的全球治理理念的重要内容。他反复指出,"建设生态文明关乎人类未来,国际社会应该携手同行,共谋全球生态文明建设之路";在G20杭州峰会上,习近平主席向世界宣布,中国将全面落实2030年可持续发展议程。

自我国签订《京都议定书》以来,在历次全球气候峰会中都做出了重要的贡献,成为国际公约的坚定履约方,生态文明建设也成为我国"五位一体"总体布局的重要内容。2015年6月,中国政府向《联合国气候变化框架公约》秘书处提交了中国应对气候变化国家自主贡献文件。并根据中国国情、

发展阶段、可持续发展战略和国际责任,确定了到 2030 年的自主行动目标。即:二氧化碳排放 2030 年左右达到峰值并争取尽早达峰;单位国内生产总值二氧化碳排放比 2005 年下降 60%~65%,非化石能源占一次能源消费比重达到 20% 左右,森林蓄积量比 2005 年增加 45 亿 m^3 左右。中国还将继续主动适应气候变化,在抵御风险、预测预警、防灾减灾等领域向更高水平迈进。

在党的十九大报告中,习近平总书记指出:引导应对气候变化国际合作,成为全球生态文明建设的重要参与者、贡献者、引领者。这句话高度概括出党的十八大以来中国在生态文明建设领域,为应对气候变化所作出的贡献、所发挥的极其重要的作用。这是举世公认的事实。

思 考 题

1. 我国古代有哪些生态自然观?
2. 我国古代保护生态环境的制度安排有哪些特点?
3. 改革开放以来,我国对生态文明的认识是如何深化的?
4. 如何理解"绿水青山就是金山银山"?
5. 在建设美丽乡村、实现乡村振兴中应该注意什么?

第四章
生态文明建设的中国方略

　　随着全球工业化、城市化的发展,人类不断探索环境保护和可持续发展道路。1992 年联合国环境与发展大会所通过的《21 世纪议程》,开启了人类建构生态文明的里程,我国也不断为之付出努力。党的十六大将"推动整个社会走上生产发展、生活富裕、生态良好的文明发展道路"作为全面建设小康社会的目标之一;党的十七大提出"建设生态文明,基本形成节约能源资源和保护生态环境的产业结构、增长方式、消费模式"的要求;党的十八大报告以"大力推进生态文明建设"为题,进一步强调将生态文明建设融入经济建设、政治建设、文化建设、社会建设的各方面和全过程;党的十九大报告指出了"新时代中国特色社会主义思想和基本方略",确立了新时代生态文明建设基本方略与路径。本章从我国生态文明建设的根本目标、国策方针、基本原则和实现路径四个方面对生态文明建设的中国方略进行概括总结。

第一节 我国生态文明建设的总体目标

党的十八大以来,我国推动了中国生态文明建设和顶层设计,2015 年《关于加快推进生态文明建设的意见》号召把生态文明建设作为一项重要政治任务,党的十九大将生态文明建设提升到一个新的高度,生态文明建设成为中华民族永续发展的千年大计。

一、总体目标

生态文明建设是中国特色社会主义事业的重要内容,关系人民福祉,关乎民族未来,事关"两个一百年"奋斗目标和中华民族伟大复兴中国梦的实现。加快推进生态文明建设是加快转变经济发展方式、提高发展质量和效益的内在要求,是坚持以人为本、促进社会和谐的必然选择,是全面建成小康社会、实现中华民族伟大复兴中国梦的时代抉择,是积极应对气候变化、维护全球生态安全的重大举措。我国生态文明建设的根本目标是:生态环境根本好转,建设美丽中国,为人民创造良好生产生活环境,为全球生态安全作出贡献。

二、阶段性目标

从现在到 2020 年,生态环境质量总体改善,生产方式和生活方式绿色、低碳水平上升;能源资源开发利用效率大幅提高,能源和水资源消耗、建设用地、碳排放总量得到有效控制,主要污染物排放总量大幅减少;主体功能区布局和生态安全屏障基本形成;生态文明建设水平与全面建成小康社会目标相适应,成为全球生态文明建设的重要参与者、贡献者、引领者。

从 2020~2035 年,在我国全面建成小康社会的基础上,基本实现社会主义现代化。我国生态文明建设目标是:生态环境根本好转,形成节约资源和保护环境的空间格局、产业结构、生产方式、生活方式,美丽中国目标基本实现。

从 2035 年到本世纪中叶,在我国基本实现现代化的基础上,我国物质文明、政治文明、精神文明、社会文明、生态文明全面提升,把我国建成富强民主文明和谐美丽的社会主义现代化强国,为全球生态安全作出贡献。

三、近期主要绩效目标

到 2020 年,我国资源节约型和环境友好型社会建设取得重大进展,经济发展质量和效益显著提高,生态文明主流价值观在全社会得到推行,生态文明建设水平与全面建成小康社会目标相适应。

（一）国土空间开发格局进一步优化

我国经济、人口布局向均衡方向发展,陆海空间开发强度、城市空间规模得到有效控制,城乡结构和空间布局明显优化。构筑坚实的生态安全体系、高效的生态经济体系和繁荣的生态文化体系,划定森林、湿地、荒漠植被、野生动植物生态保护红线,在维护自然生态系统基本格局的基础上,使国土开发空间格局为生态安全保留适度的自然本底。通过开展生态系统保护、修复和治理,确保生态系统结构更加合理;使生物多样性丧失与流失得到基本控制;防灾减灾能力、应对气候变化能力、生态服务功能和生态承载力明显提升,基本形成国土生态安全体系的骨架。

（二）资源利用更加高效

改造提升传统产业,大力发展特色产业,鼓励发展新兴产业,重点发展生态经济型产业,促进资源高效利用。到 2020 年,林业林区生产条件明显改善,森林资源利用方式明显绿色化,林业产品有效供给和生态服务能力明显提升;单位国内生产总值二氧化碳排放强度比 2005 年下降 40% ~ 45%,能源消耗强度持续下降,资源产出率大幅提高,用水总量力争控制在 6700 亿 m³ 以内,万元工业增加值用水量降低到 65m³ 以下,农田灌溉水有效利用系数提高到 0.55 以上,非化石能源占一次能源消费比重达到 15% 左右。

（三）生态环境质量总体改善

主要污染物排放总量继续减少,大气环境质量、重点流域和近岸海域水环境质量得到改善,重要江河湖泊水功能区水质达标率提高到 80% 以上,饮用水安全保障水平持续提升,土壤环境质量总体保持稳定,环境风险得到有效控制。森林覆盖率达到 23% 以上,森林蓄积量达到 150 亿 m³ 以上;草原综合植被覆盖度达到 56%,湿地面积不低于 8 亿亩,自然湿地保护率达到 60%;50% 以上可治理沙化土地得到治理,自然岸线保有率不低于 35%,生物多样性丧失速度得到基本控制,全国生态系统稳定性明显增强。

（四）生态文明重大制度基本确立

完善生态环境管理制度,完善资源环境价格机制,统一行使全民所有自然资源资产所有者职责,统一行使所有国土空间用途管制和生态保护修复职责,统一行使监管城乡各类污染排放和行政执法职责。把生态环境风险纳入常态化管理,建立科学合理的考核评价体系,建立并实施中央环境保护督察制度,基本形成源头预防、过程控制、损害赔偿、责任追究的生态文明制度体系。自然资源资产产权和用途管制、自然资源资产有偿使用、国土空间开发保护制度、生态保护红线、生态补偿等关键制度建设取得决定性成果。

第二节　我国生态文明建设的国策方针

中国特色社会主义进入了新时代,我国已经到了决胜全面建成小康社会、不断创造美好生活的关键时期,已步入奋力实现中华民族伟大复兴中国梦的崭新时代。新时代有新思想、新战略,要更加牢牢坚持党的基本路线这个党和国家的生命线、人民的幸福线,牢记建设生态文明是中华民族永续发展的千年大计,让我国生态文明建设成为全球生态文明建设的重要参与者、贡献者、引领者,建设美丽中国,为人民创造良好生产生活环境,为把我国建设成为富强民主文明和谐美丽的社会主义现代化强国而作出贡献。

生态文明建设的指导思想是:以马克思列宁主义、毛泽东思想、邓小平理论、"三个代表"重要思想、科学发展观为指导,坚持解放思想、实事求是、与时俱进、求真务实,坚持辩证唯物主义和历史唯物主义,紧密结合新时代条件和实践要求,全面贯彻党的十八大和十九大精神,深入贯彻习近平同志系列重要讲话精神,坚持以人为本、依法推进,把生态文明建设放在突出的战略位置,融入经济建设、政治建设、文化建设、社会建设各方面和全过程,协同推进新型工业化、信息化、城镇化、农业现代化和绿色化,以健全生态文明制度体系为重点,优化国土空间开发格局,全面促进资源节约利用,加大自然生态系统和环境保护力度,大力推进绿色发展、循环发展、低碳发展,弘扬生态文化,倡导绿色生活,加快建设美丽中国,使蓝天常在、青山常在、绿水常在,实现中华民族永续发展。

一、坚持中国特色社会主义道路,努力建设美丽中国

中国特色社会主义是改革开放以来党的全部理论和实践的主题,是党和人民历尽千辛万苦、付出巨大代价取得的根本成就。中国特色社会主义道路是实现社会主义现代化、创造人民美好生活的必由之路;中国特色社会主义理论体系是指导党和人民实现中华民族伟大复兴的正确理论;中国特色社会主义制度是当代中国发展进步的根本制度保障;中国特色社会主义文化是激励全党全国各族人民奋勇前进的强大精神力量。

生态文明建设要重视我国社会主要矛盾的变化,牢牢把握社会主义初级阶段这个基本国情,牢牢立足社会主义初级阶段这个最大实际,牢牢坚持党的基本路线这个党和国家的生命线、人民的幸福线。生态文明建设要深入贯彻绿色发展理念的自觉性和主动性显著增强,明确"五位一体"的中国特色社会主义事业总体布局和"四个全面"的战略布局,保持政治定力,坚持实干兴邦,始终坚持和发展中国特色社会主义,为把我国建设成为富强民主文明和谐美丽的社会主义现代化强国而奋斗。

二、坚持以人民为中心，着力解决突出环保问题

人民是历史的创造者，是决定党和国家前途命运的根本力量。把最广大人民根本利益作为一切工作的出发点和落脚点，这是中国共产党始终坚持的根本理念。党的十八大报告把"必须坚持人民主体地位"列在基本要求首位，强调"坚持走共同富裕道路""维护社会公平正义"。党的十九大强调必须坚持人民主体地位，坚持立党为公、执政为民，践行全心全意为人民服务的根本宗旨，把党的群众路线贯彻到治国理政全部活动之中，把人民对美好生活的向往作为奋斗目标，依靠人民创造历史伟业。

建设生态文明，关系人民福祉，关乎民族未来。生态文明建设要体现中国共产党全心全意为人民服务的根本宗旨，坚持"以人民为中心的发展思想"，把增进民生福祉作为建设的根本目的。中国特色社会主义进入新时代，中国生态文明建设也步入新时代。新时代人民对美好生活的需要已变得广泛而多元，我国在创造更多物质财富和精神财富以满足人民日益增长的美好生活需要的同时，要通过生态文明建设为人民提供更多优质生态产品以满足人民日益增长的优美生态环境需要。

我国生态环境保护任务艰巨，首先要着重解决人民最为关心的生态环境问题。坚持全民共治、源头防治，持续实施大气污染防治行动，打赢蓝天保卫战。加快水污染防治，实施流域环境和近岸海域综合治理。强化土壤污染管控和修复，加强农业面源污染防治，开展农村人居环境整治行动。加强固体废弃物和垃圾处置。提高污染排放标准，强化排污者责任，健全环保信用评价、信息强制性披露、严惩重罚等制度。构建政府为主导、企业为主体、社会组织和公众共同参与的环境治理体系。积极参与全球环境治理，落实减排承诺。

三、坚持节约资源和保护环境的基本国策，促进人与自然和谐共生

生态文明建设，必须清醒地认识我国资源环境形势，必须尊重自然、顺应自然、保护自然，清醒地认识到节约资源、保护生态环境、治理环境污染的紧迫性和艰巨性。坚持节约资源和保护环境是生态文明建设的基本国策和根本方针，实行最严格的生态环境保护制度，形成绿色发展方式和生活方式，坚定走生产发展、生活富裕、生态良好的文明发展道路，建设美丽中国，为人民创造良好生产生活环境，为全球生态安全作出贡献。

（一）坚持节约优先，促进人口与资源环境协调发展

我国面临严峻的资源形势，人均耕地不到世界人均水平的1/2，人均水资源是世界平均水平的1/4，且资源分布的区域差异巨大。节约资源是保护生态环境的根本之策。生态文明建设必须在全社会、全领域、全过程都加强

节约集约利用资源,推动资源利用方式根本转变,加强全过程节约管理,大幅降低能源、水、土地消耗强度。在资源开发与节约中,把节约放在优先位置,以最少的资源消耗支撑经济社会持续发展,建设资源节约集约型社会。

一是加强推进绿色发展、循环发展、低碳发展,促进生产、流通、消费过程的减量化、再利用、资源化,加快发展资源循环利用产业,推动矿产资源和固体废弃物综合利用;大力发展环保产业,壮大可再生能源规模。重点要狠抓节能减排降低消耗、狠抓水资源节约利用、狠抓矿产资源节约利用、狠抓土地节约集约利用,实现资源节约。

二是按照人口资源环境相均衡、经济社会生态效益相统一的原则,在我国现代化建设中,整体谋划国土空间开发,科学布局生产空间、生活空间、生态空间,促进生产空间集约高效、生活空间宜居适度、生态空间山清水秀,形成节约资源和保护环境的区域格局。

三是推行绿色消费,增强对社会、对子孙后代高度负责的责任心,形成"节约资源从我做起、从身边做起"的态度和行动,建立节约资源的绿色生活方式。

(二) 坚持保护优先,实行最严格的生态环境保护制度

良好生态环境是人和社会持续发展的根本基础,人民群众对环境问题高度关注。我国环境污染形势严峻,大气污染、水污染、土壤污染问题还没有根本性解决。生态文明建设要真正下决心把环境污染治理好,从源头上扭转生态环境恶化趋势。在环境保护与发展中,把保护放在优先位置,在发展中保护、在保护中发展;在生态建设与修复中,以自然恢复为主,与人工修复相结合。

环境保护和治理要以解决损害群众健康突出环境问题为重点,坚持预防为主、综合治理,强化水、大气、土壤等污染防治,着力推进重点流域和区域水污染防治,着力推进重点行业和重点区域大气污染治理,努力走向社会主义生态文明新时代,为人民创造良好生产生活环境。

(三) 坚持自然恢复为主,加大生态系统保护力度

面对我国生态系统退化的严峻形势,必须树立尊重自然、顺应自然、保护自然的生态文明理念,树立和践行绿水青山就是金山银山的理念。人与自然是生命共同体,良好生态环境是人和社会持续发展的根本基础,加大生态系统保护力度是大力推进生态文明建设的重要方略。统筹山水林田湖草系统治理,实施重要生态系统保护和修复重大工程,优化生态安全屏障体系,构建生态廊道和生物多样性保护网络,提升生态系统质量和稳定性。完成生态保护红线、永久基本农田、城镇开发边界三条控制线划定工作。开展国土绿化行动,推进荒漠化、石漠化、水土流失综合治理,强化湿地保护和恢复,加强地

质灾害防治。完善天然林保护制度,扩大退耕还林还草。严格保护耕地,扩大轮作休耕试点,健全耕地草原森林河流湖泊休养生息制度,建立市场化、多元化生态补偿机制。

四、坚定不移贯彻落实新发展理念,健全生态文明制度体系

党的十八届五中全会提出了"创新、协调、绿色、开放、共享"的新发展理念,党的十九大强调必须坚定不移贯彻创新、协调、绿色、开放、共享的发展理念。生态文明建设要深入贯彻落实新发展理念,加快生态科技、生态制度、生态建设机制、生态文明理论等方面的创新发展,全面协调推进,牢固树立绿色发展理念,尊重自然生态系统规律,以开放理念形成人类命运共同体而寻求全球合作,以人民为中心共享生态文明建设成果,实现区域生态共建共享,保障生态文明建设可持续。健全生态文明法律制度体系可优先从以下五个层面着手:一是完善生态资源、资产产权制度、利用制度和保护制度;二是整合形成系统的生态修复、环境治理制度;三是建立健全严格的可实施的生态环境破坏责任追究、赔偿制度;四是构建环境保护、绿色 GDP 绩效核算和奖励制度;五是针对没有行政隶属关系的生态紧密联系区域,构建跨区域生态影响、环境污染、生态服务的核算办法、赔偿依据与标准、补偿依据与标准等政策制度。

保护生态环境依赖于有效的监管体制和制度。生态文明建设要加强总体设计和组织领导,设立国有自然资源资产管理和自然生态监管机构,完善生态环境管理制度,统一行使全民所有自然资源资产所有者职责,统一行使所有国土空间用途管制和生态保护修复职责,统一行使监管城乡各类污染排放和行政执法职责。构建国土空间开发保护制度,完善主体功能区配套政策,建立以国家公园为主体的自然保护地体系。坚决制止和惩处破坏生态环境行为。

五、坚持推动构建人类命运共同体,引领全球生态文明建设

中国人民的梦想同各国人民的梦想息息相通,中国生态文明建设与全球生态安全息息相关。中国生态文明建设要始终不渝走和平发展道路、奉行互利共赢的开放战略,坚持正确义利观,树立共同、综合、合作、可持续的新安全观,谋求开放创新、包容互惠的生态文明发展前景。

我国生态环境治理明显加强,环境保护成效显著,同时积极参与全球环境治理,积极应对气候变化,引导应对气候变化国际合作。我国已批准加入30 多项与生态环境有关的多边公约或议定书,最近 10 年,我国在经济增长的同时减少了 41 亿 t 的二氧化碳排放,做到应对气候变化与经济社会发展双赢,为保护全球气候环境作出贡献。在中国特色社会主义建设新时代,我国要更加勇于开放包容,尊重世界文明多样性,坚持环境友好,合作应对气候

变化,引领全球构筑尊崇自然、绿色发展的生态体系,保护好人类赖以生存的地球家园,全面提升了在全球环境治理体系中的制度性话语权,成为全球生态文明建设的重要参与者、贡献者、引领者。

第三节　我国生态文明建设的基本原则

生态文明建设是为了实现人与自然及人类社会的和谐,缓解人口与资源环境之间的矛盾,改变人类社会发展所带来的资源枯竭、环境污染破坏、生态失衡等状态,而采取的符合生态规律的系列办法和措施。生态文明建设已经融入经济建设、政治建设、文化建设、社会建设的各方面和全过程。

一、坚持人与自然和谐共生原则

人与自然的关系是人类社会中最基本的关系,人因自然而生,自然为人类社会的发展提供资源。人与自然应当是一种共生关系,人与自然和谐共生是指人与自然是生命共同体,人类社会的发展必须尊重自然、顺应自然、保护自然。人与自然的关系,是工业文明发展到后期全世界都在思考的问题。我国不断提升对自然规律和社会发展规律的认知,把生态文明建设纳入中国特色社会主义事业"五位一体"总体布局。我国建设的现代化是人与自然和谐共生的现代化,既要创造更多物质财富和精神财富以满足人民日益增长的美好生活需要,也要提供更多优质生态产品以满足人民日益增长的优美生态环境需要。

二、坚持绿水青山就是金山银山原则

经济社会发展必须建立在资源得到高效循环利用、生态环境受到严格保护的基础上,与生态文明建设相协调,形成节约资源和保护环境的空间格局、产业结构、生产方式、生活方式。生态文明建设既要"青山绿水"也要"金山银山",从根本上解决资源环境问题,为全球生态安全作出新的贡献。坚持绿水青山就是金山银山原则,促使人们重新审视生态保护与经济发展之间的关系,兼顾自然环境承载能力和生态系统的自我修复能力,树立"保护生态环境就是保护生产力、改善生态环境就是发展生产力"的理念,坚持在保护中发展,在发展中保护,要坚定不移走生态优先、绿色发展新道路,走出一条人与自然和谐共生的绿色发展道路,形成人与自然和谐发展的现代化建设新格局。

三、坚持良好生态环境是最普惠的民生福祉的原则

生态环境是关系党的使命宗旨的重大政治问题,也是关系民生的重大社会问题。生态文明建设要重点解决损害群众健康的突出环境问题,把解决突

出生态环境问题作为民生优先领域。广大人民群众热切期盼加快提高生态环境质量,走向生态文明新时代,要让老百姓呼吸上新鲜的空气、喝上干净的水、吃上放心的食物、生活在宜居的环境中,切实感受到经济发展带来的实实在在的环境效益,为老百姓留住鸟语花香的田园风光,让中华大地天更蓝、水更绿、环境更优美。生态文明建设要深刻把握良好生态环境是最普惠民生福祉的宗旨精神,坚持生态惠民、生态利民、生态为民,要积极回应人民群众所想、所盼、所急,提供更多优质生态产品,不断满足人民群众日益增长的优美生态环境需要。

四、坚持山水林田湖草是生命共同体的原则

生态是个复合的系统,哪个环节出问题,整个系统都将面临危险。生态文明建设要遵从"山水林田湖草是一个生命共同体"的理念,重视生态系统各组成部分功能上的密切联系,遵循山水林田湖草的系统性、整体性,进行生态系统的综合监督管理,实现要素综合、职能综合、手段综合,提高生态环境保护工作的科学性、有效性,寻求多目标之间的平衡以及整体利益的最大化,形成多个生态环境要素综合保护的格局。生态文明建设要深刻把握山水林田湖草是生命共同体的系统思想,建立统一的空间规划体系和协调有序的国土开发保护格局,严守生态保护红线,坚持山水林田湖草整体保护、系统修复、区域统筹、综合治理,完善自然保护地管理体制机制。加强生态环境保护建设,统筹山水林田湖草治理,精心组织实施京津风沙源治理、三北防护林建设、天然林资源保护、退耕还林、水土保持等重点工程,强化森林、湿地、流域、农田、城市五大生态系统建设,构筑生态屏障。

五、坚持用最严格制度最严密法治保护生态环境的原则

生态文明建设要加快制度创新,强化制度执行,让制度成为刚性的约束和不可触碰的高压线。要提升政治站位,强化政治责任,要让法律深入人心,成为污染治理的有力武器,确保法律规定的政府责任、企业责任、公民责任落到实处,坚决纠正"有法不依、执法不严、违法不究"的情况。加强法律监督、行政监察,对各类环境违法违规行为实行"零容忍",加大查处力度,严厉惩处违法违规行为。强化对浪费能源资源、违法排污、破坏生态环境等行为的执法监察和专项督察。资源环境监管机构独立开展行政执法,禁止领导干部违法违规干预执法活动。健全行政执法与刑事司法的衔接机制,整合污染防治和生态保护的综合执法职责、队伍,加强基层执法队伍、环境应急处置救援队伍建设,统一负责生态环境执法,监督落实企事业单位生态环境保护责任。强化对资源开发和交通建设、旅游开发等活动的生态环境监管。广泛宣传大气污染防治法律法规和政策措施,及时公开污染情况和治理成效,发动群众参与和监督,形成全社会共同治理的合力。

六、坚持共谋全球生态文明建设的原则

"构建人类命运共同体"为各国人民同心协力完善全球治理、构建更加公正合理的国际秩序指明了方向。"推动构建人类命运共同体"已经写入《中华人民共和国宪法》,确立了我国生态文明建设的核心理念和行动指南,有利于将中国的生态环境保护经验同世界分享,为人类探索解决全球共同面临的环境等问题贡献中国方案和中国智慧。我国的生态文明进步不仅意味着中国百姓的生活将显著改善,而且要助推全球经济发展模式的转变。我国生态文明建设要从全人类和平、发展的角度考虑,深度参与全球环境治理,共谋全球生态文明建设,携手共建生态良好的地球美好家园,形成世界环境保护和可持续发展的解决方案,引导应对气候变化国际合作,成为全球生态文明建设的重要参与者、贡献者、引领者。

第四节　我国生态文明建设的实现路径

生态文明建设是中国特色社会主义事业的重要内容,事关"两个一百年"奋斗目标和中华民族伟大复兴中国梦的实现。党中央、国务院高度重视生态文明建设,先后出台了一系列重大决策部署,生态文明建设成效显著。全国贯彻绿色发展理念的自觉性和主动性显著增强,忽视生态环境保护的状况明显改变。生态文明制度体系加快形成,主体功能区制度逐步健全,国家公园体制试点积极推进。全面节约资源有效推进,能源资源消耗强度大幅下降。重大生态保护和修复工程进展顺利,森林覆盖率持续提高。生态环境治理明显加强,环境状况得到改善。引导应对气候变化国际合作,成为全球生态文明建设的重要参与者、贡献者、引领者。尽管成效显著,但是我国生态环境保护还任重道远,需要大力推进生态文明建设,全面提升我国生态文明,建设美丽中国。

一、强化主体功能定位,优化国土开发空间格局

国土是生态文明建设的空间载体。要坚定不移地实施主体功能区战略,健全空间规划体系,科学合理布局和整治生产空间、生活空间、生态空间。

(一)积极实施主体功能区战略

全面落实主体功能区规划,健全财政、投资、产业、土地、人口、环境等配套政策和各有侧重的绩效考核评价体系。推进市县落实主体功能定位,推动经济社会发展、城乡、土地利用、生态环境保护等规划"多规合一",形成一个市县一本规划、一张蓝图。区域规划编制、重大项目布局必须符合主体功能定位。对不同主体功能区的产业项目实行差别化市场准入政策,明确禁止开

发区域、限制开发区域准入事项,明确优化开发区域、重点开发区域禁止和限制发展的产业。编制实施全国国土规划纲要,加快推进国土综合整治。构建平衡适宜的城乡建设空间体系,适当增加生活空间、生态用地,保护和扩大绿地、水域、湿地等生态空间。加快完善森林保护空间规划、完善湿地保护空间规划、完善荒漠治理空间规划、完善生物多样性保育空间规划,建立健全国土生态空间规划体系。

(二)加快美丽乡村建设

实施乡村振兴战略,是党的十九大作出的重大决策部署,是决胜全面建成小康社会、全面建设社会主义现代化国家的重大历史任务,是新时代"三农"工作的总抓手。在中国特色社会主义新时代,乡村是一个可以大有作为的广阔天地,迎来了难得的发展机遇。我们有党的领导的政治优势,有社会主义的制度优势,有亿万农民的创造精神,有强大的经济实力支撑,有历史悠久的农耕文明,有旺盛的市场需求,完全有条件有能力实施乡村振兴战略。必须立足国情农情,顺势而为,切实增强责任感使命感紧迫感,举全党全国全社会之力,以更大的决心、更明确的目标、更有力的举措,推动农业全面升级、农村全面进步、农民全面发展,谱写新时代乡村全面振兴新篇章。

完善县域村庄规划,强化规划的科学性和约束力。加强农村基础设施建设,强化山水林田路综合治理,加快农村危旧房改造,支持农村环境集中连片整治,开展农村垃圾专项治理,加大农村污水处理和改厕力度。加快转变农业发展方式,推进农业结构调整,大力发展农业循环经济,治理农业污染,提升农产品质量安全水平。依托乡村生态资源,在保护生态环境的前提下,加快发展乡村旅游休闲业。引导农民在房前屋后、道路两旁植树护绿。加强农村精神文明建设,以环境整治和民风建设为重点,扎实推进文明村镇创建。

(三)加强海洋资源科学开发和生态环境保护

根据海洋资源环境承载力,科学编制海洋功能区划,确定不同海域主体功能。坚持"点上开发、面上保护",控制海洋开发强度,在适宜开发的海洋区域,加快调整经济结构和产业布局,积极发展海洋战略性新兴产业,严格生态环境评价,提高资源集约节约利用和综合开发水平,最大程度减少对海域生态环境的影响。严格控制陆源污染物排海总量,建立并实施重点海域排污总量控制制度,加强海洋环境治理、海域海岛综合整治、生态保护修复,有效保护重要、敏感和脆弱海洋生态系统。加强船舶港口污染控制,积极治理船舶污染,增强港口码头污染防治能力。控制发展海水养殖,科学养护海洋渔业资源。开展海洋资源和生态环境综合评估。实施严格的围填海总量控制制度、自然岸线控制制度,建立陆海统筹、区域联动的海洋生态环境保护修复机制。

二、推进绿色发展，全面促进资源节约循环高效使用

绿色发展是坚持节约资源和环境保护基本国策的重要战略体现。生态文明建设，要加快建立绿色生产和消费的法律制度和政策导向，建立健全绿色低碳循环发展的经济体系，构建市场导向的绿色技术创新体系，发展绿色金融，壮大节能环保产业、清洁生产产业、清洁能源产业，促进资源节约循环高效使用。

(一)加强资源节约利用

节约集约利用水、土地、矿产等资源，加强全过程管理，大幅降低资源消耗强度。加强用水需求管理，以水定需、量水而行，抑制不合理用水需求，促进人口、经济等与水资源相均衡，建设节水型社会。推广高效节水技术和产品，发展节水农业，加强城市节水，推进企业节水改造。积极开发利用再生水、矿井水、空中云水、海水等非常规水源，严控无序调水和人造水景工程，提高水资源安全保障水平。按照严控增量、盘活存量、优化结构、提高效率的原则，加强土地利用的规划管控、市场调节、标准控制和考核监管，严格土地用途管制，推广应用节地技术和模式。发展绿色矿业，加快推进绿色矿山建设，促进矿产资源高效利用，提高矿产资源开采回采率、选矿回收率和综合利用率。

(二)推进节能减排

发挥节能与减排的协同促进作用，全面推动重点领域节能减排。开展重点用能单位节能低碳行动，实施重点产业能效提升计划。严格执行建筑节能标准，加快推进既有建筑节能和供热计量改造，从标准、设计、建设等方面大力推广可再生能源在建筑上的应用，鼓励建筑工业化等建设模式。优先发展公共交通，优化运输方式，推广节能与新能源交通运输装备，发展甩挂运输。鼓励使用高效节能农业生产设备。开展节约型公共机构示范创建活动。强化结构、工程、管理减排，继续削减主要污染物排放总量。

(三)推动绿色城镇化

认真落实《国家新型城镇化规划(2014～2020年)》，根据资源环境承载能力，构建科学合理的城镇化宏观布局，严格控制特大城市规模，增强中小城市承载能力，促进大中小城市和小城镇协调发展。尊重自然格局，依托现有山水脉络、气象条件等，合理布局城镇各类空间，尽量减少对自然的干扰和损害。保护自然景观，传承历史文化，提倡城镇形态多样性，保持特色风貌，防止"千城一面"。科学确定城镇开发强度，提高城镇土地利用效率、建成区人口密度，划定城镇开发边界，从严供给城市建设用地，推动城镇化发展由外延

扩张式向内涵提升式转变。

(四)大力发展绿色产业

大力发展节能环保产业,以推广节能环保产品拉动消费需求,以增强节能环保工程技术能力拉动投资增长,以完善政策机制释放市场潜在需求,推动节能环保技术、装备和服务水平显著提升,加快培育新的经济增长点。实施节能环保产业重大技术装备产业化工程,规划建设产业化示范基地,规范节能环保市场发展,多渠道引导社会资金投入,形成新的支柱产业。加快核电、风电、太阳能光伏发电等新材料、新装备的研发和推广,推进生物质发电、生物质能源、沼气、地热、浅层地温能、海洋能等应用,发展分布式能源,建设智能电网,完善运行管理体系。大力发展节能与新能源汽车,提高创新能力和产业化水平,加强配套基础设施建设,加大推广普及力度。发展有机农业、生态农业,以及特色经济林、林下经济、森林旅游等林产业。

(五)着力构建循环经济体系

按照减量化、再利用、资源化的原则,加快建立循环型工业、农业、服务业体系,提高全社会资源产出率。完善再生资源回收体系,实行垃圾分类回收,开发利用"城市矿产",推进秸秆等农林废弃物以及建筑垃圾、餐厨废弃物资源化利用,发展再制造和再生利用产品,鼓励纺织品、汽车轮胎等废旧物品回收利用。推进煤矸石、矿渣等大宗固体废弃物综合利用。组织开展循环经济示范行动,大力推广循环经济典型模式。推进产业循环式组合,促进生产和生活系统的循环链接,构建覆盖全社会的资源循环利用体系。

三、加强环境治理,解决人民群众关心的突出问题

环境污染是人民群众最为关心的环境问题,环境污染防治、积极参与全球环境治理,是我国当前生态建设和环境保护的重要任务,是近期全面建成小康社会决胜期的重要任务,也直接关系到远期实现社会主义现代化、生态环境根本好转、美丽中国目标。

(一)全面推进污染防治

按照以人为本、防治结合、标本兼治、综合施策的原则,建立以保障人体健康为核心、以改善环境质量为目标、以防控环境风险为基线的环境管理体系,健全跨区域污染防治协调机制,加快解决人民群众反映强烈的大气、水、土壤污染等突出环境问题。

继续落实大气污染防治行动计划,逐渐消除重污染天气,切实改善大气环境质量。实施水污染防治行动计划,严格饮用水源保护,全面推进涵养区、源头区等水源地环境整治,加强供水全过程管理,确保饮用水安全;加强重点

流域、区域、近岸海域水污染防治和良好湖泊生态环境保护,控制和规范淡水养殖,严格入河(湖、海)排污管理;推进地下水污染防治。

制定实施土壤污染防治行动计划,优先保护耕地土壤环境,强化工业污染场地治理,开展土壤污染治理与修复试点。加强农业面源污染防治,加大种养业特别是规模化畜禽养殖污染防治力度,科学施用化肥、农药,推广节能环保型炉灶,净化农产品产地和农村居民生活环境。

加大城乡环境综合整治力度。推进重金属污染治理。开展矿山地质环境恢复和综合治理,推进尾矿安全、环保存放,妥善处理处置矿渣等大宗固体废物。建立健全化学品、持久性有机污染物、危险废物等环境风险防范与应急管理工作机制。切实加强核设施运行监管,确保核安全万无一失。

(二)积极应对气候变化

坚持当前长远相互兼顾、减缓适应全面推进,通过节约能源和提高能效,优化能源结构,增加森林、草原、湿地、海洋碳汇等手段,有效控制二氧化碳、甲烷、氢氟碳化物、全氟化碳、六氟化硫等温室气体排放。提高适应气候变化特别是应对极端天气和气候事件能力,加强监测、预警和预防,提高农业、林业、水资源等重点领域和生态脆弱地区适应气候变化的水平。扎实推进低碳省区、城市、城镇、产业园区、社区试点。坚持共同但有区别的责任原则、公平原则、各自能力原则,积极建设性地参与应对气候变化国际谈判,推动建立公平合理的全球应对气候变化格局。

四、加大生态系统保护与修复,切实改善环境质量

人与自然是生命共同体,良好生态环境是人和社会持续发展的根本基础,加大生态系统保护力度是大力推进生态文明建设的重要方略。

(一)推进生态红线保护行动

生态红线就是保障和维护国土生态安全、人居环境安全、生物多样性安全的生态用地和物种数量底线,是我国继"18亿亩耕地红线"后,另一条被提升到国家层面的"安全线",体现了党和国家加强自然生态系统保护的坚定意志和决心。按照自上而下和自下而上相结合的原则,各省(自治区、直辖市)在科学评估的基础上划定生态保护红线,并落地到水流、森林、山岭、草原、湿地、滩涂、海洋、荒漠、冰川等生态空间。

根据国家林业局《推进生态文明建设规划纲要(2013~2020年)》,我国林地和森林红线:全国林地面积不低于46.8亿亩,森林面积不低于37.4亿亩,森林蓄积量不低于200亿 m^3 ,维护国土生态安全。湿地红线:全国湿地面积不少于8亿亩,维护国家淡水安全。沙区植被红线:全国治理和保护恢复植被的沙化土地面积不少于56万 km^2 ,拓展国土生态空间。物种红线:确

保各级各类自然保护区严禁开发,确保现有濒危野生动植物得到全面保护,维护国家物种安全。

生态红线保护要制定最严格的生态红线管理办法,确定生态红线区划技术规范和管制原则与措施,将林地、湿地、荒漠生态空间保护和治理,以及生物多样性保护纳入政府责任制考核,坚决打击破坏红线行为。要运用法律手段严守生态红线,已经具有法律法规保障的生态红线,如森林、自然保护区、野生动植物、宜林宜草沙化土地等红线,必须强化依法、守法、执法力度,确保达到和守住红线。当前,要加快完善生态红线保护立法,确保全部生态红线有法律保障,切实依法保护红线。

(二)加快生态安全屏障建设,推进森林生态系统重大修复工程

加快生态安全屏障建设,形成以青藏高原、黄土高原—川滇、东北森林带、北方防沙带、南方丘陵山地带、近岸近海生态区以及大江大河重要水系为骨架,以其他重点生态功能区为重要支撑,以禁止开发区域为重要组成的生态安全战略格局,扩大森林、湖泊、湿地面积,提高沙区、草原植被覆盖率,有序实现休养生息。

实施重大生态修复工程,着力构建森林生态系统重大修复工程体系。加强森林保护,将天然林资源保护范围扩大到全国,加强公益林建设和后备资源培育;大力开展植树造林和森林经营,稳定和扩大退耕还林范围,对重点生态脆弱区 25°以上坡耕地和严重沙化耕地继续开展退耕地造林、宜林荒山荒地造林和封山育林;加强水土保持,因地制宜推进小流域综合治理;加快重点防护林体系建设,加大造林绿化力度,以营造农田防护林网为重点,继续开展平原绿化建设;加强新造林、中幼龄林抚育管理,推进低质低效林改造;完善国有林场和国有林区经营管理体制,深化集体林权制度改革。

(三)加强湿地保护和修复,改善水生态系统

湿地具有重要的生态功能,加强湿地保护和修复是生态系统保护与修复的重要内容。当前要加快提高湿地保护、管理和合理利用能力;加强国家湿地自然保护区、湿地公园建设管理,推动各地谋划实施地方湿地保护与恢复工程,努力扩大湿地面积;加强水生生物保护,开展重要水域增殖放流活动,使我国自然湿地得到良好保护,逐步恢复湿地生态功能。

根据全国湿地资源调查成果,将国际重要湿地、国家重要湿地、国家湿地公园和省级重要湿地纳入禁止开发区域,严守"湿地红线",确保自然湿地不被侵占;通过建设湿地公园、开发湿地产品、开展生态旅游等活动,科学利用湿地资源,构建科学合理的湿地保护网络体系。加快制定《湿地保护条例》,建立健全湿地保护政策法律体系,对利用湿地资源和征占用湿地的行为进行规范。启动湿地生态效益补偿和退耕还湿,建立湿地生态补偿制度、湿地征

占用费征收制度、流域湿地污染补偿机制。

同时,加强水源地保护,推进海绵城市建设,实施地下水保护和超采漏斗区综合治理,逐步实现地下水采补平衡。

(四)加强草原生态保护与修复,推动荒漠生态系统重大修复工程

草原生态系统是以各种草本植物为主体的生物群落与其环境构成的功能统一体,是重要的生态屏障。我国草原面积不断减少,草原生态系统十分脆弱,加强草原生态保护与修复具有重要意义。草原生态保护与修复,要加大退牧还草力度。继续实行草原生态保护补助奖励政策,稳定和完善草原承包经营制度。严格落实禁牧休牧和草畜平衡制度,加快推进基本草原划定和保护工作。

建立和巩固以林草植被恢复为主体的荒漠生态安全体系。保护现有植被,合理调配生态用水,宜林则林、宜灌则灌、宜草则草,固定流动和半流动沙丘,加强石漠化综合治理;继续推进京津风沙源治理、黄土高原地区综合治理、石漠化综合治理,开展沙化土地封禁保护试点;对暂不具备治理条件及因保护生态需要不宜开发利用的连片沙化土地实行封禁保护。

(五)加强生物多样性保护,实施生物多样性保护重大工程

生物多样性是生物与环境形成的生态复合体以及与此相关的各种生态过程的总和,包括生态系统、物种和基因三个层次。生物多样性是人类赖以生存的条件,是经济社会可持续发展的基础,是生态安全和粮食安全的保障。

实施生物多样性保护重大工程,一是加大典型生态系统、物种、景观和基因多样性保护与恢复力度,对目前保护空缺的典型自然生态系统和自然景观,加快划建保护区和森林、湿地公园,完善保护网络体系;二是加强国家级自然保护区基础设施及能力建设,推进国家级示范自然保护区和自然保护区示范省建设;三是加强对濒危动植物种和古树名木的拯救与保护,继续开展对野生动植物的就地保护、迁地保护、野外放(回)归和种质资源收集保存;四是强化农田生态保护,实施耕地质量保护与提升行动,加大退化、污染、损毁农田改良和修复力度;五是强化生物多样性的调查、监测与评估工作。

加强生物多样性保护,要建立监测评估与预警体系,健全国门生物安全查验机制,有效防范物种资源丧失和外来物种入侵,积极参加生物多样性国际公约谈判和履约工作。加强自然保护区建设与管理,对重要生态系统和物种资源实施强制性保护,切实保护珍稀濒危野生动植物、古树名木及自然生境。建立国家公园体制,实行分级、统一管理,保护自然生态和自然文化遗产原真性、完整性。研究建立江河湖泊生态水量保障机制。加快灾害调查评价、监测预警、防治和应急等防灾减灾体系建设。

五、健全生态文明制度体系，强化制度对生态环境的保护作用

生态文明建设涉及生产方式、生活方式、思维方式、价值伦理等，保护生态环境必须依靠制度和法治。只有实行最严格的制度、最严密的法治，才能为生态文明建设提供可靠保障。生态文明建设要把资源消耗、环境损害、生态效益纳入经济社会发展评价体系之中，建立健全体现生态文明要求的目标体系、考核办法、奖惩机制。

（一）健全法律法规

全面清理现行法律法规中与加快推进生态文明建设不相适应的内容，加强法律法规间的衔接。研究制定节能评估审查、节水、应对气候变化、生态补偿、湿地保护、生物多样性保护、土壤环境保护等方面的法律法规，修订土地管理法、大气污染防治法、水污染防治法、节约能源法、循环经济促进法、矿产资源法、森林法、草原法、野生动物保护法等。

（二）完善标准体系

加快制定修订一批能耗、水耗、地耗、污染物排放、环境质量等方面的标准，实施能效和排污强度"领跑者"制度，加快标准升级步伐。提高建筑物、道路、桥梁等建设标准。环境容量较小、生态环境脆弱、环境风险高的地区要执行污染物特别排放限值。鼓励各地区依法制定更加严格的地方标准。建立与国际接轨、适应我国国情的能效和环保标识认证制度。

（三）健全自然资源资产产权制度和用途管制制度

对水流、森林、山岭、草原、荒地、滩涂等自然生态空间进行统一确权登记，明确国土空间的自然资源资产所有者、监管者及其责任。完善自然资源资产用途管制制度，明确各类国土空间开发、利用、保护边界，实现能源、水资源、矿产资源按质量分级、梯级利用。严格节能评估审查、水资源论证和取水许可制度。坚持并完善最严格的耕地保护和节约用地制度，强化土地利用总体规划和年度计划管控，加强土地用途转用许可管理。完善矿产资源规划制度，强化矿产开发准入管理。有序推进国家自然资源资产管理体制改革。

（四）完善生态环境监管制度

建立严格监管所有污染物排放的环境保护管理制度。完善污染物排放许可证制度，禁止无证排污和超标准、超总量排污。违法排放污染物、造成或可能造成严重污染的，要依法查封扣押排放污染物的设施设备。对严重污染环境的工艺、设备和产品实行淘汰制度。实行企事业单位污染物排放总量控制制度，适时调整主要污染物指标种类，纳入约束性指标。健全环境影响评

价、清洁生产审核、环境信息公开等制度。建立生态保护修复和污染防治区域联动机制。

（五）完善经济政策

健全价格、财税、金融等政策，激励、引导各类主体积极投身生态文明建设。深化自然资源及其产品价格改革，凡是能由市场形成价格的都交给市场，政府定价要体现基本需求与非基本需求以及资源利用效率高低的差异，体现生态环境损害成本和修复效益。进一步深化矿产资源有偿使用制度改革，调整矿业权使用费征收标准。加大财政资金投入，统筹有关资金，对资源节约和循环利用、新能源和可再生能源开发利用、环境基础设施建设、生态修复与建设、先进适用技术研发示范等给予支持。将高耗能、高污染产品纳入消费税征收范围。推动环境保护费改税。加快资源税从价计征改革，清理取消相关收费基金，逐步将资源税征收范围扩展到占用各种自然生态空间。完善节能环保、新能源、生态建设的税收优惠政策。推广绿色信贷，支持符合条件的项目通过资本市场融资。探索排污权抵押等融资模式。深化环境污染责任保险试点，研究建立巨灾保险制度。

（六）完善市场化机制

加快推行合同能源管理、节能低碳产品和有机产品认证、能效标识管理等机制。推进节能发电调度，优先调度可再生能源发电资源，按机组能耗和污染物排放水平依次调用化石类能源发电资源。建立节能量、碳排放权交易制度，深化交易试点，推动建立全国碳排放权交易市场。加快水权交易试点，培育和规范水权市场。全面推进矿业权市场建设。扩大排污权有偿使用和交易试点范围，发展排污权交易市场。积极推进环境污染第三方治理，引入社会力量投入环境污染治理。

（七）健全生态保护补偿机制

科学界定生态保护者与受益者权利义务，加快形成生态损害者赔偿、受益者付费、保护者得到合理补偿的运行机制。结合深化财税体制改革，完善转移支付制度，归并和规范现有生态保护补偿渠道，加大对重点生态功能区的转移支付力度，逐步提高其基本公共服务水平。建立地区间横向生态保护补偿机制，引导生态受益地区与保护地区之间、流域上游与下游之间，通过资金补助、产业转移、人才培训、共建园区等方式实施补偿。建立独立公正的生态环境损害评估制度。

（八）健全政绩考核制度

建立体现生态文明要求的目标体系、考核办法、奖惩机制。把资源消耗、环境损害、生态效益等指标纳入经济社会发展综合评价体系,大幅增加考核权重,强化指标约束,不唯经济增长论英雄。完善政绩考核办法,根据区域主体功能定位,实行差别化的考核制度。对限制开发区域、禁止开发区域和生态脆弱的国家扶贫开发工作重点县,取消地区生产总值考核;对农产品主产区和重点生态功能区,分别实行农业优先和生态保护优先的绩效评价;对禁止开发的重点生态功能区,重点评价其自然文化资源的原真性、完整性。根据考核评价结果,对生态文明建设成绩突出的地区、单位和个人给予表彰奖励。探索编制自然资源资产负债表,对领导干部实行自然资源资产和环境责任离任审计。

(九)完善责任追究制度

建立领导干部任期生态文明建设责任制,完善节能减排目标责任考核及问责制度。严格责任追究,对违背科学发展要求、造成资源环境生态严重破坏的要记录在案,实行终身追责,不得转任重要职务或提拔使用,已经调离的也要问责。对推动生态文明建设工作不力的,要及时诫勉谈话;对不顾资源和生态环境盲目决策、造成严重后果的,要严肃追究有关人员的领导责任;对履职不力、监管不严、失职渎职的,要依纪依法追究有关人员的监管责任。

(十)加强统计监测和执法监督,严格监管与执法

一是严守资源环境生态红线。树立底线思维,设定并严守资源消耗上限、环境质量底线、生态保护红线,将各类开发活动限制在资源环境承载能力之内。合理设定资源消耗"天花板",加强能源、水、土地等战略性资源管控,强化能源消耗强度控制,做好能源消费总量管理。继续实施水资源开发利用控制、用水效率控制、水功能区限制纳污三条红线管理。划定永久基本农田,严格实施永久保护,对新增建设用地占用耕地规模实行总量控制,落实耕地占补平衡,确保耕地数量不下降、质量不降低。严守环境质量底线,将大气、水、土壤等环境质量"只能更好、不能变坏"作为地方各级政府环保责任红线,相应确定污染物排放总量限值和环境风险防控措施。在重点生态功能区、生态环境敏感区和脆弱区等区域划定生态红线,确保生态功能不降低、面积不减少、性质不改变;科学划定森林、草原、湿地、海洋等领域生态红线,严格自然生态空间征(占)用管理,有效遏制生态系统退化的趋势。探索建立资源环境承载能力监测预警机制,对资源消耗和环境容量接近或超过承载能力的地区,及时采取区域限批等限制性措施。

二是加强统计监测。建立生态文明综合评价指标体系。加快推进对能源、矿产资源、水、大气、森林、草原、湿地、海洋和水土流失、沙化土地、土壤环境、地质环境、温室气体等的统计监测核算能力建设,提升信息化水平,提高准确性、及时性,实现信息共享。加快重点用能单位能源消耗在线监测体系

建设。建立循环经济统计指标体系、矿产资源合理开发利用评价指标体系。利用卫星遥感等技术手段,对自然资源和生态环境保护状况开展全天候监测,健全覆盖所有资源环境要素的监测网络体系。提高环境风险防控和突发环境事件应急能力,健全环境与健康调查、监测和风险评估制度。定期开展全国生态状况调查和评估。加大各级政府预算内投资等财政性资金对统计监测等基础能力建设的支持力度。

三是强化执法监督。加强法律监督、行政监察,对各类环境违法违规行为实行"零容忍",加大查处力度,严厉惩处违法违规行为。强化对浪费能源资源、违法排污、破坏生态环境等行为的执法监察和专项督察。资源环境监管机构独立开展行政执法,禁止领导干部违法违规干预执法活动。健全行政执法与刑事司法的衔接机制,加强基层执法队伍、环境应急处置救援队伍建设。强化对资源开发和交通建设、旅游开发等活动的生态环境监管。

六、加快形成推进生态文明建设的良好社会风尚

生态文明建设关系各行各业、千家万户。要充分发挥人民群众的积极性、主动性、创造性,凝聚民心、集中民智、汇集民力,实现生活方式绿色化。

(一)提高全民生态文明意识

生态文明建设要着力提高全民生态文明意识,一要积极培育生态文化、生态道德,使生态文明成为社会主流价值观,成为社会主义核心价值观的重要内容。从娃娃和青少年抓起,从家庭、学校教育抓起,引导全社会树立生态文明意识;二要把生态文明教育作为素质教育的重要内容,纳入国民教育体系和干部教育培训体系;三要将生态文化作为现代公共文化服务体系建设的重要内容,挖掘优秀传统生态文化思想和资源,创作一批文化作品,创建一批教育基地,满足广大人民群众对生态文化的需求;四要通过典型示范、展览展示、岗位创建等形式,广泛动员全民参与生态文明建设;五要组织好世界地球日、世界环境日、世界森林日、世界水日、世界海洋日和全国节能宣传周等主题宣传活动;六要充分发挥新闻媒体作用,树立理性、积极的舆论导向,加强资源环境国情宣传,普及生态文明法律法规、科学知识等,报道先进典型,曝光反面事例,提高公众节约意识、环保意识、生态意识,形成人人、事事、时时崇尚生态文明的社会氛围。

(二)培育绿色生活方式

生态文明建设要重视培育绿色生活方式,倡导勤俭节约的消费观。广泛开展绿色生活行动,推动全民在衣、食、住、行、游等方面加快向勤俭节约、绿色低碳、文明健康的方式转变,坚决抵制和反对各种形式的奢侈浪费、不合理消费。积极引导消费者购买节能与新能源汽车、高能效家电、节水型器具等

节能环保低碳产品,减少一次性用品的使用,限制过度包装。大力推广绿色低碳出行,倡导绿色生活和休闲模式,严格限制发展高耗能、高耗水服务业。在餐饮企业、单位食堂、家庭全方位开展反食品浪费行动。党政机关、国有企业要带头厉行勤俭节约。

(三)鼓励公众积极参与

生态文明建设关系到每个人,要鼓励公众积极参与。首先,完善公众参与制度,及时准确披露各类环境信息,扩大公开范围,保障公众知情权,维护公众环境权益。其次,健全举报、听证、舆论和公众监督等制度,构建全民参与的社会行动体系。再次,建立环境公益诉讼制度,对污染环境、破坏生态的行为,有关组织可提起公益诉讼。在建设项目立项、实施、后评价等环节,有序增强公众参与程度。引导生态文明建设领域各类社会组织健康有序发展,发挥民间组织和志愿者的积极作用。

七、增强生态文明建设政策支持

生态文明建设是新时代中国特色社会主义的重大战略部署的重要内容之一,国家层面将进一步加大生态文明建设政策支持力度,完善保障措施,促进生态文明建设试验、示范,全社会推行生态文明行动。

(一)生态文明建设的政策支持

一是健全和完善公共财政支持政策。生态文明建设需要公共财政支持,要完善生态补偿制度,多渠道筹集生态补偿基金,探索按照森林生态服务功能高低和重要程度,实行分类、分级的差别化补偿。探索制定非国有公益林国家赎买政策。扩大湿地保护补助范围,提高补助标准,提高补助资金的使用效率,逐步建立湿地生态补偿制度。健全林业补贴制度,加大对林木良种、造林、森林抚育、保护、林业机具购置等补贴力度,探索出台对木本粮油、珍贵树种培育、木材战略储备、生物质能源等专项补贴政策。加大对重大生态修复工程建设的投入力度,加大对林业灾害监测和防治的投入。加强资金监管,推进林业专项财政投入的制度化和长效化。加大中央财政对国家重点生态功能区财政转移支付力度。

二是完善基础设施投入政策。生态文明建设需要生态设施支撑,要加快完善基础设施投入政策。一是要扩大林业基本建设投资规模,完善各类基础设施建设规划,修订以物价联动机制为依据的投资标准,争取形成多元化的投入机制;二是要加强林业灾害防控和林区基础设施建设的公共财政支持,加大对基层林业站(所)基本建设的投入;三是要重点支持林区的道路、供水、供电、供暖、通信、广播电视等民生林业基础设施建设,推进国有林区、国有林场棚户区和危旧房改造;四是要加强对森林公园、自然保护区、湿地公园、生态文化博物馆、科技馆、标本馆等文化性林业基础设施建设支持力度；五是要加大对林区医疗卫生、教育等社会保障性林业基础设施建设投入。

三是完善金融和税收扶持政策。生态文明建设需要多元化的投入体系，要加快完善金融和税收扶持政策。首先，积极开展包括林权抵押贷款在内的符合林业特点的多种信贷融资业务，创新担保机制，探索建立面向林农、林业专业合作组织和中小企业的小额贷款与贴息扶持政策。其次，增加中国绿化基金和中国绿色碳汇基金总量，鼓励企业捐资造林志愿减排，吸引社会资金参与碳汇林业建设。探索发行生态彩票，对林业重大生态修复工程发行生态债券，降低民间资本参与林业建设的门槛，吸引多元投资主体参与建设。再次，对林业生态产品、林农、林业企业、林业重大生态修复工程实施单位及捐资主体实行税收优惠政策，对劳动密集型和高附加值林产品争取实行出口退税优惠政策。此外，还要提高中央财政政策性森林保险保费的补贴规模、范围和标准，鼓励形成政策性保险与商业保险相结合的森林保险体系。

四是加大林业能力建设支持力度。森林在生态保护和建设中占有主体地位。生态文明建设要加大林业能力建设的支持力度，加强林业科技创新、成果转化推广、产品质量标准检验检测、林业防灾减灾、林业信息化、基层林业公共服务等能力建设。加强各级各类人才队伍建设，增加对林业教育和培训的资金投入，培养创新型专业人才。深化干部人事制度改革，建立健全人才选拔培养使用制度。探索建立林业生态文明建设投入保障制度和增长机制。

（二）生态文明建设保障措施

一是建立政府目标责任制。生态文明建设需要政府统一领导，要建立政府目标责任制。首先，加强对生态文明建设的总体设计和组织领导，设立国有自然资源资产管理和自然生态监管机构，完善生态环境管理制度，统一行使全民所有自然资源资产所有者职责，统一行使所有国土空间用途管制和生态保护修复职责，统一行使监管城乡各类污染排放和行政执法职责。其次，行政管理部门要在合理划分中央和地方事权的基础上，履行好部门职责，落实好生态文明建设各项任务。实行生态文明建设目标责任制，将国家生态文明建设的总目标逐级分解成各地区的具体目标。争取建立由地方政府统一领导、部门分工协作的生态文明建设目标考核与激励机制，推进本地区生态文明建设。

二是建立生态评价机制。生态文明建设需要一套科学的符合实际的生态评价机制和办法，才能为监管、执法、责任追踪提供依据。在生态评价中，要提高污染排放标准，强化排污者责任，健全环保信用评价、信息强制性披露、严惩重罚等制度。树立正确的生态道德观、生态价值观和生态政绩观。探索建立国家和地区生态系统生产总值（GEP）的新型绿色经济核算体系。

建立科学的评价标准,成立权威、独立的生态文明建设评价机构。实行生态政绩考核、奖惩、问责机制,对各类主体功能区采取不同的考核办法。

三是建立生态保护激励机制。生态文明建设需要调动全社会的积极性,要建立生态保护的激励机制。当前,要加快制定林权流转登记管理办法;完善造林绿化、义务植树、古树名木保护等地方性法规;依法惩处盗伐、滥伐林木,毁坏和非法占用林地、绿地的行为;对行政不作为、乱作为的问题,坚决实行倒查问责机制;严肃处理违法审批、越权审批等违法行政行为;健全行政执法体系,强化普法体系。开展生态文明建设成效评估,探索建立生态发展激励机制。

四是形成全民参与机制。生态文明建设事关每一个人,要形成全民参与机制。全民参与机制,重点要构建政府为主导、企业为主体、社会组织和公众共同参与的环境治理体系;发挥工会、妇联、共青团和民兵预备役、青年、学生组织及其他社团组织在生态文明建设中的作用,发动和组织各行各业、社会各界人士积极投身国土绿化和生态保护事业。此外,要完善生态保护的公共参与政策,探索建立生态文明建设全民共建共享的长效机制。创新公众参与生态文明建设的方式和渠道,发挥非政府组织在生态文明建设中的积极作用。

思 考 题

1. 我国生态文明建设的总体目标及近期目标是什么?
2. 我国生态文明建设的国策方针有哪些?
3. 如何认识我国生态文明建设的基本原则?
4. 实现我国生态文明建设目标应选择怎样的路径?
5. 当前我国人民群众最关心的突出环境问题有哪些?

第五章
生态文明建设的中国实践

　　生态环境是人类生存和发展的基础,是经济、社会发展的基本条件。从20世纪70年代起,我国就注重加强污染防治,并积极参与全球环境与发展事业。改革开放以来,我国在推进现代化建设的过程中,制定了节约资源和保护环境的基本国策,并采取了一系列行之有效的措施,使生态环境恶化的趋势有所减缓。自党的十八大将生态文明建设纳入到中国特色社会主义事业"五位一体"总体布局以来,我国生态环境建设再上一个新台阶,生态投入决心之大、力度之大、成效之大前所未有。自那时起,生态文明理念在我国日益深入人心,生态系统状况日趋好转,美丽中国建设迈出了重要步伐。在2017年10月召开的党的十九大上,党中央对生态文明建设又作出了一系列新的部署,形成了当前和今后一个时期关于生态文明建设的顶层设计、制度架构和政策体系,中国特色社会主义生态文明建设进入了新时代。

　　回顾实践就会发现,我国生态文明建设的最大特色就是始终坚持中国共产党的领导,而在具体操作上,则体现出法制化、系统化、精准化和科学化等四个显著特征。本章将从优化国土空间布局、保护和修复自然生态系统、全面推进污染防治、积极应对气候变化和营造良好的社会风尚等五个方面来概括和总结我国在生态文明建设上的部署和成功经验。

第一节　优化国土空间布局

我国辽阔的陆地国土和海洋国土,既是生态文明建设的空间载体,也是中华民族繁衍生息和永续发展的家园。为了让我们的发展更持续、人民更幸福、国家更富强,为了让我们的天更蓝、地更绿、水更清,为了推动形成人与自然和谐发展现代化建设新格局,必须从生产空间、生活空间和生态空间等几个方面对我国的国土空间布局进行优化和整治,合理确定城镇开发强度,加快美丽乡村建设,加强海洋资源科学开发和生态环境保护。

一、积极实施主体功能区战略

主体功能区是指按照全国经济合理布局的要求,根据不同区域的资源环境承载能力、现有开发密度和发展潜力,统筹谋划未来人口分布、经济布局、国土利用和城镇化格局,将特定区域确定为特定主体功能定位类型的一种空间单元。

建设主体功能区是党中央、国务院作出的一项重大战略部署,是实现我国经济发展和生态环境保护的重大选择,是形成高效、协调、可持的国土空间开发格局的重大举措。党中央在"十二五"规划的建议中,第一次提出将主体功能区战略上升到国家战略高度。2010 年 12 月,国务院印发了《全国主体功能区规划》(本段以下简称《规划》)。《规划》指出,为构建科学合理的城镇化推进格局、农业发展格局、生态安全格局,保障国家和区域生态安全,提高生态服务功能,对全国主体功能区进行分类管理:在人口密集、开发强度偏高、资源环境负荷过重的部分城市化地区,要优化开发;在资源环境承载能力较强、集聚人口和经济条件较好的城市化地区,要重点开发;在影响全局生态安全的重点生态功能区,要限制大规模、高强度的工业化城镇化开发;在依法设立的各级各类自然文化资源保护区和其他需要特殊保护的区域,要禁止开发。在党的十九大胜利闭幕之后,党中央、国务院又根据新时代我国生态文明建设的最新实际,印发了《关于完善主体功能区战略和制度的若干意见》。至此,主体功能区的战略设计趋于完善。

主体功能区战略贵在落实。在全面落实主体功能区战略的过程中,党中央和国务院特别强调,需要注意如下几个方面的问题[1]:一是健全财政、投资、产业、土地、人口、环境等配套政策和各有侧重的绩效考核评价体系。二是推进市县落实主体功能定位,推动经济社会发展、城乡、土地利用、生态环境保护等规划"多规合一",形成一个市县一本规划、一张蓝图。区域规划编制、重大项目布局必须符合主体功能定位。对不同主体功能区的产业项目实

---

[1]　中共中央 国务院关于加快推进生态文明建设的意见[N].2015-04-25;杨伟民.促进城镇化的绿色化[J].瞭望,2015(15).

行差别化市场准入政策,明确禁止开发区域、限制开发区域准入事项,明确优化开发区域、重点开发区域禁止和限制发展的产业。三是编制实施全国国土规划纲要,加快推进国土综合整治。四是构建平衡适宜的城乡建设空间体系,适当增加生活空间、生态用地,保护和扩大绿地、水域、湿地等生态空间。

二、大力推进绿色城镇化

城镇化又被称作为"城市化",是指一个国家或地区的农村人口不断向城市迁移和聚集的过程。城镇化的发展程度一般用"城镇化率"来进行刻画。城镇化率是指一个国家或地区期末城镇常住人口占期末常住总人口的比例。在我国,通常把那些在一个地区居住达半年或半年以上的人口称作为该地区的"常住人口"。

著名经济学家、2011 年诺贝尔奖得主斯蒂格利茨曾预言,未来世界有两件影响国际经济发展的大事,一件是美国高科技的发展,另一件就是中国的城镇化[1]。改革开放以来,在中国共产党的领导下,我国城镇化发展取得了突出成绩,城镇化率从改革开放之初(1978 年)的 17.9%,上升到 2017 年的58.52%。一半以上的人口生活在城镇[2],这在中国历史上从来没有过! 它意味着中国的社会结构发生了根本性的改变。城镇化的快速推进,不仅吸纳了大量农村劳动力转移就业,提高了城乡生产要素配置效率,而且还促进了城乡居民生活水平全面提升。

城镇化在我国取得巨大成就的同时,也存在不少问题,其中一个突出表现为不够绿色或者不够生态。2013 年,中共中央专门召开第一次城镇化工作会议,明确了推进城镇化的目标、原则,并且明确指出要推进生态文明的城镇化。生态文明的城镇化就是绿色城镇化,就是将尊重自然、顺应自然和保护自然的生态文明理念全面融入城镇化进程,就是在城镇化实施过程中,着力推进绿色发展、循环发展、低碳发展,节约集约利用土地、水、能源等资源,强化环境保护和生态修复,减少对自然的干扰和损害,推动形成绿色低碳的生产生活方式和城市建设运营模式。

生态文明的城镇化或绿色城镇化要求,在城镇化的规划和推进过程中,无论从宏观布局还是从主体形态、无论从城市规模还是从城市开发、无论从功能分区还是从城市建设,都要绿色化。具体来说就是[3]：①宏观布局的绿

---

[1]　吴良镛.面对城市规划"第三个春天"的冷静思考[J].城市规划,2002,26(2).

[2]　根据《国家新型城镇化规划 2014～2020 年》提出的目标,到 2020 年,常住人口城镇化率达到60%左右。

[3]　中共中央 国务院关于加快推进生态文明建设的意见[N].2015-04-25;杨伟民.促进城镇化的绿色化[J].瞭望,2015(15).

色化。是指根据资源环境承载能力,构建科学合理的城镇化宏观布局,在适合人居的地方布局城镇化,在不适合人居的地方则不能搞城镇化,把适合树、草、水和其他动植物的空间留给自然。同时,尊重自然格局,依托现有山水脉络、气象条件等,合理布局城镇各类空间,尽量减少对自然的干扰和损害,尽量保持特色风貌,防止"千城一面""万镇一色"。②主体形态的绿色化。是指以城市群为主体形态,严格控制特大城市规模,增强中小城市承载能力,促进大中小城市和小城镇协调发展。③城市规模的绿色化。是指根据水资源、土地资源、环境容量,引导城市的经济规模、人口规模、产业结构,使之不超出当地资源环境承载能力。④城市开发绿色化。是指控制城市开发边界,控制城市周边和城市内部的开发强度,提高城镇土地利用效率、建成区人口密度,划定城镇开发边界,从严供给城市建设用地,推动城镇化发展由外延扩张式向内涵提升式转变。⑤城市分区绿色化。是指严格新城、新区设立条件和程序,加强城乡规划"三区四线"(禁建区、限建区和适建区,绿线、蓝线、紫线和黄线)管理,维护城乡规划的权威性、严肃性,杜绝大拆大建。同时按照主体功能区、而不是单一功能区的思想进行分布设计,不再把城市切割成功能过于单一的 CBD、居住区、购物区、科技园、大学城、休闲区、文化区等,以让人口的工作地与居住地尽可能近,让生态空间与居住空间尽可能近。⑥城市建设绿色化。是指强化城镇化过程中的节能理念,大力发展绿色建筑和低碳、便捷的交通体系,推进绿色生态城区建设,提高城镇供排水、防涝、雨水收集利用、供热、供气、环境等基础设施建设水平。

三、加快美丽乡村建设

2005 年 10 月,党的十六届五中全会提出建设社会主义新农村的重大历史任务,提出了"生产发展、生活宽裕、乡风文明、村容整洁、管理民主"的具体要求。党的十八大以来,习近平总书记对我国的乡村振兴高度关注,他指出,"新农村建设一定要走符合农村实际的路子,遵循乡村自身发展规律,充分体现农村特点,注意乡土味道,保留乡村风貌,留得住青山绿水,记得住乡愁。"他还多次强调,中国要强,农业必须强;中国要美,农村必须美;中国要富,农民必须富。自 2013 年党中央一号文件开始,美丽乡村建设被纳入到了乡村振兴目标之中。同年召开的党的十八届三中全会将美丽乡村建设作为生态文明体制改革的一项重要措施[1]。2015 年召开的十八届五中全会更是着眼于全面建成小康社会这一奋斗目标,将建设美丽宜居乡村确定为"十三五"时期新农村建设的努力方向。

2016 年中央一号文件出台了建设美丽宜居乡村的六项措施,具体包括:

---

[1]　党的十八届三中全会的决议指出,要"紧紧围绕建设美丽中国深化生态文明体制改革,加快建立生态文明制度。"

一是以乡风乡味为基础。遵循乡村自身发展规律,体现农村特点,注重乡土味道,保留乡村风貌,努力建设农民幸福家园。二是科学规划设计。科学编制县域乡村建设规划和村庄规划,提升民居设计水平,强化乡村建设规划许可管理。三是加强环境治理。继续推进农村环境综合整治,完善以奖促治政策,扩大连片整治范围。实施农村生活垃圾治理专项行动。采取城镇管网延伸、集中处理和分散处理等多种方式,加快农村生活污水治理和厕所革命。四是鼓励绿色环保工程开展。全面启动村庄绿化工程,引导农民在房前屋后、道路两旁植树护绿,开展生态乡村建设,推广绿色建材,建设节能农房。开展农村宜居水环境建设,实施农村清洁河道行动,建设生态清洁型小流域。发挥好村级公益事业一事一议财政奖补资金作用,支持改善村内公共设施和人居环境。普遍建立村庄保洁制度。五是扶持农村环境治理。坚持城乡环境治理并重,逐步把农村环境整治支出纳入地方财政预算,中央财政给予差异化奖补,政策性金融机构提供长期低息贷款,探索政府购买服务、专业公司一体化建设运营机制。六是保护传统村落,探索特色乡村建设模式。加大传统村落、民居和历史文化名村名镇保护力度。开展生态文明示范村镇建设。鼓励各地因地制宜探索各具特色的美丽宜居乡村建设模式。

四、加强海洋资源科学开发和生态环境保护

我国既是陆地大国,也是海洋大国,拥有广泛的海洋战略利益。21世纪,人类进入了大规模开发利用海洋的时期。海洋在国家经济发展格局和对外开放中的作用更加重要,在维护国家主权、安全、发展利益中的地位更加突出,在国家生态文明建设中的角色更加显著,在国际政治、经济、军事、科技竞争中的战略地位也明显上升。经过多年发展,我国海洋事业总体上进入了历史上最好的发展时期。

然而,由于长期以来我国沿海区域经济和海洋经济基本上沿袭了以规模扩张为主的外延式增长模式,使得近海海洋生态系统受到严重威胁,具体表现在海洋生态系统严重退化、海洋生态灾害频发、陆源入海污染严重、海洋生态服务功能受损、渔业资源种群再生能力下降、河口生态环境负面效应凸显以及海平面和近海水温持续升高七个方面。虽然我国政府一直高度重视海洋环境与生态的保护工作,采取多种措施积极防治,也取得了一定的成效,但与陆地生态环境保护相比,海洋环境与生态保护工作还比较薄弱。

加强海洋资源科学开发和生态环境保护已经成为当务之急。习近平总书记强调,推动我国海洋强国的建设,必须"关心海洋、认识海洋、经略海洋"。而要实现我国海洋可持续发展,则必须采取综合政策和措施,全力遏制海洋生态环境不断恶化趋势,让我国海洋生态环境有一个明显改观,让人民群众吃上绿色、安全、放心的海产品,享受到碧海蓝天、洁净沙滩。当前和今后一个时期,加强海洋资源科学开发和生态环境保护的基本思路是,围绕

国家经济社会发展战略需求,把海洋生态文明建设纳入海洋开发总布局之中,坚持开发和保护并重、污染防治和生态修复并举,科学合理开发利用海洋资源,维护海洋自然再生产能力;从源头上有效控制陆源污染物入海排放,加快建立海洋生态补偿和生态损害赔偿制度,开展海洋修复工程,推进海洋自然保护区建设;发展海洋科学技术,着力推动海洋科技向创新引领型转变;坚持以生态系统为基础,陆海统筹、河海一体的基本原则,统筹沿海区域经济社会发展和流域经济社会发展,支持有助于改善海洋—河口生态系统健康的保护和可持续土地利用方式,沿海地区不能仅向海洋索取,更要加强海洋生态环境保护;鼓励和支持可持续的、安全的、健康的海洋开发活动,推动海洋开发方式向循环利用型转变;创新管理体制机制,建立跨越各部门之间的利益高层决策机构,确定和守住不再破坏生态平衡、不再影响生态功能、不再改变基本属性、已受损的生态系统不再退化的"四不"开发底线,实施最严格的围填海管理和控制政策,对已遭到破坏的海洋区域进行生态整治和修复,努力使海洋生态环境逐步得到改善。

第二节　保护和修复自然生态系统

良好生态环境是最公平的公共产品,是最普惠的民生福祉,是生态文明最为重要的标志。在新时代,实现生态良好,必须以"防"为主,以"修""治"为辅,这就是,一要加大生态系统保护力度,二要加强自然保护区、国家公园等重点区域的环境管理,三要是深入开展山水林田湖草生态保护修复工程试点。

一、加大生态系统保护力度

生态系统保护是生态文明建设的一项重要基础性工作。加大生态保护力度要严格源头预防、不欠新账,加快治理突出生态环境问题、多还旧账,让人民群众呼吸新鲜的空气,喝上干净的水,在良好的环境中生产生活。

(一)划定并严守生态红线

生态空间是指具有自然属性、以提供生态服务或生态产品为主体功能的国土空间,包括森林、草原、湿地、河流、湖泊、滩涂、岸线、海洋、荒地、荒漠、戈壁、冰川、高山冻原、无居民海岛等。生态保护红线是指在生态空间范围内具有特殊重要生态功能、必须强制性严格保护的区域。生态保护红线是保障和维护国家生态安全的底线和生命线,通常包括具有重要水源涵养、生物多样性维护、水土保持、防风固沙、海岸生态稳定等功能的生态功能重要区域,以及水土流失、土地沙化、石漠化、盐渍化等生态环境敏感脆弱区域。划定并严守生态保护红线,是贯彻落实主体功能区制度、实施生态空间用途管制的重要举措,是提高生态产品供给能力和生态系统服务功能、构建国家生态安全格局的有效手段,是健全生态文明制度体系、推动绿色发展的有力保障。

2017年2月7日,中共中央办公厅、国务院办公厅印发了《关于划定并严守生态保护红线的若干意见》(本段以下简称《意见》)。《意见》指出,2017年年底前,京津冀区域、长江经济带沿线各省(直辖市)划定生态保护红线;2018年年底前,其他省(自治区、直辖市)划定生态保护红线;2020年年底前,全面完成全国生态保护红线划定,勘界定标,基本建立生态保护红线制度,国土生态空间得到优化和有效保护,生态功能保持稳定,国家生态安全格局更加完善。到2030年,生态保护红线布局进一步优化,生态保护红线制度有效实施,生态功能显著提升,国家生态安全得到全面保障。

(二)加快生态安全屏障建设

生态安全屏障是指根据生态的保护优先原则,依据一定的地理特征和生态特征所建设的生态"防火墙"或缓冲地带。当前,我国正在实施以十大生态安全屏障为主的生态安全屏障建设。这十大生态屏障覆盖了全国主要的生态重点地区和生态脆弱地区,构成了国家生态安全体系的基本框架,是发展生态林业的主要内容。这十大安全屏障包括:东北森林屏障、北方防风固沙屏障、东部沿海生态屏障、西部高原生态屏障、长江流域生态屏障、黄河流域生态屏障、珠江生态屏障、中小河流及库区生态屏障、平原农区生态屏障、城市森林生态屏障。

此外,各地也在实施现有国家重大生态工程基础上,结合自身的实际启动了一批地方性生态安全屏障工程,形成了一个上下结合、科学合理的生态治理格局。

(三)落实政府生态环境保护责任

政府是生态环境保护的重要主体。建立健全职责明晰、分工合理的环境保护责任体系是保证政府在生态建设上有所作为的关键。具体来说,一是在环境保护上党政同责、一岗双责。二是分工合理:省级人民政府对本行政区域生态环境和资源保护负总责,对区域流域生态环保负相应责任,统筹推进区域环境基本公共服务均等化,市级人民政府强化统筹和综合管理职责,区县人民政府负责执行落实。

(四)完善生态环境保护体制机制

制度经济学大师道格拉斯·诺斯指出,"制度是一个社会的游戏规则,更规范的讲,它们是为人们的相互关系而人为设定的一些制约。"为建设天蓝、地绿、水净的美丽中国提供坚强体制保障,离不开生态环境保护制度的不断完善。

完善生态环境保护体制机制需要从如下几个方面着手：一是建立健全条块结合、各司其职、权责明确、保障有力、权威高效的地方环境保护管理体制，切实落实对地方政府及其相关部门的监督责任；二是增强环境监测监察执法的独立性、统一性、权威性和有效性，适应统筹解决跨区域、跨流域环境问题的新要求；三是规范和加强地方环保机构队伍建设。

（五）开展环境保护督察

建立环保督察工作机制是建设生态文明的重要抓手。自党的十八届三中全会决定建立生态环境损害责任追究制以来，包括新《环保法》在内的一系列针对破坏环境和生态违法行为的"组合拳"相继出台，各级党政部门的生态文明意识显著提高。2015 年 7 月，中央全面深化改革领导小组第十四次会议审议通过了《环境保护督察方案（试行）》等多个方案。会议进一步强调了开展环境保护督察对严格落实环境保护主体责任、完善领导干部目标责任考核制度、追究领导责任和监管责任在生态文明建设中的重要作用。

根据《环境保护督察方案（试行）》方案，环境保护督察的重点包括四个方面：一是督察地方党委和政府贯彻党中央决策部署、解决突出环境问题、落实环境保护主体责任的情况；二是督察地方党委和政府及其有关部门环保不作为、乱作为的情况；三是重点督查环境问题突出、重大环境事件频发、环境保护责任落实不力的地方；四是督查大气、水、土壤污染防治情况。

二、建立以国家公园为主体的自然保护地体系

国家公园是指由国家批准设立并主导管理，边界清晰，以保护具有国家代表性的大面积自然生态系统为主要目的，实现自然资源科学保护和合理利用的特定陆地或海洋区域。

新中国成立以来，特别是改革开放以来，我国的自然生态系统和自然遗产保护事业快速发展，取得了显著成绩，建立了自然保护区、风景名胜区、自然文化遗产、森林公园、地质公园等多种类型保护地，基本覆盖了我国绝大多数重要的自然生态系统和自然遗产资源。但同时，我们也看到，各类自然保护地建设管理还缺乏科学完整的技术规范体系，保护对象、目标和要求还没有科学的区分标准，同一个自然保护区部门割裂、多头管理、碎片化现象还普遍存在，社会公益属性和公共管理职责不够明确，土地及相关资源产权不清晰，保护管理效能不高，盲目建设和过度开发现象时有发生。为了加快社会主义生态文明的建设，上述局面必须得到改变。

2013 年，党的十八届三中全会针对传统的自然保护区交叉重叠、多头管理的碎片化问题，提出将"建立国家公园体制"作为我国生态文明制度建设中的一项重要内容。2017 年 9 月，中共中央、国务院发布了《建立国家公园体制总体方案》（本段以下简称《方案》）。《方案》指出，建立国家公园的目

的是以加强自然生态系统原真性、完整性保护为基础，以实现国家所有、全民共享、世代传承为目标，理顺管理体制，创新运营机制，健全法制保障，强化监督管理，构建统一规范高效的中国特色国家公园体制，建立分类科学、保护有力的自然保护地体系。

2017 年，习近平总书记在党的十九大报告中强调，要"建立以国家公园为主体的自然保护地体系。"这一战略部署标志着我国的自然保护地体系将从目前的以自然保护区为主体，转变为今后的以国家公园为主体。这一转变对于推进自然资源科学保护和合理利用，促进人与自然和谐共生，推进美丽中国建设，具有极其重要的意义。

2018 年 3 月，中共中央印发了《深化党和国家机构改革方案》决定组建国家林业和草原局，加挂国家公园管理局牌子，负责管理以国家公园为主体的自然保护地体系。

三、实施重大生态修复工程

生态修复是解决生态问题的一项重要举措，其核心是对生态系统停止人为干扰，利用生态系统的自我恢复能力，辅以人工措施，使遭到破坏的生态系统逐步恢复或使生态系统向良性循环方向发展。从国际经验上看，生态修复是世界上很多国家治理生态危机和解决生态难题所采取的一种主要方式。例如，1934 年 5 月，美国中西部大草原发生了一场特大黑风暴，席卷了美国 2/3 的大陆，对农田和牧场造成了巨大损失。从 1935 年起，美国宣布实施大草原各州林业工程，工程历时 8 年，史称"罗斯福工程"。罗斯福工程有效地遏制了黑风暴高频爆发等生态问题，成为生态工程建设史上的成功典范。此外，苏联 1949 年开始实施的斯大林改造大自然计划、非洲五国 1970~1990 年实施的绿色坝工程，以及加拿大 1990~2000 年实施的绿色计划、日本 1954 年至今实施的治山计划、法国 1965 年至今实施的林业生态工程和印度 1973 年至今所实施的社会林业计划，不仅在治理生态方面都取得了显著成效，而且在国际上产生了重大的影响。

中华人民共和国成立以来，面对一些地区生态状况始终得不到显著改善、抵御自然灾害能力不断减弱的局面，党中央、国务院相继采取了一系列重大举措。1978 年，我国启动了世界上建设规模最大、历时时间最长（预计为 73 年）的三北防护林建设工程。1998 年，在长江、松花江、嫩江发生特大洪水后，党中央、国务院又决定实施世界上规模最大的退耕还林工程、天然林资源保护工程等，取得了举世瞩目的成就。

当前，面对自然生态系统需要得到恢复、森林湿地和生物多样性需要保护、沙化土地需要得到治理的严峻形势，为了尽快改善全国生态状况，维护国家生态安全，我国又启动了京津风沙源治理工程、野生动植物保护及自然保护区建设工程、湿地保护与恢复工程、平原绿化工程、长江流域防护林体系建设工程、沿海防护林体系建设工程、重点地区速生丰产用材林基地建设工程等生态修复工程。这些工程涵盖了森林、湿地、荒漠等三大自然生态系统和生物多样性保护,是国家重点生态修复工程的主体。可以预期,随着这些工程的逐步推进,我国的自然生态系统必将会发生根本性好转,一个美丽的中国将会呈现在我们面前。

第三节　全面推进污染防治

我们要建设的现代化是人与自然和谐共生的现代化,既要创造更多物质财富和精神财富以满足人民日益增长的美好生活需要,也要提供更多优质生态产品以满足人民日益增长的优美生态环境需要。当前,全国很多地区大气污染、水污染、土壤污染、重金属污染等问题比较突出,不仅严重影响人民群众身体健康,也严重影响党和政府形象。因此,全面推进污染防治是生态文明建设的当务之急、重中之重。推进污染防治不仅需要从发展方式、体制机制这类根本问题着手,而且也需要在突出的环境问题上取得重点突破,这样方可取信于人民、取信于社会。

一、推动绿色低碳循环发展

生态文明源于对发展的反思,也是对发展的提升。人类发展史就是一部文明进步史,也是一部人与自然的关系史。历史上,一些古代文明因生态良好而兴盛,也有的文明因生态恶化而衰败。近300年来,人类在工业化中创造了巨大的物质财富,但也付出了沉重的资源环境代价。20世纪下半叶后,国际社会开始思考"增长的极限""只有一个地球"等问题,提出了循环经济、绿色发展、生态文明等理念。联合国先后召开四次环境与发展大会,达成了促进可持续发展、应对气候变化等共识,并逐步转化为各国的行动。可以说,生态文明是对农业文明、工业文明的继承和创新,符合人类文明发展的方向。

在当前和今后相当长的时期,要推动绿色低碳循环发展,需要做好如下工作:

(一)调整产业结构

依靠技术创新和供给侧结构性改革,把绿色发展理念贯穿到经济社会发展各个领域各个环节,对现有的产业结构进行调整,做好加减法:一方面推动战略性新兴产业和先进制造业健康发展,采用先进适用节能低碳环保技术改造提升传统产业,发展壮大服务业,合理布局建设基础设施和基础产业。另一方面积极化解产能严重过剩矛盾,加强预警调控,严格环境准入,适时调整产能严重过剩行业名单,严禁核准产能严重过剩行业新增产能项目。加快淘汰落后产能,逐步提高淘汰标准,推动污染企业退出,禁止落后产能向中西部地区转移。

(二)调整能源结构

能源不仅是工业生产的燃料,也是工业的原材料。长期以来,在我国能源结构中,煤炭占据主要方面。燃烧煤炭不仅会产生二氧化硫、氮氧化物等对环境有害的排放物,而且在生产和运输过程中也会产生大量的粉尘。因此,调整和优化能源结构就是对环境污染的源头控制。

根据我国的实际,在调整和优化能源结构上,一方面需要加大节能技术的研发和推广,继续发挥我国在核电、水电、风电、太阳能光伏发电等方面的优势,另一方面也需要推广物质发电、生物质能源、沼气、地热、浅层地温能、海洋能等技术的应用。同时,还要发展分布式能源,建设智能电网,完善运行管理体系。

(三)推行绿色生产方式

生产方式是生态文明建设的基础保障,也是建设生态文明的核心。当前我国的生产方式还存在严重粗放化的问题。这种粗放式的生产方式不仅造成了物质资源的大量消耗,而且也导致了环境的过度承载,影响老百姓的幸福指数的提高。习近平总书记指出,如果仍是粗放发展,即使实现了国内生产总值翻一番的目标,那污染又会是一种什么情况?届时资源环境恐怕完全承载不了,老百姓的幸福感大打折扣,甚至强烈的不满情绪上来了。因此,推行绿色生产方式已经是大势所趋。

推动生产方式绿色化,就是要发展科技含量高、资源消耗低、环境污染少的产业,形成符合生态文明要求的产业体系,为了实现这一目标,需要从推动科技创新、调整优化产业结构、发展绿色产业、推进节能减排、发展循环经济和加强资源节约六个方面下工夫。

二、改革生态环境监管体制

生态环境由于具有大的外部性,在治理过程中采取市场的方式很难奏效,因而必须发挥好政府的作用。而要发挥好政府的作用,则必须改革和完善生态环境监管体制。2014年修订、2015年1月1日实施的《中华人民共和国环境保护法》(以下简称为"新《环保法》")针对生态环境监管体制机制不顺、制度无法落地、实施困难等问题,提出了通过明确政府、企业、个人的权利与义务,建立多元共治、社会参与的环境治理体制。同时,新《环保法》重点强化了政府及官员个人的责任,建立健全了了包括官员环境保护考核、公众参与和公益诉讼、行政问责等等在内的制度,体现了"用最严格的制度体系"来保护生态环境的要求。

（一）强化地方政府改善环境质量的责任

既要"金山银山"，又要"绿水青山"，如何协调环境保护与经济发展的关系，是政府必须认真思考的问题。引导和动员广大群众在享受环境权益的同时，自觉履行环保义务，是政府的法定义务。在依法治国背景下，这一点显得尤为重要。

新《环保法》规定，各级政府应当承担七个方面的环保责任：一是改善环境质量。新《环保法》第 28 条规定，"地方各级人民政府应当根据环境保护目标和治理任务，采取有效措施，改善环境质量。未达到国家环境质量标准的重点区域、流域的有关地方人民政府，应当制定限期达标规划，并采取措施按期达标。"二是加大财政投入。新《环保法》第 8 条规定，"各级人民政府应当加大保护和改善环境、防治污染和其他公害的财政投入，提高财政资金的使用效益。"三是加强环境保护宣传和普及工作。新《环保法》第 9 条规定，"各级人民政府应当加强环境保护宣传和普及工作，鼓励基层群众性自治组织、社会组织、环境保护志愿者开展环境保护法律法规和环境保护知识的宣传，营造保护环境的良好风气。"四是对生活废弃物进行分类处置。新《环保法》第 37 条规定，"地方各级人民政府应当采取措施，组织对生活废弃物的分类处置、回收利用。"五是推广清洁能源生产和使用。新《环保法》第 40 条第 2 款规定，"国务院有关部门和地方各级人民政府应当采取措施，推广清洁能源的生产和使用。"六是做好突发环境事件的应急准备。新《环保法》第 47 条规定，"各级人民政府及其有关部门和企事业单位，应当做好突发环境事件的风险控制、应急准备、应急处置和事后恢复等工作。县级以上人民政府应建立环境污染公共监测预警机制，组织制订预警方案；环境受到污染，可能影响公众健康和环境安全时，依法及时公布预警信息，启动应急措施。突发环境事件应急处置工作结束后，有关人民政府应当立即组织评估事件造成的环境影响和损失，并及时将评估结果向社会公布。"七是统筹城乡污染设施建设。新《环保法》第 51 条规定，"各级人民政府应统筹城乡建设污水处理设施及配套管网，固体废物的清扫、收集、运输和处理等环境卫生设施，危险废物集中处置设施、场所以及其他环境保护公共设施，并保障其正常运行。"

（二）将生态环境纳入政府绩效考核体系

有什么样的绩效评估体系，就会有什么样的政府行为和结果。在过去很长一段时期，对地方政府的考核主要依靠的是传统的国内生产总值（GDP）指标，以 GDP 多少来"论英雄"。在这种绩效指标的导向下，各地政府片面大力发展钢铁、煤炭、化工、建材、电力、造纸等容易拉高 GPD 的产业，而不考虑成本的投入和污染物的排放，生态环境因此承受着极大的压力。尽管我国曾经考虑用扣除了环境污染影响的绿色 GDP 指标来衡量地方的发展业绩，但都被地方政府以种种借口加以阻挠,最后不了了之。

在日趋恶化的环境压力之下,党中央下定决心来对地方政府的考核进行纠偏。十八届三中全会通过的《中共中央关于全面深化改革若干重大问题的决定》明确指出,"完善发展成果考核评价体系,纠正单纯以经济增长速度评定政绩的偏向"。破除 GDP 主义,树立绿色发展、生态发展、循环发展的新理念成为大势所趋。

2015 年生效的新《环保法》将环境保护目标责任制和考核评价制度上升到法律的高度。该法第二十六条规定,"县级以上人民政府应当将环境保护目标完成情况纳入对本级人民政府负有环境保护监督管理职责的部门及其负责人和下级人民政府及其负责人的考核内容,作为对其考核评价的重要依据。考核结果应当向社会公开。"可以预计,把资源消耗、环境损害、生态效益等体现生态文明建设状况的指标纳入经济社会发展评价体系,建立体现生态文明要求的目标体系、考核办法、奖惩机制,必将推动中国特色社会主义生态文明建设跃上一个崭新的台阶。

(三)加强生态环境保护督察问责

加强生态环境保护督察问责,建立领导干部任期生态文明建设责任制,对那些不顾生态环境盲目决策、造成严重后果的人实行终身追责,是推进生态文明建设的重要保障。

新《环保法》对地方各级人民政府、县级以上人民政府环境保护主管部门和其他负有环境保护监督管理职责的部门接受生态环境保护督查问责的具体情形进行了规定,这些情形包括:不符合行政许可条件准予行政许可的;对环境违法行为进行包庇的;依法应当作出责令停业、关闭的决定而未作出的;对超标排放污染物、采用逃避监管的方式排放污染物、造成环境事故以及不落实生态保护措施造成生态破坏等行为,发现或者接到举报未及时查处的;违反新《环保法》法规定,查封、扣押企业事业单位和其他生产经营者的设施、设备的;篡改、伪造或者指使篡改、伪造监测数据的;应当依法公开环境信息而未公开的;将征收的排污费截留、挤占或者挪作他用的;法律法规规定的其他违法行为。新《环保法》指出,对有上述情形之一的,对直接负责的主管人员和其他直接责任人员给予记过、记大过或者降级处分;造成严重后果的,给予撤职或者开除处分,其主要负责人应当引咎辞职。

三、着力解决突出环境问题

重点突破和整体推进是我国生态文明建设的一种有效工作方式。在重点突破上,需要立足眼前,着力解决对经济社会可持续发展制约性强、群众反映强烈的突出问题,打好生态文明建设攻坚战,让中华大地天更蓝、山更绿、水更清、环境更优美。当前,党和政府已经决定从下列三个方面着力解决突出环境问题:一是坚决打赢蓝天保卫战,二是系统推进水污染防治、水生态保护和水资源管理,三是强化土壤污染管控和修复。

(一)坚决打赢蓝天保卫战

大气环境保护事关人民群众根本利益,事关经济持续健康发展,事关全面建成小康社会,事关实现中华民族伟大复兴中国梦。当前,我国大气污染形势严峻,以可吸入颗粒物(PM10)、细颗粒物(PM2.5)为特征污染物的区域性大气环境问题日益突出,损害人民群众身体健康,影响社会和谐稳定。随着我国工业化、城镇化的深入推进,能源资源消耗持续增加,大气污染防治压力继续加大。治理好大气污染任务重、难度大,必须付出长期艰苦的努力。

2013年9月,国务院出台了《大气污染防治行动计划》。该《计划》从十个方面提出了防治大气污染的措施,因此也被称为《空气十条》。这十条措施包括:加大综合治理力度,减少多污染物排放;调整优化产业结构,推动产业转型升级;加快企业技术改造,提高科技创新能力;加快调整能源结构,增加清洁能源供应;严格节能环保准入,优化产业空间布局;发挥市场机制作用,完善环境经济政策;健全法律法规体系,严格依法监督管理;建立区域协作机制,统筹区域环境治理;建立监测预警应急体系,妥善应对重污染天气;明确政府企业和社会的责任,动员全民参与环境保护。

贯彻落实《空气十条》依然是今后相当长的时期内防治大气污染的重要措施。2017年,习近平总书记在党的十九大报告中指出,要"坚持全民共治、源头防治,持续实施大气污染防治行动,打赢蓝天保卫战。"

(二)系统推进水污染防治、水生态保护和水资源管理

当前,我国一些地区水环境质量差、水生态受损重、环境隐患多等问题十分突出,影响和损害群众健康,不利于经济社会持续发展。我国正处于新型工业化、信息化、城镇化和农业现代化快速发展阶段,水污染防治任务繁重艰巨。

2015年,国务院出台了《水污染防治行动计划》,提出了防治水污染的原则和十条行动计划。防治水污染的原则是指:必须以改善水环境质量为核心,按照"节水优先、空间均衡、系统治理、两手发力"原则,贯彻"安全、清洁、健康"方针,强化源头控制,水陆统筹、河海兼顾,对江河湖海实施分流域、分区域、分阶段科学治理,系统推进水污染防治、水生态保护和水资源管理。《水十条》具体行动计划包括:全面控制污染物排放;推动经济结构转型升级;着力节约保护水资源;强化科技支撑;充分发挥市场机制作用;切实加强水环境管理;严格环境执法监管;全力保障水生态环境安全;明确和落实各方责任;强化公众参与和社会监督。

（三）强化土壤污染管控和修复

土壤是经济社会可持续发展的物质基础，关系人民群众身体健康，关系美丽中国建设，保护好土壤环境是推进生态文明建设和维护国家生态安全的重要内容。当前，我国土壤环境总体状况堪忧，部分地区污染较为严重，已成为全面建成小康社会的突出短板之一，因此必须强化土壤污染管控和修复，加强农业面源污染防治，开展农村人居环境整治行动。

为防治土壤污染，国务院于2016年出台了《土壤污染防治行动计划》。《土十条》规定了防治土壤污染的原则，即以改善土壤环境质量为核心，以保障农产品质量和人居环境安全为出发点，坚持预防为主、保护优先、风险管控，突出重点区域、行业和污染物，实施分类别、分用途、分阶段治理，严控新增污染、逐步减少存量，形成政府主导、企业担责、公众参与、社会监督的土壤污染防治体系，促进土壤资源永续利用。

《土十条》的具体防治措施包括：是开展土壤污染调查，掌握土壤环境质量状况；推进土壤污染防治立法，建立健全法规标准体系；实施农用地分类管理，保障农业生产环境安全；实施建设用地准入管理，防范人居环境风险；强化未污染土壤保护，严控新增土壤污染；加强污染源监管，做好土壤污染预防工作；开展土壤污染治理与修复，改善区域土壤环境质量；加大科技研发力度，推动环境保护产业发展；发挥政府主导作用，构建土壤环境治理体系；加强目标考核，严格责任追究。

第四节　积极应对气候变化

我国是全球最大的发展中国家，正处于工业化、城镇化加快发展的重要阶段，面临着发展经济、改善民生、保护环境、应对气候变化的多重挑战。党中央、国务院高度重视应对气候变化，统筹考虑经济发展和环境保护、国际和国内、当前和长远，将积极应对气候变化作为促进发展方式转变、调整经济结构的重大机遇，积极倡导和大力推动绿色低碳发展，采取了一系列减缓和适应气候变化的重大政策措施，成立了国家应对气候变化领导小组，建立了应对气候变化工作体系，颁布并实施了应对气候变化国家方案，开展低碳省区和低碳城市试点工作，加快建立以低碳排放为特征的产业体系，积极倡导绿色低碳生活方式和消费模式。在气候变化国际谈判中，我国一直发挥着积极建设性作用，努力推动谈判进程，推动全球合作应对气候变化。

一、有效控制温室气体排放

控制温室气体排放、实行低碳发展是我国经济社会发展的重大战略和生态文明建设的重要途径，是我国顺应绿色低碳发展国际潮流的重要任务，对于加快转变经济发展方式,保障经济、能源、生态、粮食安全以及人民生命财产安全,促进经济社会可持续发展、推进新的产业革命具有重要意义。

从国际看,在全球积极应对气候变化的大背景下,全球排放空间已成为稀缺资源。我国正处于工业化、城镇化加快发展的历史阶段,温室气体排放规模大、增速高,国际社会对我国控制温室气体排放、承担更大国际责任的期待不断上升,我国已不能走发达国家传统的工业化道路,无限制排放温室气体,必须采取有效措施,努力减缓温室气体排放增速。

从国内看,在我国加快转变经济发展方式和调整经济结构的进程中,积极应对气候变化的任务十分艰巨。近年来,我国经济实现了快速发展,但粗放型发展方式并没有根本转变,消耗了大量能源资源,高污染、高排放的问题十分突出,成为制约未来发展的一大瓶颈。我国是易受气候变化影响的国家,适应气候变化和防灾减灾的任务繁重而紧迫。在加快推进我国工业化和现代化的进程中,必须抓住应对全球气候变化的契机,将其作为经济社会发展的一项长期战略性任务,控制温室气体排放、增强适应气候变化能力,处理好发展经济与应对气候变化的关系,切实提高我国可持续发展水平。

同时,绿色低碳发展已是大势所趋,发展节能环保产业和低碳技术已成为国际经济技术竞争的新领域,积极应对气候变化,与我国推进节能减排、发展循环经济、保障能源安全和改善生态环境等政策取向是一致的,是加快转变经济发展方式、调整经济结构的重要内容,也是我国树立负责任大国形象、承担国际道义和增强经济竞争力的重要途径。我们要利用好应对气候变化的机遇,加快发展节能环保和新能源产业,积极探索中国特色的绿色低碳发展之路。这不仅可以避免经济社会发展模式对碳排放的"锁定效应",而且可以通过大力开发低碳技术,加快对传统产业的升级改造,提高产品的国际竞争力,努力建设以低碳排放为特征的产业体系和消费模式,努力建设能够与未来全球气候变化相适应的城乡基础设施和灾害应对体系,促进经济社会可持续发展,实现经济发展和应对全球气候变化双赢。

为了有效控制温室气体排放,需要综合治理,坚持当前长远相互兼顾、减缓适应全面推进,具体措施包括:加快科技创新和制度创新,健全激励和约束机制,加快推进全国碳交易市场建设,发挥市场配置资源的决定性作用和更好发挥政府作用,加强碳排放和大气污染物排放协同控制,强化低碳引领,推动能源革命和产业革命,推动供给侧结构性改革和消费端转型,推动区域协调发展,深度参与全球气候治理等。

二、提高适应气候变化能力

我国是典型的季风性气候国家,降水季节变化和年际变率大,旱涝灾害交替发生。我国又是一个水资源相对匮乏的国家,人均淡水资源仅为世界平均水平的1/4,水资源时空分布不均。受全球气候变化的影响,我国旱涝灾害呈现发生频率增加、影响加重的趋势。一方面,降水量总体偏少,区域性极端干旱事件频繁发生。另一方面,由台风、暴雨引发的洪涝、地质灾害影响加剧,受山洪地质灾害威胁的区域约占我国陆地面积的一半,对粮食安全和经济社会可持续发展的影响非常大。在这种情况下,适应气候变化、提高防灾减灾能力显得越来越重要。

党的十八大以来,以习近平同志为核心的党中央十分重视做好适应气候变化、提高防灾减灾能力的各项工作,制定法律法规、战略规划、政策措施,加强能力建设,努力减轻旱涝灾害的影响,取得了显著成效。一是旱涝灾害的风险管理和应急减灾能力显著提高。建立了覆盖全国的由气象卫星、天气雷达、地面自动气象观测站等构成的旱涝灾害监测网。建立气象灾害早期预警系统,气象灾害预警信息发布网络覆盖全部城镇,并延伸到农村基层和偏远地区,实现对各类气象灾害及时有效的监测预警。建立了比较完善的国家、省、地、县、乡五级气象灾害应急管理组织体系和政府主导下的应急响应机制,有效提升了旱涝灾害应急防范能力。二是抗御旱涝灾害的水利工程设施明显改善。全国水利工程建设年均投资连年上升,重点区域和主要江河流域河段的防洪标准显著提高,抗御洪涝灾害的能力大幅改进;全国新增水库供水能力不断创出历史新高,抗旱能力明显增强。三是农业应对旱涝灾害风险能力显著增强。通过建立保障农业稳定发展的政策机制、发展现代农业科技和加强农田水利基本建设,提高农业抗御旱涝灾害的能力。

尽管我国在抗御旱涝等自然灾害风险以及应对极端气候方面取得了显著成绩,但是在适应气候变化能力上仍然处于较低水平,相关决策的科技基础薄弱,重点工程规划和建设对气候因素考虑不足,公众的气候变化风险意识不强。因此应该在习近平新时代中国特色社会主义思想的指导下,完善适应气候变化的国家战略,谋划更加适应气候变化的重大举措,持续推进适应气候变化能力建设。

一是加快制定适应气候变化总体战略规划。将适应气候变化纳入各地国民经济和社会发展规划,以发展经济为中心,以科技进步为支撑,不断增强适应气候变化能力。在安排重大工程和科技项目时,充分考虑气候变化因素,制定防御极端气候事件的规划,完善突发灾害应急预案和防灾标准。制定相关行业适应气候变化的政策措施。

二是加快推进适应气候变化工程建设。加快推动中国气候观测系统建设,实施国家气候变化应对科学工程,提高对气候系统及其变化的认识,提高极端气候事件的监测预测预警水平。开展气候灾害风险评估和气候可行性论证以及重点领域、关键行业、脆弱地区气候变化影响和适应能力评估。实施应对气候变化全民行动计划,利用现代信息传播技术加强宣传、教育和培训,特别是加强与人民群众生活密切相关的适应技术和措施的宣传普及,提高公众对适应气候变化的认知水平,引导公众更加科学、和谐、绿色地生产生活。

三是加快完善适应气候变化的体制机制和法制。完善多部门参与的决策协调机制,建立政府、企业、公众广泛参与的适应气候变化行动机制,建立高效的组织机构和管理体系。加快推进应对气候变化立法进程,依法规范全社会广泛参与应对气候变化的责任和义务,统筹协调各地区各部门应对气候变化的行动和利益,加强国家和地方应对气候变化基础建设,规范气候变化科学研究、预测预估、影响分析、政策制定。

四是继续推进适应气候变化领域国内外务实合作,深度参与全球治理,开展一系列适应气候变化领域政策行动。

三、参与和引领应对气候变化国际合作

人类只有一个地球,生活在这个星球上的人们是唇齿相依的命运共同体。对于适应气候变化特别是防御和减轻一些极端气象灾害的影响,需要各个国家在自身努力的同时,携起手来,合作应对气候变化,推动共同发展的责任担当,共商共建共享美丽世界,打造人类命运共同体。同时,不同的国家有不同的实践和经验,加强国际合作与交流,分享经验、凝聚共识,是人类社会共同应对气候变化、有效保护我们共有的地球家园的理性选择。

党的十八大以来,在应对气候变化方面,我国政府给了极高的重视,把推进绿色低碳发展作为生态文明建设的重要内容,作为加快转变经济发展方式、调整经济结构的重大机遇,坚持统筹国内国际两个大局,积极采取强有力的政策行动,有效控制温室气体排放,增强适应气候变化能力,推动应对气候变化各项工作取得了重大进展,成为全球生态文明建设的重要参与者、贡献者、引领者。

作为全球应对气候变化事业的积极参与者与引领者,我国政府全程参与《联合国气候变化框架公约》下谈判进程,坚定维护公约的原则和框架,坚持公平、共同但有区别的责任和各自能力原则,遵循缔约方主导、公开透明、广泛参与和协商一致的多边谈判规则,不断加强公约的全面、有效和持续实施,为推动建立公平合理的全球应对气候变化格局做出了巨大贡献。例如,正是由于我国的积极推动和引领,《巴黎协定》最终才得以达成。2015 年,时任联合国秘书长潘基文对中国的贡献给予了高度评价,他说,"在整个过程中,中国作出了历史性的、基础性的、重要的、突出的贡献。" 2017 年,在美国出于自身利益考虑宣布单方面退出《巴黎协定》的时候,我国政府再次重申会严格执行对《巴黎协定》的承诺,这彰显出我国作为一个负责任大国的担当和对《巴黎协定》全面落实的信心。

第五节　营造良好社会风尚

生态文明建设需要全社会共同努力,良好的生态环境也为全社会所共

享。必须加强宣传教育,引导全社会树立生态理念、生态道德,构建文明、节约、绿色、低碳的消费模式和生活方式,把生态文明建设牢固建立在公众思想自觉、行动自觉的基础之上,使每个人都应该做生态文明建设的践行者、推动者,形成生态文明建设人人有责、生态文明规定人人遵守的良好风尚。

一、提高全民生态文明意识

生态文明意识包括人尊重自然的价值意识、人顺应自然的科学意识,以及人保护自然的责任意识。意识是行动的重要前提,全民的生态意识提高了,就会增加其投身生态文明建设的积极性和主动性。

在现实中,生态意识的培养并非一朝一夕,需要长期的教育和引导:一是建立制度化、系统化、大众化的生态文明教育体系,做好国情认知教育,普及环境科学和环境法律知识,大力宣传环境污染和生态破坏的危害性,让群众认识到改善生态环境质量的紧迫性、艰巨性和长期性,充分理解和支持生态文明建设,为生态环境持续改善奠定广泛、坚实的社会基础。二是把环境保护和生态文明建设作为践行社会主义核心价值观的重要内容,实施全民环境保护宣传教育行动计划。一方面要鼓励生态文化作品创作,丰富环境保护宣传产品,开展环境保护公益宣传活动。另一方面通过让生态文明知识理念进课本、进课堂、进校园,提高青少年对节约资源、保护环境重要性认识,树立正确的生态价值观和道德观。三是引导抵制和谴责过度消费、奢侈消费、浪费资源能源等行为,倡导勤俭节约、绿色低碳的社会风尚。

二、培育绿色生活方式

生态文明建设需要充分发挥人民群众的积极性、主动性、创造性,凝聚民心、集中民智、汇聚民力。公众既是污染的受害者,也是污染的制造者。加快推动生态文明建设,切实解决好目前的生态环境问题,推动公众生活方式绿色化尤为重要。实践表明,在生态文明建设和环境保护过程中,如公众和社会都行动起来,人人都自觉参与和践行环境保护,实现生活方式和消费模式向绿色化转变,将可以带来巨大的环境效益和经济效益,其作用将胜过政府数百倍的投入。

当前,要以落实"中央八项规定"为契机,坚决反对享乐主义、奢靡之风,开展创建节约型机关、绿色家庭、绿色学校、绿色社区和绿色出行等行动,引导居民合理适度消费,鼓励购买绿色低碳产品,使用环保可循环利用产品,深入开展反食品浪费等行动,使节约光荣、浪费可耻的社会氛围更加浓厚。

三、发挥公众监督作用

社会公众是生态环境保护的一支重要力量。发挥好公众对生态环境的监督,不仅可以及时发现问题,降低政府的行政成本,而且也可以提高公众的生态文明意识,从而形成一种尊重自然、保护自然的良好社会氛围,激励更多的人投身到生态环境的保护和建设工作中来。

为了发挥公众监督作用,需要建立公众参与环境管理决策的有效渠道和合理机制,具体来说需要做好如下几个方面的工作:一是强化信息公开,及时准确披露各类环境信息、提高透明度,扩大公开范围,保障公众环境知情权、参与权、监督权和表达权。二是健全举报、听证、舆论和公众监督等制度,鼓励公众对政府环保工作、企业排污行为进行监督,引导新闻媒体,加强舆论监督,充分利用"12369"环保热线和环保微信举报平台,构建全民参与的社会行动体系。三是建立环境公益诉讼制度,对污染环境、破坏生态的行为,有关组织可提起公益诉讼。四是在建设项目立项、实施、后评价等环节,建立沟通协商平台,听取公众意见和建议。五是引导生态文明建设领域各类社会组织健康有序发展,发挥民间组织和志愿者的积极作用。

思　考　题

1. 什么是绿色城镇化?
2. 在"打赢蓝天保卫战"中应该采取哪些措施?
3. 什么是主体功能区? 当前应如何落实主体功能区战略?
4. 加大生态系统保护力度有哪些途径?
5. 推动绿色低碳循环发展应做好哪些工作?

第六章
生态文明建设的中国行动

习近平总书记在党的十九大报告中指出，中国特色社会主义"给世界上那些既希望加快发展又希望保持自身独立性的国家和民族提供了全新选择，为解决人类问题贡献了中国智慧和中国方案"。建设美丽中国，是中国智慧和中国方案的重要内容。本章从绿色技术创新、资源节约利用、生态保护与自然恢复、统计监测和执法监督、组织领导五个方面介绍1949年以来特别是党的十八大以来中国社会主义生态文明建设的中国行动。

第一节　绿色技术创新

绿色技术创新指的是政府、科研机构和市场主体通过对商品服务、工艺流程、营销方法、组织结构和制度安排进行创新或改进,推动环境改善和经济的可持续增长。中华人民共和国成立后,我国的工业发展受到技术水平的制约,高耗能、高污染、高排放问题一度比较严重,给生态环境造成了很大的压力。提倡绿色发展,提高绿色技术创新能力,是保护环境、实现人与自然和谐发展的重要途径。

一、现实约束

中华人民共和国成立以后,我国在一穷二白的基础上发展工业特别是重工业,取得巨大进步。1952 年,我国工业产值仅为 119.6 亿元,2012 年增至 208905.6 亿元,增加 1745.7 倍(国家统计局)。工业生产高速发展,但不可否认的是,相比于发达国家,我国的生产技术仍然相对落后。一个表现就是,中国的能源使用效率和环境污染物排放形势非常严峻,环境负担较重。

我们以 GDP 单位能耗和氮氧化合物排放为例来了解我国的生产技术水平。首先分析能源使用效率的变化情况。1990 年,中国每使用 1kg 石油当量的能源,产生的人均实际 GDP 只有 1.99 美元[1],2014 年,增加至 5.70 美元。1990~2014 年,中国能源使用效率年均增长率为 1.90%,成绩非常突出。但从世界范围比较,中国的能源使用效率仍存在巨大的提升空间。1990 年,世界上有 132 个国家或区域组织能源使用效率高于中国,2014 年,数量降为 105 个,这意味着,中国的能源使用效率国际排名向前进步 27 个名次,但仍然处在世界中间的位置。再来分析环境污染物排放情况。近年来中国的氮氧化物排放水平下降迅速,但减排压力依然很大。1990 年,世界上氮氧化物排放量(kg/$)低于中国的国家或区域组织为 121 个,2012 年为 106 个[2]。

中国生态环境存在较大的现实压力,主要原因包括:一是工业技术水平相对落后,经济在相当长的时间内采取的是粗放式发展模式。以钢铁行业为例。2000 年以后,中国成为世界钢铁产量第一大国,2013 年,中国钢铁产量超过 8 亿 t,占世界钢铁总产量一半以上[3]。钢铁产量在世界上占据了绝对主导地位,但钢铁行业的利润却非常微薄。2013 年,钢铁冶炼和加工业利润为 1305 亿元,每千克钢铁的利润约为 0.17 元[4]。习近平同志指出,"如果仍

---

[1]　GDP 以 2011 年不变价购买力平价美元计算。本章和 GDP 相关的单位都是不变价美元。
[2]　数据来源:世界银行,https://data.worldbank.org/,检索能源使用、氮氧化合物等关键词即可获得数据。
[3]　世界钢铁组织网站.www.worldsteel.org.
[4]　国家发改委.2013 年钢铁行业运行情况.http://www.ndrc.gov.cn.

是粗放发展,即使实现了国内生产总值翻一番的目标,那污染又会是一种什么情况?届时资源环境恐怕完全承载不了。"[1]粗放发展变为集约发展,是解决环境问题的一大任务。二是中国庞大的人口规模。能源使用效率和氮氧化物排放等,涉及三个指标,GDP、能源消耗量和污染排放量。这三个指标都和人口规模相关。能源消耗和污染排放,除了计算工业生产中的消耗和排放外,还包括生活(比如北方地区冬季供暖)、农业生产方面的数量。人口规模越大,资源环境负担越大。三是中国的能源结构。中国的能源消费主要以煤、石油为主。2013 年,中国消费煤约为 19.25 亿 t(单位:等量石油)[2],石油的消费量约为 5 亿 t,天然气的消费量约为 1.5 亿 t。2001～2013 年,煤在三大主要能源中的消费比例稳定在 75%左右,石油约为 20%,天然气不到5%。三大主要能源中,天然气清洁度最高,石油次之,煤最差。中国的能源结构不容乐观。同一年度,经合组织石油消费占比约为 45%～50%,天然气约为 27%～32%,远远好于中国。和我国国情最为接近的国家印度,2013 年石油的消费比例约为 33%,天然气的消费比例约为 9.09%,略好于中国[3]。能源结构不调整,中国节能减排的压力会随着经济发展日益增大。

二、政策法规

提高能源使用效率、降低环境污染的一个方法就是绿色技术创新。党的十八大报告中首次提出生态文明建设的概念,强调要推进绿色发展,珍惜每一寸国土,给子孙后代留下天蓝、地绿、水净的美好家园。"十三五"规划指出,坚持绿色发展,是我国经济发展的理念之一。坚持绿色发展,要支持绿色清洁生产,推进传统制造业绿色改造,推动建立绿色低碳循环发展产业体系。十九大报告进一步指出,建设美丽中国,需要坚持绿色发展,其中一项任务就是构建市场导向的绿色技术创新体系。

党的十八大以来,党和政府出台一系列政策法规推进绿色发展,加快绿色技术创新。2015 年 4 月,中共中央、国务院印发《关于加快推进生态文明建设的意见》。意见指出,要坚持把绿色发展、循环发展、低碳发展作为生态文明建设的基本途径。在绿色发展和绿色技术方面,提出三条具体措施:一是推进绿色城镇化。尊重自然格局、保护自然景观,科学确定城镇开发强度,推进绿色生态城区建设。二是发展绿色产业。大力发展环保产业,实施节能环保产业重大技术装备产业化工程,加快核电、风电和太阳能环保市场发展,大力发展新能源汽车,发展有机农业。三是培育绿色生活方式。开展绿色生活行动,引导消费节能环保低碳产品,倡导绿色低碳出行。

---

[1]　习近平 2013 年 4 月 25 日在十八届中央政治局常委会会议上的讲话。

[2]　不换算成等量石油,2013 年煤的消费量为 36.1 亿 t。见中国气候变化网:2014 年中国煤炭消费量同比下降 2.9%,2015-02-27。

[3]　能源结构数据来自 BP Statistical Review of World Energy(2002～2014)。

2015 年 5 月,国务院颁发《中国制造 2025》的通知。通知将绿色发展作为中国制造的着力点和主要评价指标,提出要全面推行绿色制造。具体包括:一是加快制造业绿色改造升级;二是推进资源高效循环利用;三是积极构造绿色制造体系。

2015 年 9 月,中共中央、国务院印发《生态文明体制改革总体方案》。除了再次强调绿色发展之外,方案也提出了两条具体措施:一是建立绿色金融体系。推广绿色信贷,研究设立绿色股票指数和绿色债券,设立绿色发展资金。二是建立统一的绿色产品体系。将目前的节能、环保等产品统一整合为绿色产品,建立统一的绿色产品标准,完善对绿色产品的研发、配送、购买等的财税金融支持。

2016 年 11 月,国务院印发《"十三五"国家战略性新兴产业发展规划》(国发[2016]67 号)。方案将绿色低碳产业作为"十三五"期间五大重点领域之一,几乎对所有战略性行业都提出了绿色发展的要求。

2016 年 12 月,中央办公厅、国务院办公厅印发《生态文明建设目标评价考核方法》,明确地方政府生态文明建设的考核要求。发改委等部门依据办法,提出绿色发展指标体系,用资源利用、环境治理、环境质量、生态保护、增长质量、绿色生活、公众满意度 7 个大项,能源排放量、氮氧排放量等 56 个小项对地方政府生态文明建设进行综合评分。

三、发展成果

(一)海绵城市

建设海绵城市最早的目的是,利用城市河流两侧的自然湿地等自然系统的洪涝调节能力,缓解旱涝灾害。习近平同志在 2013 年 12 月中央城镇化工作会议上发表讲话时谈到,"解决城市缺水问题,必须顺应自然。比如,在提升城市排水系统时要优先考虑把有限的雨水留下来,优先考虑更多利用自然力量排水,建设自然积存、自然渗透、自然净化的'海绵城市'"。随着城市化的加速和人口的集中,其他形式的水危机如水质污染、城市内涝、地下水位下降、水生物栖息地消失等问题也愈发严重,海绵城市的内涵和外延也随之扩大。

海绵城市的思想古已有之。古代城市根据雨水的丰富程度,建设不同的适应性水利设施。干旱区的城市首先利用输水渠、地下蓄水池、地下水库等收集雨水,解决用水不足问题,然后利用地下供水干管解决输送过程水分蒸发问题,再利用中水利用解决水资源循环使用问题。湿润区的城市首先利用城墙、护城河、运河解决洪水灾害问题,然后利用运河决解运输、灌溉等问题,再利用地下水道解决抗洪、排污问题。古代城市"弹性适应"环境变化和自然灾害的理念,是构成现代海绵城市的重要思想来源。

海绵城市在中国的建设已有近20年的时间,习近平同志2013年讲话之后推进速度进一步加快。2014年,财政部、住房城乡建设部颁布《关于开展中央财政支持海绵城市建设试点工作的通知》,对试点城市给予专项资本补助(财建[2014]838号)。2015年国务院办公厅颁布《关于推进海绵城市建设的指导意义见》,对海绵城市建设的总体要求、规划引领、统筹安排、政策支持、组织落实等做了详细周密部署。截至2016年,全国已有30个城市纳入试点范围,也取得一定的效果。2016年,武汉市发生特大洪涝灾害,出现"城市看海"的现象,但事后调查发现,积水点主要出现在武汉市未完工的新城区,传统积水点基本没有积水。这在一定程度上证明了"海绵城市"在缓解城市内涝方面的作用。除了防止内涝之外,哈尔滨群力国家湿地公园、六盘水明湖湿地公园等地的建设也表明,海绵城市"源头消纳滞蓄,过程减速消能,末端弹性适应"的基本模式,在蓄水、净化、排污、恢复等方面都能发挥巨大的作用,有利于打造人与自然和谐共生的城市环境。

(二)绿色产业

1. 清洁能源

中国的能源消费主要以煤和石油为主,但核能、水电、可再生能源[1]等在改革开放后也取得长足进展。截至2016年12月底,我国已有13个核电站、35台运行核电机组、21台在建核电机组和19座民用研究堆(临界装置),总发电量为211.08 TWH(国家核安全局2016年报)。截至2015年6月底,我国风电累计并网容量10553万 kW,光伏发电装机容量达到3578万 kW(国家能源局)。

中国的清洁能源建设成就明显,未来更是有巨大的进步空间。2014年,中国的核能消费约为28.6百万 t 石油当量,可再生能源消费为53.1百万 t 石油当量,比2004年分别增长1.51倍和58倍。清洁能源增长迅速,但在能源消费构成中比例还可进一步增加。2014年,中国核能消费占比为0.96%,可再生能源消费占比为1.79%,同期美国为8.25%和2.83%,日本为0%和2.54%[2],韩国为12.96%和0.40%[3]。如果未来中国清洁能源达到发达国家水平,中国的绿色产业无论是从社会产出角度,还是从建设生态文明角度,都会成为中国的支柱性产业。

2. 新能源汽车

随着经济的发展和工业化的推进,空气质量问题特别是雾霾问题成为影响东部、北方地区生活质量的重要问题。习近平同志2014年2月在北京市

---

[1] 可再生能源指的是风能、太阳能、生物能等新的能源形式。

[2] 日本核能占比下降主要是受到2011年福岛核泄漏事件的影响。2011年,日本核能消费为66.2百万 t 石油当量,仅次于美国。

[3] 能源数据来自 BP Statistical Review of World Energy,2015。

考察工作时指出,"应对雾霾污染、改善空气质量的首要任务是控制 PM2.5。虽然说按国际标准控制 PM2.5 对整个中国来说提得早了,超越了我们发展阶段,但要看到这个问题引起了广大干部群众高度关注,国际社会也关注,所以我们必须处置。民有所呼,我有所应!"应对雾霾问题,一个措施是推广新能源汽车。2014 年,国务院颁布《关于加快新能源汽车推广应用的指导意见》,在充电设施建设、技术转化、财政支持等方面出台多项优惠措施(国办发〔2014〕35 号)。2015 年,国务院颁布《关于加快电动汽车充电基础设施建设的指导意见》,提出适度超前、有序建设等基本原则,鼓励地方通过政府和社会资本合作(PPP)等方式拓宽融资渠道,加速建设电动汽车充电基础设施。"十三五"规划和党的十九大报告更是将新能源汽车作为绿色发展的重要内容。

在党和政府的大力支持下,我国的新能源汽车取得飞速发展。2013 年,新能源汽车总共生产 1.68 万辆,其中纯电动汽车仅为 1643 辆,插电式混合动力汽车仅 3340 辆。2016 年,新能源汽车生产量已达 51.7 万辆,其中纯电动汽车 41.7 万辆,插电式混合动力汽车 9.9 万辆,分别增长 29.81 倍、252.73 倍和 28.64 倍。除了生产方面,新能源汽车在销售方面也取得同步的发展。2016 年,新能源汽车总体销售 50.7 万辆,其中纯电动汽车销售 40.9 万辆,插电式混合动力汽车销售 9.8 万辆,产销率为 98.07%、98.08%和 98.99%[1]。

(三)绿色金融

2016 年 8 月,中国人民银行等七部委颁发《关于构建绿色金融体系的指导意见》(以下简称《意见》),中国成为全球首个由政府推动并发布政策明确支持"绿色金融体系"建设的国家[2]。《意见》对绿色金融做了明确的定义:绿色金融是指为支持环境改善、应对气候变化和资源节约高效利用的经济活动,即对环保、节能、清洁能源、绿色交通、绿色建筑等领域的项目投融资、项目运营、风险管理等所提供的金融服务。《意见》也对绿色信贷、绿色投资、绿色发展基金、绿色保险、国际合作提出了具体意见和政策支持。

绿色金融发展势头良好。2017 年 6 月,国务院常务会议决定在浙江、江西、广东、贵州、新疆 5 省(自治区)选择部分地方,建设各有侧重、各具特色的绿色金融改革创新试验[3]。2015 年开始,中国绿色金融融资规模逐渐扩大。截至 2017 年 11 月 9 日,中国绿色金融债融资 921 亿元人民币,绿色公司债融资 204.55 亿元人民币,绿色企业债融资 297.6 亿元人民币,绿色债务融资工具融资 94 亿元人民币,绿色熊猫债融资 45 亿元人民币,绿色资产支

---

　　[1]　数据来源:国家统计局,http://www.stats.gov.cn/。
　　[2]　中国政府网.发展绿色金融是实现绿色发展的重要推动力量.2017-06-16.
　　[3]　21 世纪经济报道.5 省区建绿色金融改革创新试验区 支持境内外资本参与绿色投资.2017-06-15.

持证券融资 98.67 亿元人民币,境内主体境外发行绿色债券融资 27.5 亿欧元、13.5 亿美元(中国金融信息网)。除了融资规模在不断增长外,融资主体也日益丰富。以绿色金融债为例,截至 2017 年 10 月 16 日,绿色金融债融资次数为 28 次,除了国家开发银行、交通银行等大型政策性银行、商业银行参与之外,也有长沙银行等地方性银行、河北省金融租赁有限责任公司等非金融机构积极参与绿色债务发展[1]。参与主体多元化,既反映市场对我国绿色金融业务前景的信心,也反映我国绿色金融业务的发展正处在健康的轨道上面。

第二节　资源节约利用

资源趋紧是中国经济发展的重要制约因素。在人均资源不足的情况下,如何有效利用资源、循环利用资源,创新资源的使用方式和用途,是创建资源节约型、环境友好型社会的重要任务。

一、现实约束

中国幅员辽阔,物产丰富,但资源并不丰裕。以淡水资源和耕地资源为例。首先分析淡水资源的变化情况。1962 年,中国的人均可再生内陆淡水资源为 4225.18 m^3,2014 年降为 2061.91 m^3,年均减幅为 0.6%。中国的水资源情况比经合组织和世界平均水平差,但比印度略好。1962 年,经合组织和世界的人均淡水资源为 3125.1 m^3 和 13395 m^3,2014 年,分别降为 8234.46 m^3和 5922.43 m^3,年均减幅为 0.39% 和 0.68%。印度 1962 年的人均淡水资源为 3090.72 m^3,年均减幅为 0.85%。全世界范围对比,中国的水资源相对水平一直处在较为落后的位置。1962 年,人均淡水资源超过中国的国家数为94 个,2014 年,数量增加至 103 个。再来分析人均耕地面积的变化情况。1961 年,中国的人均耕地面积为 0.16 hm^2,2014 年,减少至 0.077 hm^2,年均减幅为 0.57%。中国的人均耕地面积低于印度,也低于经合组织和世界平均水平。1961 年,印度、经合组织和世界平均水平分别为 0.34、0.54 和 0.37 hm^2,2014 年,分别为 0.12、0.31 和0.2 hm^2,年均减幅为 0.85、0.46 和 0.52%。全世界范围对比,中国的人均耕地面积相对水平也在恶化。1961 年,人均耕地面积超过中国的国家有 119 个,2014 年数量增加至 132 个[2]。

中国的人均资源相对不足,主要原因包括:一是自然环境先天不足。中国的国土面积约为 960 万 km^2,但超过 53% 以上国土面积为半干旱和干旱地区。截至 2014 年,耕地面积只有国土面积的 14.7%(国家统计局)。二是人口增长较快。1961 年,中国的人口规模约为 6.7 亿, 2014 年,超过 14 亿,人

---

[1] 　数据来源:中国金融信息网,http://www.xinhua08.com/。

[2] 　水资源、耕地资源的数据来自世界银行,https://data.worldbank.org/。

口规模增加超过 1 倍(国家统计局)。三是环境污染严重。以废水排放为例。2004 年,中国废水总排放量为 482.41 亿 t,2015 年,增加至 735.32 亿 t,相当于人均直接损失淡水 37~53m³(国家统计局)。四是城市化发展迅速。1961 年,中国的城市化率约为 19%,然后近 20 年几乎保持不变,1978 年,城市化率约为 17.5%。改革开放后,中国的城市化速度大幅增加。2015 年,已经超过 56%(国家统计局)。城市化有助于提高居民特别是农村居民收入,但也对资源环境造成很大压力。2015 年,中国耕地面积为 13499.87 万 hm²,建设用地面积为 3859.33 万 hm²,后者约占前者 28.59%。

二、政策法规

节约利用资源一直是党和政府一贯坚持的原则。1959 年 8 月党的八届八中全会提出"鼓足干劲,力争上游,多快好省地建设社会主义""一切工业企业必须在保证质量的条件下,大力节约原料、材料、燃料和动力。"党的十八大报告指出,节约资源是保护生态环境的根本之策。要节约集约利用资源,推动能源生产和消费革命,加强节能降耗。发展循环经济,促进生产、流通、消费过程的减量化、再利用、资源化。"十三五"规划指出,全面节约和高效利用资源。具体包括:一是坚持节约优先,树立节约集约循环利用的资源观。强化约束性指标管理,实行能源和水资源消耗、建设用地等总量和强度双控行动。二是实行最严格的水资源管理制度,以水定产、以水定城,建设节水型社会。三是建立健全用能权、用水权、排污权、碳排放权初始分配制度,创新有偿使用、预算管理、投融资机制,培育和发展交易市场。四是倡导合理消费,力戒奢侈浪费,制止奢靡之风。在生产、流通、仓储、消费各环节落实全面节约。党的十九大报告再次强调了坚持节约资源和保护环境的基本国策,指出要推进资源全面节约和循环利用。

党的十八大以来,节约资源和保护环境的基本国策得到进一步落实。2015 年 4 月颁布的《中共中央 国务院关于加快推进生态文明建设的意见》中指出,要"全面促进资源节约循环高效使用,推动利用方式根本改变"。具体措施包括:一是推进节能减排。全面推进重点领域节能减排,开展重点单位节能低碳行动,有限发展公共交通,继续削减主要污染物排放总量。二是发展循环经济。建立循环型工业、农业、服务业体系,完善可再生资源回收体系,推进产业循环时组合。三是加强资源节约。节约集约利用水、土地、矿产等资源,建设节水型社会,推进绿色矿山建设。

2015 年 9 月,中共中央、国务院颁发的《生态文明体制改革总体方案》指出,要"完善资源总量管理和全面节约制度"。具体措施包括:一是完善最严格的耕地保护制度和土地节约集约利用制度。划定永久基本农田红线,加强耕地质量等级评定与检测,实施建设用地总量控制和减量化管理。二是完善最严格的水资源管理制度。健全用水总量控制制度,制定主要江河流域水量分配方案,健全节约集约用水机制,在严重缺水地区建立用水定额准入门槛。三是建立能源消费总量管理和节约制度。强化能耗强度控制,完善能源统计制度,完善节能标准体系,健全节能低碳产品和技术装备推广机制,加强对可再生能源发展的扶持。四是建立天然林、草原、湿地保护制度,建立沙化土地封禁保护制度,健全海洋资源开发保护制度,健全矿产资源开发利用管理制度,完善资源循环利用制度。

2016 年 12 月国务院印发《"十三五"生态环境保护规划》,对生态保护特别是污染排放做出详细规定。具体包括:一是实施工业污染源全面达标排放计划。工业企业要建立环境管理台账制度,规范排污口设置,编制年度排污状况报告。排污企业全面实行在线监测,要建立全国工业企业环境监管信息平台。各地要加强对工业污染源的监督检查,全面推进"双随机"抽查制度,排查并公布未达标工业污染源名单。重点行业企业达标排放限期改造。二是深入推进重点污染物减排。科学确定总量控制要求,优化总量减排核算体系,制定实施造纸、印染等十大重点涉水行业专项治理方案,加强石化、有机化工、表面涂装、包装印刷等重点行业挥发性有机物控制。三是加强基础设施建设。加强城镇污水处理及配套管网建设,加快县城垃圾处理设施建设,推进海绵城市建设。四是加快农业农村环境综合治理。持续推进城乡环境卫生整治行动,划定禁止建设畜禽规模养殖场(小区)区域,推进畜禽养殖污染防治,优化调整农业结构和布局,打好农业面源污染治理攻坚战。

2017 年 5 月国务院颁布《"十三五"节能减排综合工作方案》,对节能减排做了全面部署。具体包括:①优化产业和能源结构。促进传统产业转型升级,加快新兴产业发展,推动能源结构优化。②加强重点领域节能,强化主要污染物减排。③发展循环经济,实施节能减排工程,强化节能减排技术支撑和服务体系建设。④完善节能减排支持政策,建立和完善节能减排市场化机制。⑤落实节能减排目标责任,强化节能减排监督检查。⑥动员全社会参与节能减排。

三、发展成果

(一)节能减排

1. 空气质量

2004 年,我国治理废气项目完成投资为 142.80 亿元,2012 年增加至257.71 亿元。党的十八大以来,治理雾霾、改善空气质量成为党和政府保障和改善民生、创造美好生活的重要举措。一个表现就是废气治理投资显著增加。2013 年,废气治理项目投资增加至 640.91 亿元,是 2012 年的 1.49 倍。2014 年,投资进一步增加至 789.39 亿元(国家统计局)。整治力度的增加,使得空气质量大为改善。以北京市为例。截至 2017 年 11 月 18 日,北京市

2017 年的空气质量指数（AQI）为 105.50,空气质量为优和良的天数为 192
天,前者比 2016 年同期下降 3.1,后者增加 21 天[1]。除了北京市外,全国整
体空气质量也在持续上升。2013 年,全国 74 个城市根据《环境空气质量标
准》进行监测,只有海口、舟山、拉萨等 3 个城市空气质量达标,占 4.1%。
PM2.5 平均浓度为 72 $\mu g/m^3$,达标城市占比为 4.1%。2014 年,被监测城市
扩大到 161 个,仅 16 个城市空气质量达标,占 9.9%。PM2.5 平均浓度为
62 $\mu g/m^3$,达标城市占比为 11.2%。2015 年实施监测的 338 个地级以上城
市中,73 个城市空气质量达标,占 21.6%。2016 年,338 个地级以上城市中
达标城市为 84 个,占比 24.9%。PM2.5 平均为 47 $\mu g/m^3$,超标天数比例为
14.7%,分别比 2015 年下降 6% 和 2.8%（《中国环境状况公报》2013~2016）。

2. 水质量

　　工业发展的一个后果是排放大量的废水、废气和固体废弃物。特别是废
水,不仅直接污染江河湖海等地表水源,还会渗透地下,污染地下水源,造成
长时间的水体污染。2000 年以后,国家对工业废水污染的治理投入更加重
视,水质质量逐渐改善。中国水资源质量提升第一个表现是地表淡水资源水
质的改善。1997 年之前,七大水系水质尚可,Ⅰ~Ⅲ 类水质超过 50%,1997 年
最高,为 67.7%[2]。1997 年主要污染指标为高锰酸盐指数、生化需氧量和挥
发酚。1998~2006 年,水质迅速恶化。2002 年,Ⅰ~Ⅲ 类水质只有 29.1%,劣
Ⅴ 类水质甚至超过 40.9%。2004 年,治理废水项目完成投资为 105.6 亿元,
2006 年增加至 151 亿元(国家统计局),七大流域污染有所控制。2003~2006
年,Ⅰ~Ⅲ 类水质稳定在 40% 左右。2006 年主要污染指数为高锰酸盐指数、
石油类和氨氮。2007 年,国务院颁布《国家环境保护"十一五"规划》。该规
划是国务院第一次以国发形式印发专项规划,表明国家对治理环境污染的态
度和决心。2007 年,社会废水项目完成投资达到 196 亿元,达到历史最高
(国家统计局)。2007~2012 年,七大流域水质开始好转。2012 年 Ⅰ~Ⅲ 类水
质约为 68.9%,主要污染物指标为化学需氧量、五日生化需氧量和高锰酸钾
指数。党的十八大以来,生态文明建设作为社会主义建设总布局一个重要内
容,越来越受到政府和社会各界的重视。环境治理力度加大,水资源质量进
一步提升。2016 年,七大流域 Ⅰ~Ⅲ 类水质约为 71.2%[3],其中 Ⅰ 类为
2.1%,Ⅱ 类为 41.8%,Ⅲ 类为 27.3%,主要污染指标为化学需氧量、总磷和五

---

[1]　北京市数据来自中华人民共和国环保部,http://www.zhb.gov.cn/。

[2]　此时水质监测执行的是《地面水环境质量标准》(GB 3838—88),地面水按功能为为 5 类:Ⅰ 类
主要适用于源头水、国家自然保护区;Ⅱ 类主要适用于集中式生活饮用水地表水源地一级保护区、珍贵鱼
类保护区及游泳区等;Ⅲ 类主要适用于集中式生活饮用水地表水源地二级保护区、一般鱼类保护区及游
泳区;Ⅳ 类主要适用于一般工业用水区及人体非直接接触的娱乐用水区;Ⅴ 类主要适用于农业用水区及
一般景观要求水域。

[3]　2016 年全国地表水的 Ⅰ~Ⅲ 类占比为 67.8%,略低于七大流域的水质。

日生化需氧量[1]。水质质量的提升表明我国"十一五""十二五"在治理环境污染、节能减排方面取得初步成效。

第二个表现是居民饮用水质量的提升。1990年中国获得改善的水源的人口比例仅为66.9%,低于印度的70.5%,也低于世界平均水平76.08%[2]。1990年,获得改善水源人口比例超过中国的国家数量为131个。1990~1995年,中国居民饮水质量相对水平有所下降。1995年,获得改善水源人口比例超过中国的国家数量增加至142个,这可能和中国整体地表水质量下降有关。1996年后,中国居民饮水质量的绝对水平和相对水平都逐渐上升。2015年,中国获得改善水源的人口比例为95.5%,印度同期为94.1%,世界平均为90.95%,超过中国的国家数量下降至100个[3]。

3. 集中供热

城市特别是北方城市冬季供暖是人民的基本生活需要。传统上一般以家庭为单位,通过小煤炉、小锅炉等方式取暖,效率低、污染大,是家庭的一项重要生活支出,也是造成北方地区冬季空气质量不佳的一个重要原因。随着经济发展和技术的进步,更经济、更环保的供暖方式越来越成为社会和政府的普遍要求。集中供暖便是一项重要的解决方案。我国的集中供热能力在2000年以后迅速发展。2000年,全国蒸汽供热能力为每小时74148t,热水供热能力为97417MW,2015年增加至80699t、472556MW,前者增加8%,后者增加385.09%[4]。

(二) 循环使用

提高资源使用效率、变废为宝,资源循环使用是缓和资源不足问题、保护环境的重要举措。随着科技水平的不断进步,我国在资源循环使用方面也取得长足进展。主要表现为,一是生活垃圾基本实现无害化处理。2015年,建成生活垃圾处理厂2315座,处理能力增加至每天5.77万t,全年共处理生活垃圾2.48亿t,无害化处理率变为94.1%[5]。二是固体废弃物无害化处理能力大幅上升。2015年,全国一般工业固体废物产生量为32.7亿t,综合利用量为19.9亿t,综合利用率为60.3%。工业固体废物倾倒丢弃量55.8万t,占产生量的比例为0.017%。三是废水处理能力显著增强。2015年,全国废水总排放量为735.3亿t,其中工业废水排放量为199.5亿t,城镇生活污水

[1] 地表水数据来自环保部《中国环境状况公报》(1995~2015)。
[2] 世界银行对获得改善的水源的定义是从改善的水源合理获得足够用水的人口比例。改善的水源包括诸如接入家庭的输水管线、公共水管、蓄水池、受到保护的井、泉以及雨水收集。未经改善的水源包括售水机、水罐车、未加保护的井和泉。合理地获得水源意味着每人每天从距离居所1km范围内的水源可获取至少20L水。
[3] 改善的水源数据来自世界银行,https://data.worldbank.org/。
[4] 数据来自国家统计局,http://www.stats.gov.cn/。
[5] 数据来自国家统计局,http://www.stats.gov.cn/。

排放量为 535.2 亿 t。全年处理废水 532.3 亿 t,处理生活污水 470.6 亿 t,生活污水处理率 87.93%。(环保部《全国环境统计公报》《环境统计年报》)

(三)绿色出行

绿色出行一直是党和政府倡导的出行方式。2004 年,我国公共汽电车运营数约为 28 万辆,运送乘客 427 亿人次,轨道交通运营数 1896 辆,运送乘客 13 亿人次,2015 年,公共汽车运营数增至 48 万辆,运送乘客增加至 845 亿人次,轨道交通运营数 19941 辆,运送乘客 14 亿人次,分别增加 72.73%、97.86%、951.74% 和 954.13%[1]。除了公共交通外,步行和自行车出行也是政府提倡的方式。2012 年 9 月,住房城乡建设部等部门发文《关于加强城市步行和自行车交通系统建设的指导意见》(本段以下简称《意见》)。《意见》指出,发展城市步行和自行车交通是预防和缓解交通拥堵、减少大气污染和能源消耗的重要途径,关系人民群众的生产生活和城市可持续发展,各地要充分认识加强城市步行和自行车交通系统建设的重要性和紧迫性,全面推进城市步行和自行车交通系统建设。在政府"大众创业、万众创新"的政策号召下,2014 年开始,一些企业在全国推广互联网租赁自行车。目前互联网租赁自行车不仅在全国全面布局,还走出国门,称为新时代中国创新的重要标志。2017 年 8 月,交通运输部等 10 部门出台《关于鼓励和规范互联网租赁自行车发展的指导意见》,对互联网租赁自行车的定位、投放、停车点建设等做出规范指导意见,对于未来互联网租赁自行车市场的有序竞争、满足公众绿色出行要求、促进行业健康持续发展提供了有力的政策保障。

第三节 生态保护与自然恢复

良好的生态、美丽的自然是人民日益增长的优美生态环境需要的重要内容。大力加强生态保护和自然恢复,才能保证生态系统的多样性,保证自然的宁静与和谐,实现人与自然和谐共生。

一、现实约束

改革开放后一段时间内粗放型的经济发展模式,使得我国的生态保护和自然恢复情况不容乐观。以森林覆盖率和受到生存威胁物种为例。首先分析森林覆盖率的变化情况。1990 年我国森林占陆地面积的比例为 16.74%,2015 年增长至 22.19%。在中国巨大的人口压力和经济发展要求下,实现森林资源增长,殊为不易。但与其他国家相比,资源增长仍然存在加大的差距,

---

[1] 数据来自国家统计局,http://www.stats.gov.cn/。

需要不断努力发展。1990 年,印度、经合组织、世界平均水平的森林覆盖率分别为 21.5%、30.88% 和 31.80%,2014 年,这些国家或区域组织的森林覆盖率为 23.77%、31.35% 和 30.83%。1990 年森林占陆地面积比例超过中国的国家或区域组织为 130 个,2015 年为 128 个。再来分析受到生存威胁物种的情况。2017 年,中国受到生存威胁的鱼类为 134 种,占世界受到生存威胁的鱼类比例为 1.63%;受到生存威胁的哺乳动物种类为 74 种,占世界受到生存威胁的哺乳动物种类的 2.15%;受到生存威胁的鸟类为 93 种,占世界受到生存威胁的鸟类的比例为 2.03%;受到生存威胁的植物种类为 574 种,占世界受到生存威胁的植物种类的比例为 4.22%。[1]

除了人均资源不足、人口基数较大、经济粗放型发展等因素之外,我国生态环境形势严峻的影响因素至少还包括:一是资源的过度开采。改革开放后,我国现代化建设缺乏资金,开采自然资源出口创汇便是一个可行的选择。1979 年,我国自然资源租金占 GDP 的比值为 16.11%,1980 年高达 19.06%。1978~1990 年,自然资源租金[2] 占 GDP 比例的均值为 10.91%,远远高于世界同期 3.21% 的水平。[3] 资源过度攫取,导致生态环境恶化。二是人们的物质需求不断增加,迫切需要增加生活资料供给。以水产品消费为例。1985 年,城镇居民家庭、农村家庭平均每人全年消费水产品分别为 7.08kg、1.64kg,2016 年增加至 14.8kg、7.5kg,为前者的 2.09 倍和 4.57 倍。在消费需求和经济发展的激励下,我国水产品捕捞数量也在不断增加。1985 年,我国天然生产的海产品数量为 348 万 t,淡水产品为 47.6 万 t,2016 年天然生产海水产品、淡水产品分别增加至 1527 万 t 和 232 万 t,为前者的 4.38 倍和 4.87 倍(国家统计局)。

二、政策法规

我国政策法规对生态保护和自然恢复的重视程度不断增加。党的十七大首次提出生态文明建设的概念,并指出要形成节约资源和保护生态环境的产业结构、增长方式和消费模式。要加强水利、林业、草原建设,加强荒漠化石漠化治理,促进生态修复。党的十八大报告指出,要坚持节约优先、保护优先、自然恢复为主。党的十八届五中全会指出,要有度有序利用自然,坚持保护优先、自然恢复为主,划定生态空间保护红线、筑牢生态安全屏障。党的十九大报告肯定了十八大以来在重大生态保护和修复工程方面的成果,指出要划定生态保护红线,坚持自然恢复为主、实行最严格的生态环境保护制度。

---

[1] 数据来源:世界银行,https://data.worldbank.org。

[2] 自然租金指的是值得开采资源(石油、天然气、煤、矿藏、森林)的净收入。

[3] 数据来源:世界银行,https://data.worldbank.org。

党的十八大以来,生态保护与自然修复是党和政府生态文明建设工作的重要内容。2015年4月中共中央、国务院颁发的《关于加快推进生态文明建设的意见》进一步深化和落实了节约优先、保护优先、自然恢复为主的基本方针,指出"在环境保护与发展中,把保护放在优先位置,在发展中保护、在保护中发展;在生态建设与修复中,以自然恢复为主,与人工修复相结合。"

2015年11月,环境保护部对《全国生态功能区划》进行了修编工作。修编版对2008年方案中不适应新时期生态安全的部分进行了完善,将全国划分为括3大类、9个类型和242个生态功能区,并确定63个覆盖我国陆地国土面积49.4%的重要生态功能区。《区划》强调,对于重要生态功能区,要划定生态保护红线,要坚持自然恢复的原则,提高生态系统质量。

2016年5月,国家林业局印发《林业发展"十三五"规划》(以下简称《规划》)。《规划》认为林业建设是事关经济社会可持续发展的重要问题,要始终把改善生态作为林业发展的根本方向,把保护资源和维护生物多样性作为林业发展的基本任务。《规划》指出要以国家"两屏三带"生态安全,构建京津冀生态协同圈、东北生态保育区、青藏生态屏障区、南方经营修复区、北方防沙带、丝绸之路生态防护带、长江(经济带)生态涵养带、黄土高原-川滇生态修复带、沿海防护减灾带等"一圈三区五带"的林业发展新格局。同时,《规划》对林业发展的战略任务做了具体安排,具体包括:一是加快推进国土绿化行动。加快造林绿化,推进沙漠化石漠化等重点生态区域系统修复,加快国家储备林建设;二是做优做强林业产业。加强特色林业基地建设,加快产业优化升级,发展优势产业集群,完善产业服务体系;三是全面提高森林质量。分类促进科学经营,强化森林营销管理,推进混交林培育;四是强化资源和生物多样性保护。全面保护天然林资源,严格保护林地资源,全面保护湿地资源,全面保护野生动植物资源,强化野生动植物进出口管理。五是全面深化林业改革。全力推动重点国有林区改革,全面推进国有林场改革,继续深化集体林权制度改革;六是大力推进创新驱动。实施科技引领新战略,培育国土绿化新机制,构建林业管理新模式,打造"互联网+"林业发展新引擎;七是切实加强依法治林。完善林业法律体系,强化林业执法体系,健全林业普法体系;八是发展生态公共服务。大力发展森林城市,着力建设美丽乡村,加快推进生态保护扶贫,加快构建生态公共服务网络,大力繁荣生态文化;九是夯实林业基础保障。加强林业基层站所建设,加强森林防火和有害生物防治,加强生态检测评价体系建设,加快林区装备现代化建设;十是扩大林业开放合作。建立健全林业国际合作体系、对外开放体系和应对气候变化体系。

2018年5月,习近平同志出席全国生态环境保护大会并发表重要讲话。习近平指出,新时代推进生态文明建设,必须坚持六大原则:一是坚持人与自然和谐共生,坚持节约优先、保护优先、自然恢复为主的方针;二是绿水青山就是金山银山;三是良好生态环境是最普惠的民生福祉;四是山水林田湖草是生命共同体;五是用最严格制度最严密法治保护生态环境;六是共谋全球生态文明建设。六大原则再次肯定了生态保护和自然恢复的重要意义。

2018年6月,中共中央、国务院颁发《关于全面加强生态环境保护坚决打好污染防治攻坚战的意见》。该意见指出,加快生态保护与修复,坚持自然恢复为主,统筹开展全国生态保护与修复,全面划定并严守生态保护红线,提升生态系统质量和稳定性。要开展以下方面的工作:一是划定并严守生态保护红线。按照应保尽保、应划尽划的原则,将生态功能重要区域、生态环境敏感脆弱区域纳入生态保护红线。二是坚决查处生态破坏行为。全面排查违法违规挤占生态空间、破坏自然遗迹等行为。持续开展自然保护区监督检查专项行动,严肃查处各类违法违规行为,限期进行整治修复。三是建立以国家公园为主体的自然保护地体系。完成全国自然保护区范围界限核准和勘界立标,整合设立一批国家公园,自然保护地相关法规和管理制度基本建立。

2018年7月,第十三届全国人民代表大会常务委员会第四次会议通过《关于全面加强生态环境保护依法推动打好污染防治攻坚战的决议》。该决议指出,要实现2020年生态环境质量总体改善、主要污染物排放总量大幅减少的目标,要做好以下方面的工作。一是坚持以习近平新时代中国特色社会主义思想特别是习近平生态文明思想为指引;二是坚持党对生态文明建设的领导。党的领导是加强生态环境保护、打好污染防治攻坚战的根本政治保证。三是建立健全最严格最严密的生态环境保护法律制度。四是大力推动生态环境保护法律制度全面有效实施。五是广泛动员人民群众积极参与生态环境保护。

三、发展成果

(一)植树造林

森林是地球之肺。森林对于生物多样性、生态系统稳定性、农业生产、气候变化等都有重要的积极影响。森林资源相对不足是我国经济发展的重要制约。1949年以后,政府和社会一直在通过植树造林等各种方式增加我国的森林资源储备。1949~1952年,我国一边恢复社会经济正常秩序,一边改善我们的自然环境。这三年我国人工造林面积为170.73万 hm^2。1952年之后,我国植树造林工作持续稳定发展。1949~2016年,我国人工造林总面积为26152.29万 hm^2,飞播造林总面积为3200.71万 hm^2。[1]中国在植树造林方面的不懈努力,取得了举世瞩目的成就。中华人民共和国成立初期,我国

---

[1] 中国林业统计年鉴(2016).北京:中国林业出版社,2017.

的森林覆盖率为 8.6%,2016 年森林覆盖率上升至 21.66%[1]。据世界银行统计,1990~2015 年,世界森林资源损失约为 130 万 km²,[2]而同期我国人工造林面积为 110.41 万 km²,居于世界前列。

(二)森林城市

森林城市是建设绿色城市、低碳城市、环保城市的重要途径,是增加森林面积、保护森林资源的重要手段。2004 年,我国开始启动森林城市建设行动,"让森林走进城市,让城市拥抱森林",已取得丰硕成果[3]。截至 2018 年,全国已有 200 多个城市开展森林城市创建活动,其中 128 个被授予国家森林城市称号,20 多个省份开展森林城市群建设,16 个省份开展了省级森林城市创建活动[1]。

2016 年 1 月,习近平同志主持召开中央财经领导小组第十二次会议,他指出,森林关系国家安全。要着力推进国土绿化,着力提高森林质量,着力开展森林城市建设,着力建设国家公园。习近平同志的讲话进一步推动了森林城市建设的步伐。

2016 年国家林业局出台《关于着力开展森林城市建设的指导意见》。该意见指出,建设森林城市,是加快造林绿化和生态建设的创新实践,是推进林业现代化和生态文明建设的有力抓手。该意见部署了新时期的森林城市建设的主要任务。具体包括:一是着力推进森林进城。将森林科学合理地融入城市空间,使城市适宜绿化的地方都绿起来。二是着力推进森林环城。保护和发展城市周边的森林和湿地资源,构建环城生态屏障。三是着力推进森林惠民。充分发挥城市森林的生态和经济功能,增强居民对森林城市建设的获得感。四是着力推进森林乡村建设。开展村镇绿化美化,打造乡风浓郁的山水田园。五是着力推进森林城市群建设。加强城市群生态空间的连接,构建互联互通的森林生态网络体系。六是着力推进森林城市质量建设。加强森林经营,培育健康稳定、优质优美的近自然城市森林。七是着力推进森林城市文化建设。充分发挥城市森林的生态文化传播功能,提高居民生态文明意识。八是着力推进森林城市示范建设。切实搞好国家森林城市建设,进一步完善批准的标准和程序,充分发挥其示范引领作用。

2018 年 5 月,国家林业和草原局颁发《全国森林城市发展规划(2018~2025 年)》。该规划指出,要综合考虑森林资源条件、城市发展需要等因素,构建"四区、三带、六群"的中国森林城市发展格局,扩展绿色空间、完善生态

---

[1]　中国林业网:中国人工林世界居首,2018 年 3 月 28 日。http://www.forestry.gov.cn

[2]　KhokharT:Five forest figures for the International Day of Forests, 2018. 3. 21. http://www.worldbank.org/

[3]　森林城市——生态建设的实践创新.科技日报,2016-09-30.

[4]　国家林业局.全国森林城市发展规划(2018~2025 年).2018 年.

网络、提升森林质量、传播生态文化、强化生态服务、保护资源安全[1]。该规划的出台是我国森林城市建设的重大事件,是增强城市宜居性、让城市融入大自然的重要举措。

(三)荒漠化沙漠化治理

土地荒漠化沙漠化是中国经济发展和生态安全的重要威胁。受到人口众多、资源贫乏、经济发展模式不合理等客观因素的影响,我国的土地荒漠化沙漠化形势一度比较严峻。1989 年,我国受沙漠化威胁的土地面积为 33.4万 km²(《中国环境公报》,1989),1999 年全国荒漠化土地面积为 267.4 万km²,占国土面积的 27.9%,全国沙化土地面积为 174.31 万 km²,占国土面积的 18.2%(《第三次中国荒漠化和沙化状况公报》)。

我国一直以来都重视土地荒漠化沙漠化的治理。1958 年,周恩来在全国治沙会议上提出"向沙漠进军"的口号。改革开放后国家启动三北防护林建设、全国防沙治沙工程,2001 年全国人大颁布了《中华人民共和国防沙治沙法》,2005 年国务院制定《全国防沙治沙规划(2005~2010 年)》,中国防沙治沙走向系统化、法制化的道路。但由于受到经济发展阶段、社会认识不到位等因素的制约,防沙治沙的效果有限。

党的十八大以来,生态文明纳入我国社会主义建设总体布局,我国的防沙治沙工程取得了明显的进步。习近平同志反复强调,要加大生态保护的力度,实现人与自然和谐共生。在党中央的高度重视下,地方政府认真贯彻落实生态文明建设的各项要求,通过沙化土地封禁保护制度、退耕还林等措施,大力推进土地荒漠化沙漠化治理。截至 2014 年,全国荒漠化土地面积261.16 万 km²,沙化土地面积 172.12 万 km²。与 2009 年相比,5 年间荒漠化土地面积净减少 12120 km²,年均减少 2424 km²;沙化土地面积净减少9902 km²,年均减少 1980km²(《中国生态环境状况公报(2017)》),连续 3 个监测期实现荒漠化和沙化"双缩减"。与此同时,全球荒漠化以每年 7 万 km²的增幅扩张。中国沙化治理堪称世界生态建设史上的奇迹,被世界未来委员会与联合国防治荒漠化公约组织授予"未来政策奖"[2]。

---

[1]　"四区"为森林城市优化发展区、森林城市协同发展区、森林城市培育发展区、森林城市示范发展区。"三带"为"丝绸之路经济带"森林城市防护带、"长江经济带"森林城市支撑带、"沿海经济带"森林城市承载带。"六群"为京津冀、长三角、珠三角、长株潭、中原、关中-天水 6 个国家级森林城市群。

[2]　荒漠化防治的中国奇迹[N].经济日报,2017-09-11.

第四节　统计监测和执法监督

加强统计检测和执法监督是推进生态文明建设的有效手段。全面准确的统计监测能帮助政府和社会了解国内的生态环境总体分布和变动情况,有助于政府科学决策,也有利于基层单位和社会理解和执行政府的政策。严格执法监管有助于及时纠偏纠错,提高政府的公信力和政策的执行力。

一、现实约束

统计监测、立法执法是决定生态文明实施效果的重要因素。1973 年国务院召开第一次全国环境保护会议。会议通过了《关于保护和改善环境的若干规定》,提出了我国第一个环境保护的战略方针"全面规划、合理布局、综合利用、化害为利、依靠群众、大家动手、保护环境、造福人民"。1983 年第二次全国环境保护工作会议,环境保护成为基本国策,并提出"预防为主,防治结合""谁污染,谁治理"和"强化环境管理"三大具体政策[1]。截至 2011年,我国共召开 7 次全国环境保护大会,每次会议都结合当时的实际,提出指引未来环境发展的方针、政策和理念。

中华人民共和国成立以来,生态文明的立法、执法、监督工作都在持续稳步推进,取得了一系列重大成果,解决了一些环境保护方案遇到的障碍。但由于社会生产力的制约,中华人民共和国成立后我国在相当长的时间内,社会的主要矛盾是"人民日益增长的物质文化需要同落后的社会生产之间的矛盾"。发展生产力、满足人民日益增长的物质文化需要,一直是地方政府工作的重点,因此,生态文明相关法律、文件、党和政府的新发展理念,在实际工作中执行不彻底,贯彻不到位。具体体现在:一是法律缺位和法律冲突问题。土壤污染、有毒有害化学物质等缺乏有效的法律制度体系;生物多样性保护,存在立法层级低、碎片化的问题;水资源、森林资源保护,存在和其他法律冲突的问题。二是技术手段落后问题。部分关系国计民生的重大产业存在环保标准和体系不完善、不合理、不协同、不接轨的问题;重大环境污染存在监测滞后、信息发布不及时、与媒体、社会沟通不畅的问题;某些地方的监测数据存在数据质量较低、部门之间交流不够、数据呈现方式不统一、不规范的问题。三是执法监管不力问题。一些地方对环保执法重视不够,存在将法律停留在纸面的问题;一些涉及地方利益的项目,存在交叉执法、选择执法、象征性执法等问题;一些地方不顾当地实际经济发展情况,存在过度执法、粗暴执法的问题。这些现象和问题,都制约了中国生态文明建设统计监测和执法监督的效果,和党和政府以及人民的期待存在一定的差距。

---

[1]　见环境保护部历届环保会议条目,http://www.mep.gov.cn/zjhb/jgls/ljhbhy/ljhbhy/。

二、政策法规

党和政府一直高度重视环境污染、节能减排等问题的统计监测和执法监督。2007 年,国务院批转《节能减排统计监测及考核实施方案和办法的通知》(国发[2007]36 号),规定"三个方案"、制定"三个办法"。"三个方案"是《单位 GDP 能耗统计指标体系实施方案》《单位 GDP 能耗监测体系实施方案》《单位 GDP 能耗考核体系实施方案》,"三个办法"是《主要污染物总量减排统计办法》《主要污染物总量减排监测办法》《主要污染物总量减排考核办法》。"三个方案"集中于对农林牧副渔、规模以上及规模以下企业生产、流通、消费过程中消耗的煤、燃油、天然气、电力等进行统计监测,以及对地方政府采用 GDP 总量的逆向指标等验证地方经济数据的真实性[1]、采用考核积分表、考核结果、奖惩措施等保证政策执行。"三个办法"集中于采用各项公式计算污染排放量、统计数据的核算与校正及对地方政府的检测和考核。

党的十八大以来,生态文明建设成为政府执政能力的重要内容,统计检测和执法监督得到进一步加强。2014 年 12 月,国务院办公厅颁发《关于加强环境监管执法的通知》,对环境监管执法提出 5 个方面的要求。一是严格依法保护环境,推动监管执法全覆盖。加快完善环境法律法规标准,全面实施行政执法与刑事司法联动,开展环境保护大检查,强化环境监管。二是对各类环境违法行为"零容忍",加大惩治力度。重拳打击违法排污,全面清理违法违规建设项目,坚决落实整改措施。三是积极推行"阳光执法",严格规范和约束执法行为。推进执法信息公开,开展环境执法稽查,强化监管责任追究。四是明确各方职责任务,营造良好执法环境。强化地方政府领导责任,落实社会主体责任,发挥社会监督作用。五是增强基层监管力量,提升环境监管执法能力。加强执法队伍建设,强化执法能力保障。

2015 年 4 月,中共中央、国务院颁布的《关于加快推进生态文明建设的意见》指出,要加强生态文明建设统计监测和执法监督。具体意见包括:一是加强统计监测。建立生态文明综合评价指标体系,推进自然资源统计监测核算能力建设,建立循环经济统计指标体系、矿产资源合理开发利用评价指标体系,健全覆盖所有资源环境要素的监测网络体系。二是强化执法监督。加强法律监督、行政监察,严厉惩处违法违规行为,强化执法监察和专项督察,资源环境监管机构独立开展行政执法。

2015 年 7 月,国务院印发《生态环境监测网络建设方案的通知》(国办发[2015]56 号),推进生态环境监测网络建设。具体意见包括:一是全面设点,完善生态环境监测网络。建立统一的环境质量监测网络,健全重点污染源监

---

[1]　GDP 总量的逆向指标指的是地区财政收入占 GDP 的比重、地区各项税收占第二和第三产业增加值之和的比重、地区城乡居民储蓄存款增加额占 GDP 的比重等和 GDP 具有一定的相关性的指标。

测制度,加强生态监测系统建设。二是全国联网,实现生态环境监测信息集成共享。建立生态环境监测数据集成共享机制,构建生态环境监测大数据平台,统一发布生态环境监测信息。三是自动预警,科学引导环境管理与风险防范。加强环境质量监测预报预警,严密监控企业污染排放,提升生态环境风险监测评估与预警能力。四是依法追责,建立生态环境监测与监管联动机制。为考核问责提供技术支撑,实现生态环境监测与执法同步,加强生态环境监测机构监管。五是健全生态环境监测制度与保障体系。健全生态环境监测法律法规及标准规范体系,明确生态环境监测事权,积极培育生态环境监测市场,强化监测科技创新能力,提升生态环境监测综合能力。

2015年9月,中共中央、国务院颁布的《关于印发生态文明体制改革总体方案》对统计检测和执法监督也做出相应规定。具体包括:一是完善能源统计制度和能标准体系,及时更新用能产品能效、高耗能行业能耗限额、建筑物能效等标准,强化节能评估审查和节能监察。二是健全资源产出率统计体系,制定资源分类回收利用标准。三是建立生态文明目标体系,建立资源环境承载能力监测预警机制,编制自然资源资产负债表,对领导干部实行自然资源资产离任审计,建立生态环境损害责任终身追究制。

2015年12月,国务院印发《编制自然资源资产负债表试点方案的通知》(国办发[2015]82号),希望通过编制自然资源资产负债表,健全自然资源统计调查制度,掌握自然资源资产的分布及其变动情况(本段以下简称《通知》)。《通知》要求各部门借鉴《环境经济核算体系2012》等国际标准,根据自然资源核算理论,重点核算土地资源、林木资源和水资源等自然资源的变化情况、耕地、林地、草地等土地利用情况,为推进生态文明建设、有效保护和永续利用自然资源提供信息基础、监测预警和决策支持。

2017年9月,中共中央、国务院印发《关于深化环境监测改革提高环境监测数据质量的意见》,健全环境监测质量管理制度,切实提高环境监测数据质量。具体意见包括:一是坚决防范地方和部门不当干预。明确领导责任和监管责任,强化防范和惩治,实行干预留痕和记录。二是大力推进部门环境监测协作。依法统一监测标准规范与信息发布,健全行政执法与刑事司法衔接机制。三是严格规范排污单位监测行为。落实自行监测数据质量主体责任,明确污染源自动监测要求。四是准确界定环境监测机构数据质量责任。建立"谁出数谁负责、谁签字谁负责"的责任追溯制度,落实环境监测质量管理制度。五是严厉惩处环境监测数据弄虚作假行为。严肃查处监测机构和人员弄虚作假行为,严厉打击排污单位弄虚作假行为,推进联合惩戒,加强社会监督。六是加快提高环境监测质量监管能力。完善法规制度,健全质量管理体系,强化高新技术应用。

三、发展成果

(一)贯彻落实

2015年,环境保护部颁布《关于贯彻落实《国务院办公厅关于加强环境监管执法的通知》进展情况的通报》,通报河北、山西等28省(自治区、直辖市)和新疆建设兵团贯彻落实《国务院办公厅关于加强环境监管执法的通知》的情况。落实情况取得四方面的进展:一是清理废除阻碍环境监管执法的"土政策"专项工作已顺利完成。全国共清理阻碍环境监管执法"土政策"206件。二是环境保护大检查进入督查整改阶段。截至2015年10月底,全国共检查企业141万家次,查处违法排污企业4.68万家、违法违规建设项目企业6.37万家,责令停产2.86万家,关停取缔1.7万家,罚款4.7万家。三是网格化环境监管积极推进。截至2015年10月底,全国30个省(自治区、直辖市)和新疆生产建设兵团(除西藏外)的434个地级市(含部分国家级新区和开发区等)中,已有289个完成了网格划分工作,占67%。在2850个县区(含部分省级开发区、产业聚集区等)中,已有1713个县区完成了网格划分工作,占60%。三是清理违法违规建设项目、加强环境监察执法人员培训、配备使用便携式移动执法终端等取得阶段性成效。2015年1~9月,全国累计查处涉建设项目环境违法案件共20564件。四是截至2015年10月底,除安徽、海南、甘肃、宁夏等4个省(自治区)正在或准备开展综合督查外,其他27个省(自治区、直辖市)和新疆生产建设兵团已对列入计划的163个综合督查对象中的134个市和2个县开展了综合督查,对28个市县进行了约谈、对19个市县实施了区域环评限批、对督查中发现的176个问题进行了挂牌督办。

(二)严格执法

党的十八大以来,党和政府加大了环境保护执法监督力度。主要体现在:一是执法力度加强。2016年,各级环境保护部门下达行政处罚决定12.4万余份,罚款66.3亿元;全国实施按日连续处罚、查封扣押、限产停产、移送行政拘留、移送涉嫌环境污染犯罪案件共22730件(《中国环境状况公报2016》)。二是监管频率增加。2016年,环保部加快建立实时在线环境监控系统,建成由352个监控中心、10257个国家重点监控企业组成的污染源监控体系,直接调度处置突发环境事件60起,公开约谈环境质量恶化趋势明显的8个市政府主要负责人(《中国环境状况公报2016》)。

(三)预防风险

源头治理、预防化解风险是统计监测和执法监督能力和水平的直接体现。党的十八大以来,党和政府加大了环境污染风险预防管控力度。主要体现在：一是淘汰落后产能。2016 年，淘汰钢铁过剩产能超过 6500 万 t、煤炭产能超过 2.9 亿 t。(《中国环境状况公报 2016》)。二是严格执行负面清单，禁止新建高污染项目。2016 年，环境保护部对 84 个重大项目环评文件进行批复，涉及总投资 9108 亿元，对 11 个不符合环境准入要求的项目不予审批，涉及总投资 970 亿元(《中国环境状况公报 2016》)。三是健全监测体系，创新监测手段。2015 年，开通环保微信举报平台，全国共收到并办理举报线索超过 1.3 万件(《中国环境状况公报 2015》)。

第五节　生态文明建设组织领导

组织建设和制度建设是生态文明建设的重要一环。科学的规划、合理的布局、完善的制度、有力的领导，是顺利实现生态文明建设目标的重要条件，也是实现生态文明建设和社会主义建设总布局协调发展的组织制度基础。

一、现实约束

中华人民共和国成立初期，政府的工作重心主要在恢复生产、巩固社会主义制度、建立完整的工业体系、保卫国家主权和人民安全方面，环境和生态文明建设的组织领导起步相对较晚。1972 年，我国发生大连湾、北京官厅水库水污染事件，环保问题才引起中央重视[1]。1974 年 10 月，国务院环境保护领导小组正式成立，负责制定环境保护的方针、政策和规定，审定全国环境保护规划，组织协调和督促检查各地区、各部门的环境保护工作。1984 年，成立国务院环境保护委员会。1988 年，成立独立的国家环境保护局，1998 年升级为国家环境保护总局，2008 年再次升级为环境保护部[2]。在环境保护部门领导机构职能逐渐升级的同时，国家也积极加入国际组织，签署双边、多边环境协议。1980~2002 年，我国与美国、加拿大、印度等国签订环境保护协议共 29 项[3]。1992 年，我国加入联合国《气候变化公约》，2015 年，加入《巴黎协定》。中国积极加入国际环保组织和环保协定，意味着中国在环境治理方面将承担更大的使命和更多的担当。

我国生态文明组织领导建设在逐渐完善的同时，也暴露出一些问题。主要表现在：一是领导能力不足，缺乏顶层设计。部分地方习惯于通过会议传达中央各项精神，缺乏充分调研，缺乏广泛讨论，匆忙出台地方法规，急于完成各项指标，导致制度设计叠床架屋，执法监督相互推诿，贯彻落实不了了

---

[1]环保部.环境保护发展之地位篇——走向高度融合[EB/OL].http://www.mep.gov.cn/xxgk/hjyw/200812/t20081216_132456.shtml.

[2]　环保部历史沿革条目[EB/OL].http://www.mep.gov.cn/zjhb/jgls/lsyg/.

[3]　环保部国际交流与合作条目[EB/OL].http://gjs.mep.gov.cn/sbhz/200211/t20021118_83387.shtml.

之,"难以适应统筹解决跨区域、跨流域环境问题的新要求"。二是环保部门职能分散,没有形成合力。部分地方职能和任务不匹配,"小马拉大车"。部分地方环评前置工作太多,基层政府精力浪费在审批环节,没有能力监管。三是改革力度有余,配套措施不够,"难以规范和加强地方环保机构队伍建设"。部分地方不考虑基层的实际,将项目环评任务下放到市县、甚至街镇,导致基层"接不住""管不好",影响环评实际效果,使环评流于形式。四是重视程度不够,惩罚力度不足,"难以落实对地方政府及其相关部门的监督责任"。部分地方对项目的环境影响预判不足,测评阶段没有做到防微杜渐、源头治理,甚至存在"先上车后买票"的未批先建现象。部分地方对环境污染的危害不够重视,存在瞒报、谎报、甚至采用行政命令干预环保部门监督执法的问题。部分地方"难以解决地方保护主义对环境监测监察执法的干预",对环境污染企业处罚力度不够,缺乏从根本上解决环境问题的决心和动力[1]。

二、政策法规

2015 年 4 月,中共中央、国务院颁布的《关于加快推进生态文明建设的意见》指出,要切实加强组织领导。具体包括:一是强化统筹协调。各级党委和政府要建立协调机制,按照职责分工,协调配合,形成合力。二是探索有效模式。制定生态文明体制改革总体方案,开展生态文明先行示范区建设,研究地区生态文明建设的有效模式。找出瓶颈、积极实践、及时总结、完善政策,形成有效模式,大力推广。三是广泛开展国际合作。加强与世界各国在生态文明领域的对话交流和务实合作,引进先进技术装备和管理经验,加强南南合作,开展绿色援助。四是抓好贯彻落实。提出方案、制定规划、明确要求,确保各项政策措施落到实处。地方积极反馈,上级部门适时组织开展专项监督检查。

2015 年 9 月,中共中央、国务院颁布的《关于印发生态文明体制改革总体方案》对生态文明建设的组织领导也做出相应规定。具体包括:一是加强对生态文明体制改革的领导。各地区各部门要认真贯彻党中央、国务院决策部署,制定单项改革方案,明确任务,协调配合。二是积极开展试点试验。各地区积极探索和推动生态文明体制改革,将各部门自行开展的综合性生态文明试点统一为国家试点试验。三是完善法律法规。制定完善自然资源资产产权、国土空间开发保护、排污许可、生态环境损害赔偿等方面的法律法规。四是加强舆论引导。加大宣传力度,正确解读各项制度方针政策,培育良好的改革氛围。五是加强督促落实。加强统筹协调、跟踪分析和督促检查,及

---

[1]　环保部.改革创新是环保事业发展的不竭动力——环境保护部开展"环评和监测工作"创新大讨论[EB/OL].2015-06-19.http://www.mep.gov.cn/gkml/hbb/qt/201506/t20150622_304146.htm.

时反馈重大问题。

2016 年 8 月,中共中央、国务院颁发《关于设立统一规范的国家生态文明试验区的意见》(本段以下简称《意见》)及《国家生态文明试验区(福建)实施方案》(本段以下简称《方案》)。《意见》提出要开展生态文明体制改革综合试验,探索生态文明建设有效模式。《方案》规定了福建省国家生态文明试验区的重点任务。具体包括:一是建立健全国土空间规划和用途管制制度。开展省级空间规划编制试点,建立建设用地总量和强度双控制度,健全国土空间开发保护制度,推进国家公园体制试点。二是健全环境治理和生态保护市场体系。培育环境治理和生态保护市场主体,建立用能权交易制度,建立碳排放权交易市场体系,完善排污权交易制度,构建绿色金融体系。三是建立多元化的生态保护补偿机制。完善流域生态保护补偿机制,完善生态保护区域财力支持机制,完善森林生态保护补偿机制。四是健全环境治理体系。完善流域治理机制,完善海洋环境治理机制,建立农村环境治理体制机制,健全环境保护和生态安全管理制度,完善环境资源司法保护机制,完善环境信息公开制度。五是建立健全自然资源资产产权制度。建立统一的确权登记系统,建立自然资源产权体系,开展健全自然资源资产管理体制试点。六是开展绿色发展绩效评价考核。建立生态文明建设目标评价体系,建立完善党政领导干部政绩差别化考核机制,探索编制自然资源资产负债表,建立领导干部自然资源资产离任审计制度,开展生态系统价值核算试点。

2017 年 2 月,中共中央、国务院颁布《关于划定并严守生态保护红线的若干意见》,提出要划定并严守生态保护红线,提高生态产品供给能力和生态系统服务功能、构建国家生态安全格局。具体意见包括:一是划定生态保护红线。明确划定范围,落实生态保护红线边界,有序推进划定工作。二是严守生态保护红线。明确属地管理责任,确立生态保护红线优先地位,实行严格管控,加大生态保护补偿力度,加强生态保护与修复,建立监测网络和监管平台,开展定期评价,强化执法监督,建立考核机制,严格责任追究。三是强化组织保障。加强组织协调,完善政策机制,促进共同保护。

2017 年 4 月,环境保护部、外交部等部门颁发《关于推进绿色“一带一路”建设的指导意见》,提出在“一带一路”建设中突出生态文明理念,推动绿色发展,加强生态环境保护,共同建设绿色丝绸之路。具体意见包括:一是加强绿色合作平台建设,提供全面支撑与服务。完善国际环境治理体系,加强生态环保标准与科技创新合作,引领绿色发展,推进环保信息共享和公开,提供综合信息支撑与保障。二是制定完善政策措施,加强政企统筹,保障实施效果。加大对外援助支持力度,推动绿色项目落地实施。强化企业行为绿色指引,鼓励企业采取自愿性措施。加强政企统筹,发挥企业主体作用。三是发挥地方优势,加强能力建设,促进项目落地。发挥区位优势,明确定位与合作方向。加大统筹协调和支持力度,加强环保能力建设。

三、发展成果

(一)国际合作高峰论坛

举办生态文明建设国际合作高峰论坛是"分享我国生态文明和绿色发展理念与实践"、增进各国相互理解和支持、共建美丽世界的重要手段[1]。2009年,经中共中央批准,中国唯一以生态文明为主题的国家级、国际性高端峰会——生态文明贵阳国际论坛在贵阳正式开幕[2]。论坛每年举办一次,截至2017年,已成功举办8届,吸引了包括英国BBC、美国TIME等多家媒体、英国前首相托尼·布莱尔等多位海内外知名人士,微软、苹果、IBM等多家海内外优秀企业,联合国开发计划署、世界银行等多个国际组织,北京大学、耶鲁大学等海内外高校的广泛参与,产生了广泛的社会影响[3]。

举办以来,生态文明贵阳国际论坛已取得丰硕成果,有效增进世界了解中国生态文明建设的理念和成果,大力推动中国积极参与全球生态文明治理的进程。2009年,首届会议的主题是"发展绿色经济——我们共同的责任",同年8月,英国前首相托尼·布莱尔和相关机构在贵阳市花溪区党武乡摆贡村启动"太阳能LED照明千村计划"。2010年大会的主题是"绿色发展——我们在行动"。同年7月,贵阳环境能源交易所成立。2011年大会的主题是"通向生态文明的绿色变革机遇和挑战",联合国秘书长潘基文发来贺信,同年9月,中国西南地区首个国家城市湿地公园——花溪湿地公园对外开放。2012年大会的主题是"全球变局下的绿色转型和包容性增长"。2013年大会的主题是"建设生态文明绿色变革与转型——绿色产业、绿色城镇、绿色消费引领可持续发展",习近平主席发来贺信。习近平同志在贺信中指出,"走向生态文明新时代,建设美丽中国,是实现中华民族伟大复兴的中国梦的重要内容……保护生态环境,应对气候变化,维护能源资源安全,是全球面临的共同挑战。中国将继续承担应尽的国际义务,同世界各国深入开展生态文明领域的交流合作,推动成果分享,携手共建生态良好的地球美好家园。"2014年大会的主题是"改革驱动、全球携手、走向生态文明新时代——政府、企业、公众:绿色发展的制度架构与路径选择",同年5月,贵州省通过我国首部省级生态文明建设条例——《贵州省生态文明建设促进条例》,同年6月,发改委等6部委批复《贵州省生态文明先行示范区建设实施方案》,贵州成为全国首批建设生态文明先行示范区之一。2015年大会的主题是"走向生态文明新时代",同年11月7日,第一次全国法院环境资源审判工作会议上,贵

---

[1] 关于推进绿色"一带一路"建设的指导意见。

[2] 新华网.生态文明贵阳国际论坛2016年年会.http://www.gz.xinhuanet.com/ztpd/2016sthy/index.htm.

[3] 生态文明贵阳国际论坛官方主页.http://www.efglobal.org.

阳清镇市人民法院被最高人民法院列为全国"环境资源审判实践基地",11月16日,生态文明贵阳国际论坛首次在德举办研讨会。2016年大会的主题是"走向生态文明新时代:绿色发展知行合一",同年4月,中国参与并签署《巴黎协定》。2017年大会的主题是"走向生态文明新时代·共享绿色红利",成立贵州绿色产业发展联盟[1,2]。

(二)国家生态文明试验区

党的十八大之后,我国在生态文明试验区建设方面进行了大量尝试和创新。2014年,国家发改委颁布《关于开展生态文明先行示范区建设(第一批)的通知》(发改环资[2014]1667号),包括北京市密云县、新疆维吾尔自治区伊犁哈萨克自治州特克斯县等57个县(区)成为首批生态文明先行示范区。2015年,国家发改委颁布《关于第二批生态文明先行示范区建设名单的公示》,包括北京市怀柔区、新疆生产建设兵团第一师阿拉尔市等45个县(区)成为第二批生态文明先行示范。2016年8月,中共中央、国务院颁布《关于设立统一规范的国家生态文明试验区的意见》,福建、江西和贵州三省入选首批国家生态文明试验区名单,同时颁布《国家生态文明试验区(福建)实施方案》,对福建省实施方案做出统筹规划。2017年10月,中共中央、国务院颁布《国家生态文明试验区(江西)实施方案》《国家生态文明试验区(贵州)实施方案》,对江西、贵州生态文明试验区建设提出具体要求。

经过1年多的努力,三个省的生态文明建设已初见成效,示范效应明显。2016年,12条主要河流水质整体保持为优,主要河流监测断面优良比例为96.5%,比2015年增加2.5个百分点。68个城市空气质量平均达标天数比例为97.8%,设区市空气质量平均达标天数比例98.4%。福建森林覆盖率达65.95,和2015年持平(《福建省环境状况公报》2015、2016)。能源资源利用效率显著提高,工业固体废物利用率提高至83%,万元GDP能耗水平累计下降50%以上、万元GDP二氧化碳排放水平累计下降30%以上。小煤矿、小炼油、小水泥、小火电等落后产能全部淘汰,全年产业增加值达到3146亿元。2016年,江西森林覆盖率63.1%,设区市城区空气质量优良率86.2%,主要河流监测断面水质达标率88.6%,比2015年增加7.6个百分点(《江西省环境状况公报》2015、2016)。2016年,贵州主要河流监测断面优良比例为96%,比2015年上升6.6个百分点,9个中心城市集中式饮用水源水质达标率定在100%,74个县城集中式饮用水水源地水质达标率99.5%,比2015年上升1.2个百分点,88个县空气质量优良天数比例平均为97.5%,9个中心城市空气质量优良天数比例平均为97.1%,森林覆盖率达到52%(《贵州省

---

[1]　人民网.生态文明贵阳国际论坛大事记(2009~2016).2016-07-12.

[2]　环球网相关报道.http://finance.huanqiu.com/special/2017stwmgy/index.html.

环境状况公报》2016）。同时，贵州坚持生态产业化、产业生态化的绿色经济发展，生态利用型、循环高效型、低碳清洁型、节能环保型的绿色经济"四型"产业占地区生产总值的比重达到33%。[1,2]

思 考 题

1. 绿色技术创新的主要内容是什么？
2. 如何节约和高效利用资源？
3. 如何理解党的领导是加强生态环境保护、打好污染防治攻坚战的根本政治保证？
4. 如何加强环境监管执法？
5. 如何加强生态文明建设的组织领导？

---

［1］ 中国首批国家生态文明试验区：先行先试初显成效.中国新闻网,2017-06-17.
［2］ 盘点福建、江西、贵州三省生态文明试验区收获的丰厚绿色红利.光明网,2017-06-19.

第七章
生态文明建设的制度创新

　　建设社会主义生态文明,制度创新和体制改革是根本。长期以来,由于制度尚不完善和体制尚未健全,严重制约着生态环境治理的实际成效。因此,建设生态文明,必须推进生态文明体制改革,建立一整套有利于建设、支撑和保障社会主义生态文明的制度体系。2012 年,党的十八大报告明确将加强生态文明制度建设作为生态文明建设的四项任务之一。党的十八大以来,习近平同志反复强调,"保护生态环境必须依靠制度、依靠法治。只有实行最严格的制度、最严密的法治,才能为生态文明建设提供可靠保障"。[1] 2017 年,党的十九大报告进一步提出"加快生态文明体制改革,建设美丽中国"的要求。生态文明领域的制度体系的不断建立和完善,有利于不断推进生态文明领域的国家治理体系和治理能力现代化,最终将把我国建设成为一个富强民主文明和谐美丽的社会主义现代化强国。

---

　　[1]　中共中央文献研究室.习近平关于社会主义生态文明建设论述摘编[M].北京:中央文献出版社,2017.

第一节　生态文明体制改革的总体要求

生态文明体制改革,是一项复杂的社会系统工程。从顶层设计到实践操作,都需要形成一套科学完整的指导思想和实践原则,必须形成系统的、整体的、协调的设计和安排。

一、坚持科学的指导思想

推进生态文明体制改革,对新时代中国特色社会主义伟大事业的全面发展具有重大的战略意义,必须坚持科学的指导思想。目前,推动生态文明体制改革必须坚持以习近平生态文明思想为指导。

实践基础上的理论创新,是社会发展和变革的先导。生态文明体制改革必须全面贯彻落实党的十八大和十八届三中全会、四中全会、五中全会和六中全会的精神,全面贯彻和认真落实党的十九大精神,全面贯彻全国生态环境大会精神,坚持以马克思主义生态思想、中国化马克思主义生态思想、中国特色社会主义生态文明理论、习近平生态文明思想为指导。这有利于在推进社会主义生态文明建设的实践中,科学认识人与自然和谐共生的规律,扎实推进生态文明制度创新和生态文明体制改革。

党的十八大以来,坚持以人民为中心的发展思想,按照"五位一体"总体布局和"四个全面"战略布局,大力贯彻和落实创新、协调、绿色、开放、共享的新发展理念,在推动国家治理体系和治理能力现代化的同时,以习近平同志为核心的党中央十分重视生态文明领域的顶层设计,提出了一系列关于生态文明制度创新和体制改革的战略安排。2013 年,党的十八届三中全会通过的《中共中央关于全面深化改革若干重大问题的决议》指出,必须建立系统完整的生态文明制度体系,用制度来保护生态环境,进而建设生态文明。2014 年,党的十八届四中全会通过的《中共中央关于全面推进依法治国若干重大问题的决定》要求,"用严格的法律制度保护生态环境"。2015 年,《中共中央 国务院关于加快推进生态文明建设的意见》进一步将健全生态文明制度体系作为生态文明建设的重点,要求不断深化制度改革,建立系统完整的生态文明制度体系。到 2020 年,"生态文明重大制度基本确立。基本形成源头预防、过程控制、损害赔偿、责任追究的生态文明制度体系,自然资源资产产权和用途管制、生态保护红线、生态保护补偿、生态环境保护管理体制等关键制度建设取得决定性成果。"[1]同年,中共中央、国务院颁发《生态文明体制改革总体方案》(以下简称《方案》)。《方案》强调,"到 2020 年,构建起由自然资源资产产权制度、国土空间开发保护制度、空间规划体系、资源总量

---

[1]　中共中央 国务院关于加快推进生态文明建设的意见[N].人民日报,2015-05-06.

管理和全面节约制度、资源有偿使用和生态补偿制度、环境治理体系、环境治理和生态保护市场体系、生态文明绩效评价考核和责任追究制度等八项制度构成的产权清晰、多元参与、激励约束并重、系统完整的生态文明制度体系"[1]。2015 年,党的十八届五中全会通过的《中共中央关于制定国民经济和社会发展第十三个五年规划的建议》在创造性地提出绿色发展理念的同时,也要求进一步完善生态文明领域的制度体系。2017 年,党的十九大报告将生态文明确立为党的基本理论、基本路线、基本纲领的重要内容,要求必须"加强对生态文明建设的总体设计和组织领导"。2018 年 5 月 18 日至 19 日,习近平同志在全国生态环境保护大会上提出,必须加快建立健全生态文明制度体系。这表明,我们党已经形成了对于生态文明建设的制度创新和体制改革的较为完整清晰的总体规划和顶层设计。这些精神已经成为习近平生态文明思想的重要贡献和重要内容,是我们推动生态文明制度创新和体制改革必须坚持的指导思想。

在这一过程中,还要坚持我国长期以来确立的节约资源和保护环境的基本国策,以解决突出的生态环境问题为导向,按照节约优先、保护优先、自然恢复为主的方针,通过不断推进生态文明体制改革,促进资源节约、环境保护、生态安全,从而不断促进人与自然的和谐共生。

二、坚持系统的生态理念

生态文明体制改革,需要打破陈规陋习,坚持和贯彻新的发展理念,正确处理经济发展和生态环境保护之间的关系,这样,才能不断推动形成绿色的生产方式和生活方式,推进美丽中国的建设。

(一)树立人与自然是生命共同体的理念

党的十八大以来,习近平同志多次在重要场合强调了生态文明理念之于生态文明建设尤其是生态文明制度建设的重要性,倡导人与自然和谐共生的理念,强调要像保护眼睛一样保护生态环境,要像对待生命一样对待自然环境。党的十九大报告中进一步提出:"人与自然是生命共同体,人类必须尊重自然、顺应自然、保护自然。人类只有遵循自然规律才能有效防止在开发利用自然上走弯路,人类对大自然的伤害最终会伤及人类自身,这是无法抗拒的规律。"[2]树立人与自然是生命共同体的理念,可以说是哲学观上的一场深刻的变革,为生态文明建设、生态文明制度创新、生态文明体制改革奠定了科学的生态唯物主义的基础。

[1] 中共中央 国务院印发《生态文明体制改革总体方案》[N].人民日报,2015-09-22.
[2] 习近平.决胜全面建成小康社会 夺取新时代中国特色社会主义伟大胜利——在中国共产党第十九次全国代表大会上的报告[N].人民日报,2017-10-28.

人因自然而生,人与自然必须共生共荣。人与自然是命运共同体,意味着要在人类的生产实践和生活实践的过程中,坚持人与自然和谐共生;意味着要在人类发展活动中,注入尊重自然、顺应自然、保护自然的生态文明理念;这样,才能为生态文明建设、生态文明制度创新和生态文明体制改革提供坚实的思想基础和理论保障。"建设生态文明,首先要从改变自然、征服自然转向调整人的行为、纠正人的错误行为。要做到人与自然和谐,天人合一,不要试图征服老天爷。"[1]唯有正确认识和运用自然规律,才能有效保证人类的生产生活的有序进行,保证人类社会的可持续发展。唯有在经济发展的过程中正视人与自然的和谐共生,通过构建切实有效的生态文明制度体系,在经济社会发展过程中全方位地开展生态环境保护,才能促进整个社会真正走上生产发展、生活富裕、生态良好的文明发展道路。

(二)树立发展和保护相统一的理念

人与自然之间的根本矛盾之一,就是人类社会的发展需求和资源环境的承载力之间的矛盾,也就是发展和保护之间的矛盾。习近平同志强调指出:"要正确处理发展和生态环境保护的关系,在生态文明建设体制机制改革方面先行先试,把提出的行动计划扎扎实实落实到行动上,实现发展和生态环境保护协调推进。"[1]生态文明体制改革的根本任务和基本目标之一,就是探索解决长期以来存在的人与人(社会)以及人与自然之间矛盾的根本原因,并从制度体系上予以解决。因此,构建生态文明建设的制度体系,必须秉承的基本理念之一,就是树立发展和保护相统一的理念。

只有妥善处理经济社会发展与环境保护之间的关系,才能真正实现人与人(社会)以及人与自然之间的和谐。习近平同志指出:"要正确处理好经济发展同生态环境保护的关系,牢固树立保护生态环境就是保护生产力、改善生态环境就是发展生产力的理念,更加自觉地推动绿色发展、循环发展、低碳发展,绝不以牺牲环境为代价去换取一时的经济增长,绝不走'先污染后治理'的路子。"[1]唯有树立发展与保护相统一的理念,才能真正实现经济社会和自然生态的可持续发展,用制度推动形成人与自然和谐共生的现代化新格局。

(三)树立绿水青山就是金山银山的理念

绿水青山就是金山银山,既是经济社会实现可持续发展的内在要求,也

---

[1]　中共中央文献研究室.习近平关于社会主义生态文明建设论述摘编[M].北京:中央文献出版社,2017.

是推进我国社会主义现代化建设的重大原则。二者之间并非对立关系,而是互促互补、相辅相成的关系。习近平同志在多次讲话中强调了"绿水青山就是金山银山"的科学理念。在他看来,"绿水青山和金山银山绝不是对立的,关键在人,关键在思路。为什么说绿水青山就是金山银山?'鱼逐水草而居,鸟择良木而栖。'如果其他各方面条件都具备,谁不愿意到绿水青山的地方来投资、来发展、来工作、来生活、来旅游?从这一意义上说,绿水青山既是自然财富,又是社会财富,经济财富。"[1]所谓绿水青山,指的就是良好的生态环境,其发挥的是生态环境效益;所谓金山银山,蕴含的是生产力,发挥的是经济社会效益。生态效益和经济社会效益本身并不矛盾,看似对立,实则统一,是互相促进、相互补充的辩证关系。

环境和发展的关系,生态化和现代化的关系,既是可持续发展的基本矛盾,也是生态文明建设的主要矛盾。绿水青山就是金山银山,因此,我们必须牢固树立保护生态环境就是保护生产力、改善生态环境就是发展生产力的理念,更加自觉地推动绿色发展、循环发展、低碳发展,决不以吸收环境为代价换取一时的经济增长。唯有认清这一点,坚持发展经济和保护环境相统一的基本理念,才能在构建生态文明制度体系上具有深刻的底蕴,坚持科学的原则,也才能够真正推动经济社会发展和环境保护相协调。

(四)树立自然价值和自然资本的理念

从一般价值的形成机理来看,马克思主义认为,劳动加上自然界构成了一切财富的源泉。土地是财富之母,劳动是财富之父。因此,中共中央、国务院印发的《生态文明体制改革总体方案》提出,必须"树立自然价值和自然资本的理念,自然生态是有价值的,保护自然就是增值自然价值和自然资本的过程,就是保护和发展生产力,就应得到合理回报和经济补偿"。[2]自然价值和自然资本科学理念的引入,不仅是生态经济学上的革命,而且为生态文明制度创新和体制改革指明了方向。

长期以来,人们往往认为自然资源是无价的,例如,清洁的空气和洁净的水,是无需计算成本更无需计价的。这样,就导致在经济社会的快速发展过程中,人们在整体上忽视了自然资源的有偿使用问题。尽管中华人民共和国成立以来在一些领域进行了自然资源有偿使用的探索工作,如采矿探矿权和土地使用权等;但大部分的自然资源依然处于无偿使用状态,结果导致了自然资源配置的不合理、自然资源权属不清晰、自然资源使用率低、资源能源浪

[1]　中共中央文献研究室.习近平关于社会主义生态文明建设论述摘编[M].北京:中央文献出版社,2017.

[2]　中共中央 国务院印发《生态文明体制改革总体方案》[N].人民日报,2015-09-22.

费和生态环境破坏等情况时有发生。2013年,党的十八届三中全会通过的《中共中央关于全面深化改革若干重大问题的决议》明确指出,要实行资源有偿使用制度,"加快自然资源及其产品价格改革,全面反映市场供求、资源稀缺程度、生态环境损害成本和修复效益。坚持使用资源付费和谁污染环境、谁破坏生态谁付费原则,逐步将资源税扩展到占用各种自然生态空间。"[1]对于自然资源价值的阐述和自然资本理念的树立,有利于普及保护自然和生态就是增殖自然资本的过程,就是发展和提高生产力的过程、思想等。因此,在发展市场经济的过程中,对于资源保护、环境治理、生态维护等工作,必须在经济上得到回报,这样,才有利于调动全社会参与生态文明建设的能动性、积极性和创造性。

(五)树立空间均衡的理念

生态文明体制改革,基本出发点是经济社会发展和资源环境实际上的紧张关系,现实落脚点是实现人口规模和经济发展速度与资源环境承载力之间的和谐关系。这其中最主要的是树立落实空间均衡的理念,探求如何在有效空间范畴内平衡各种生态环境和经济社会要素的关系。习近平同志指出:"国土是生态文明建设的空间载体。从大的方面统筹规划、搞好顶层设计,首先要把国土空间开发格局设计好。要按照人口资源环境相均衡、经济社会生态效益相统一的原则,整体谋划国土空间开发,统筹人口分布、经济分布、国土利用、生态环境保护,科学布局生产空间、生活空间、生态空间,给自然留下更多修复空间,给农业留下更多良田,给子孙后代留下天蓝、地绿、水净的美好家园。"[2]因此,我们必须大力树立空间均衡的理念,有效规划经济社会发展与生态环境保护的事业,实现人与自然的和谐共生。

在协调人与自然的关系问题上,我们过去较为重视其时间向度,突出了可持续发展的重要性。在十八大提出的优化国土空间开发布局的基础上,习近平同志突出了人与自然关系的空间向度,突出了生态文明的空间格局。在社会主义生态文明建设中,我们要按照促进生产空间集约高效、生活空间宜居适度、生态空间山清水秀的总体要求,形成生产、生活、生态空间的合理结构。为此,我们要大力构建以空间规划为基础、以用途管制为主要手段的国土空间开发保护制度,大力构建以空间治理和空间结构优化为主要内容的全国统一、相互衔接、分级管理的空间规划体系。

上述这些新的科学理念,是习近平生态文明思想的生动体现和具体要求,是我们推动生态文明领域国家治理现代化必须坚持的科学的生态理念。

---

[1]　中共中央 国务院关于加快推进生态文明建设的意见[N].人民日报,2015-05-06.

[2]　中共中央文献研究室.习近平关于社会主义生态文明建设论述摘编[M].北京:中央文献出版社,2017.

三、坚持协调的改革原则

生态文明体制改革,看似涉及人与自然的关系,实则需要统筹协调诸多人与人、人与社会的关系。因此,在建立和完善生态文明制度体系的过程中,必须坚持统筹规划、均衡协调的基本原则。

(1)坚持改革的正确方向。生态文明体制改革,应该在坚持社会主义的前提下,遵循市场经济的发展规律,合理处理好政府、企业、社会和公众之间的关系。就政府而言,需要积极发挥主导作用,构建绿色发展、循环发展和低碳发展的利益导向机制;同时,加强监督管理,实现源头严格防范、过程严格管理、损害严格惩治、责任严格追究,对于各级各类市场予以有效监督和约束,通过制度化、法治化和市场化相结合的方式,扎实推进生态文明制度体系的建设。就企业而言,需要在建设生态文明的过程中充分发挥自身的积极性,在谋求自身经济效益的同时,强化自身约束,积极承担社会责任。就社会组织和公众来说,要积极参与生态文明制度建设,发挥社会领域的参与和监督作用。

(2)坚持自然资源资产的公有性质。自然资源资产的所有制是决定社会公正和环境公正的基本制度。在自然资源资产私有的前提下,根本上不能实现社会公正和环境公正。所谓的"公地悲剧",是由于社会主体以私有者尤其是小私有者的心态对待公共物品造成的,是由于缺乏基于可持续性的公共规制造成的。坚持自然资源资产的公有性质是开展生态文明制度体系建设的前提之一。没有对于自然资源资产属性的正确认识,就不会有生态文明制度体系的层层推进。在此基础之上,研究和创新自然资源资产的产权制度,必须明确自然资源资产所有权、自然资源资产所有者和自然资源资产管理者的权力,明晰事权和监管责任的层级划分,从而保障全民所有自然资源资产的收益实现全体人民的共享。

(3)坚持整体统筹和试点先行的有机结合。生态文明制度体系是一整套复杂制度的有机结合,其中有些制度在国外尚无有效经验可寻,需要摸着石头过河。因此,需要统一部署,由少到多、由简到难、层层推进。在有条件的地方,可以先行试点,成熟可行后再全面推广。因此,不同地区可以因地制宜、大胆尝试。试点工作的有序推进,有利于完善整体规划、强化资源保护;试点地区的制度探索,可以为该项生态文明制度在全国层面的确立提供基础性经验。

(4)坚持城乡治理相统一。生态文明建设是一项系统工程,生态文明制度体系的构建也需要从整体出发,不能形成生态治理的"城乡差距",而是应该坚持城乡一盘棋。对于城市地区,重点在于工业污染的预防治理和城市环境的综合保护;对于农村地区,则要加大环境保护工作的覆盖面,加强对于农村地区污染防治处理设计的资金和投入力度,建立和完善农村环境治理的体制机制,让农村地区在生态文明建设这一事业上不掉队,实现生态治理的城乡一体化。为此,必须建立和完善生态补偿制度。

(5)坚持本土探索与国际合作相结合。生态文明制度体系的建立,既要立足中国的具体实际,也要有机结合国际成熟经验,做到本土探索和国际合作相结合。可以说,生态文明的理念、原则和目标是一种内生的独立自主地提出的生态文明愿景。与此同时,在国际上,一些国家和地区在生态治理方面具有较为先进的技术,和一些相对成熟的生态治理体制机制。这些经验也可以在我国开展生态文明建设的过程中发挥作用,从而实现本土治理和国际经验的有机结合。与此同时,作为一个负责任的大国,中国一直积极参与全球生态治理,履行和承担与我国身份地位相匹配的国际责任,并积极开展全球环境合作,而中国自身的生态文明建设经验也为国际社会开展生态治理提供了有益范本即中国方案。

总之,在推进生态文明制度创新和生态文明体制改革中,我们必须坚持科学的指导思想、系统的生态理念以及协调平衡的改革原则。

第二节　生态文明体制改革的重点内容

生态环境治理的扎实推进和生态文明建设水平的不断提升,不仅需要大量行之有效的积极举措,更根本的在于可持续的制度体系的保障。习近平同志指出,"要深化生态文明体制改革,尽快把生态文明制度的'四梁八柱'建立起来,把生态文明建设纳入制度化、法治化轨道"。[1]这里所说的四梁八柱,主要意指生态文明体制的主体框架。自2015年《生态文明体制改革总体方案》(本段以下简称《方案》)出台以来,我国从资源管理、环境管理和生态管理等几个,在生态文明体制改革方面已经进行了卓有成效的探索。2017年10月,党的十九大报告中要求进一步加快推进生态文明体制改革,实行最严格的生态环境保护制度。按照《方案》的成果和党的十九大的最新要求,目前,我国已经初步构建了一整套相对完善的生态文明制度体系,从而为生态文明制度建设提供了科学的顶层设计,使制度、政策、法律等和实践相互依托、协同推进。

生态文明制度体系作为一个整体,包含诸多内容。从顶层设计上来看,可以归纳为决策和规划制度、执行和管理制度以及考评和监督制度体系等几个方面(表7-1)。

---

[1]　中共中央文献研究室.习近平关于社会主义生态文明建设论述摘编[M].北京:中央文献出版社,2017.

表 7-1　生态文明制度体系一览表

	决策和规划制度	执行和管理制度	考评和监督制度
资源管理	生态文明标准体系；生态文明统计监测制度（生态文明综合评价指标体系）；生态环境保护制度；国家生态安全体系；环境治理体系。	国土空间开发保护制度；自然资源用途管理制度；自然资源资产产权制度；自然资源有偿使用制度；自然资源资产负债表。	自然资源资产离任审计；生态环境损害赔偿制度；生态环境监管制度；生态文明责任追究制度；生态文明绩效评价制度。
环境管理		生态环境监管制度；环境影响评价（评估）制度；环境信息公开制度；环保信用评价制度。	
生态管理		生态保护红线制度；耕地草原森林河流湖泊休养生息制度；生态修复（恢复）制度；生态保护修复和污染防治区域联动机制；生态补偿制度。	

一、生态文明领域的决策和规划制度

生态文明的决策和规划制度体系，主要涉及的是生态文明体制改革的框架性制度，是生态文明制度体系中的"源头性"和"前置性"的制度。具体包括生态文明标准体系、生态文明保护制度、生态文明统计监测制度（生态文明综合评价指标体系）、国家生态安全体系以及环境治理体系等。

（1）生态文明标准体系。2015 年，中共中央、国务院《关于加快推进生态文明建设的意见》提出，要进一步完善生态文明标准体系的建设，即，在能源、水、土地、污染物排放和环境质量等领域加快制定一批标准，实现能效和排污强度等领域的"领跑者"制度，实现标准体系的升级。这样，建立和完善生态文明标准体系就具有了紧迫的现实性。具体来说，生态文明标准体系需要以资源的节约和循环利用、环境的治理和修复以及生态系统的恢复和保护为基础，建立一整套综合性标准体系，进而推进绿色、低碳和循环发展，不断提升生态文明的建设水平。在这方面，国家标准化管理委员会需要承担具体职责。目前，我国已经建立了一些领域的相关标准，例如，环境空气质量标准（GB 3095）、地下水质量标准（GB/T 14848）、土壤环境质量标准（GB 15618）、区域生物多样性评价标准（HJ 623）、土壤侵蚀分类分级标准（SL 190）等。未来，在完善我国生态文明标准体系的基础上，需要进一步与国际接轨。

（2）生态文明统计监测制度（生态文明综合评价指标体系）。2015 年，中共中央、国务院《关于加快推进生态文明建设的意见》强调，必须加强统计监测制度性建设。在国际上和社会生活中，一般形象化地将之称为"绿色

GDP"。生态文明统计监测制度,是认识和了解生态系统和环境质量,以及人类生产和生活活动对生态环境影响的重要工具。这一制度的建立,要求构筑生态文明综合评价指标体系,进而形成对于森林、草原、湿地、大气、水、矿产资源和能源以及地质土壤环境、水土流失和温室气体等要素的监测、统计和核算。同时,生态文明统计监测制度还需要考量生态环境整体状况和人的健康等基本社会要素,这样,才能构筑科学而完整的生态文明综合评价指标体系,加强生态文明建设的信息化、科学化水平,有的放矢地推进生态文明建设。

(3)生态环境保护制度。2017年,党的十九大报告明确提出,建设生态文明必须实行最严格的生态环境保护制度。生态环境保护制度,就是要在生态环境领域中,建立有利于保护生态环境、打击生态破坏、防治环境污染行为的体制机制和法律法规等规则性的安排。"最严格"则表明了党和政府对生态环境保护的决心和态度,要求必须严格划定和坚定不移地执行环境保护红线和底线,牢牢守护生态环境的阈值底线。同时,以刚性的制度和严格的法律法规规范环境行为主体的生产活动、社会活动、生活活动中涉及环境污染的行为。对突破环境底线的行为严加惩处,对日常生产和生活中的环境污染行为严加管制,在党的领导下和政府主导下,鼓励环境行为主体企业和群众积极投身于环境保护中来。在这方面,我们进行了积极的探索。例如,2014年2月,国土资源部发布的《关于强化管控落实最严格耕地保护制度的通知》提出,要毫不动摇地坚持耕地保护红线,强化土地用途管制,确保耕地数量和质量,加强土地执法督察,落实共同责任,建立耕地长效保护机制。

(4)国家生态安全体系。2017年,党的十九大报告指出,要居安思危,统筹传统安全和非传统安全,完善国家安全制度体系,加强国家安全能力建设,坚决维护国家主权、安全和发展利益。所谓生态安全,指的是建立在生态系统完整和健康的基础上,生态系统各项功能能够正常发挥的状态,即,人类生存和发展的必要资源、健康生活所依赖的生态要素以及适应环境变化的能力不受威胁、得以保障的安全状态。简言之,生态安全是指对生态系统的多样性、整体性、稳定性的维护。因此,我们要通过保护优先、自然恢复为主的方针,不断促进生态系统的多样性、整体性、稳定性和服务型水平的提升,构建生态安全体系。作为非传统安全的重要组成部分,国家生态安全是保障其他安全体系的基础性领域,更是其他安全的保障。没有生态安全的有效支撑,经济安全、政治安全、文化安全和社会安全也将难以为继。因此,开展生态文明体制改革的基本目标之一,就是保障国家的生态安全;而国家生态安全体系的构建,又利于进一步提升生态文明建设水平。在此之前,党的十八届五中全会明确提出,要通过构建科学合理的生态安全格局、筑牢我国生态安全屏障。《"十三五"生态环境保护规划》也以专章来论述我国"十三五"期间的生态安全建设蓝图。

（5）环境治理体系。20 世纪 70 年代以来，我国的环境治理一直是以政府行政治理为主，统一监管和各部门分级管理相结合，这样的治理模式在很长一段时间里发挥了积极的作用。但是，随着资源环境和生态问题的日益复杂化以及公众对于环境权益要求的日益迫切，这一模式已经逐渐显示出与经济社会发展的不相适应。究其根源，就在于政府、社会和市场之间的权力和责任边界不清晰。因此，2017 年，党的十九大报告提出，要构建政府为主导、企业为主体、社会组织和公众共同参与的环境治理体系。环境治理体系是国家治理体系的重要一环，需要政府积极转变职能、进而简政放权、允许多方参与，形成政府主导、多方共治的环境治理体系。此外，还要建立健全参与环境治理的市场机制，不断提升环境治理的能力和效率。与此同时，进一步促进环境信息公开化，通过制度创新推动公众参与，调动社会组织和公民依法参与环境治理的积极性，不断提升环境治理和生态保护的公众参与度。唯有如此，才能不断提高我国生态文明领域治理能力和治理水平的现代化。

二、生态文明领域的执行和管理制度

在执行和管理制度层面的生态文明制度体系中，同样涉及资源管理、环境管理和生态管理三个层面。这部分的制度构成了生态文明制度的"主干"。

（一）资源管理层面的执行和管理制度

目前，这一体系中主要包括国土空间开发保护制度、自然资源用途管理制度、自然资源资产产权制度、自然资源有偿使用制度和自然资源资产负债表。

（1）国土空间开发保护制度。2017 年，党的十九大报告明确要求，要构建国土空间开发保护制度，完善主体功能区配套政策。国土空间开发保护制度指的是，国土空间规划必须依照其用途进行管制，以空间规划为基础、以用途管制为基本手段，形成对于经济社会发展过程中开发国土空间的制度性监管，进而解决以往因分散而无序开发和过度开发所导致的生态破坏和环境污染等问题。在国土空间开发保护制度之下，这一制度还包括主体功能区制度、国土空间用途管制制度、国家公园体制以及自然资源监管体制等。

（2）自然资源用途管理制度。2015 年，中共中央、国务院《关于加快推进生态文明建设的意见》提出："完善自然资源资产用途管制制度，明确各类国土空间开发、利用、保护边界，实现能源、水资源、矿产资源按质量分级、梯级利用。"[1] 具体来说，自然资源用途管理制度，是对国土空间当中的自然资源，依据其属性、用途和功能所采取的监督和管理制度。这实际上要求对于

---

[1]　中共中央 国务院关于加快推进生态文明建设的意见[N].人民日报,2015-05-06.

国土空间中的自然资源,如森林、耕地、林地和湿地等,必须按照用途管理规则进行有序开发,进而提升耕地、草原、森林、河流和湖泊等自然资源的生态系统功能,保障我国的整体生态安全。

(3)自然资源资产产权制度和自然资源有偿使用制度。自然资源资产产权制度指的是通过赋予一定的自然资源资产进行产权归属,对其产权主体及其行为、权利和利益、义务和职责等方面进行的制度性安排。这项制度保证自然资源的“主人”在使用自然资源、享受资源权利的同时,必须承担保护自然资源的职责和义务,从而依靠制度杜绝和避免在自然资源尤其是公共自然资源领域中出现污染和浪费的现象。由于自然资源的所属权在国家即全民或集体,因此,这一制度的实现过程也必须加强公众的监督。

基于自然资源资产产权制度的基本理念,相伴而生的就是自然资源有偿使用制度。自然资源有偿使用制度的法制前提是自然资源所属权为国有或公有,在此基础上,通过对自然资源用益权实现有偿转让,即,任何自然资源的使用者必须按照相应定价付费使用自然资源的制度。党的十八届三中全会通过的《中共中央关于全面深化改革若干重大问题的决定》中明确提及,要实行资源有偿使用制度,加快自然资源及其产品价格改革,全面反映市场供求、资源稀缺程度、生态环境损害成本和修复效益。逐步将资源税扩展到占用各种自然生态空间。这样,就在制度上杜绝了以往认为自然资源无价和随意挥霍破坏的问题。

(4)自然资源资产负债表。党的十八届三中全会提出要探索编制自然资源资产负债表。即,通过记录和核算自然资源资产的存量及变动情况,全面反映一定时期(时期开始至该时期结束)自然资源的变动情况,包括各经济主体对于自然资源资产的占有、使用、消耗、恢复以及增殖等情况,进而依据负债表对这一时期的自然资源资产实际数量和价值量的变化进行评价。自然资源资产负债表为正值,表示该地区资源环境建设得力;若为负值,则意味着这一时期的资源环境质量出现问题。因此,自然资源资产负债表直接反映和衡量了一个地区在一定时期内的生态环境建设力度。

(二)环境管理层面的执行和管理制度

环境管理方面所涉及的执行和管理制度主要包括生态环境监管制度、环境影响评价(评估)制度、环境信息公开制度和环保信用评价制度等。

(1)生态环境监管制度。2017年,党的十九大报告强调,要进一步改革生态环境监管体制,从总体设计和组织领导方面入手,将自然资源资产和自然生态环境的监管落实到位,设置专门的机构以进一步完善生态环境管理制度,从而在根源上制止并严厉惩处破坏生态环境的行为。生态环境监管制度是保障生态文明制度体系的重要一环,对于体制的整体运行起到了监督和管理作用。这一制度主要指的是政府的环境主管部门为了维护国家的生态安全,对自然资源、环境和生态系统进行整体监测和管理的制度。有效的生态环境监管体制依赖于完善的法治、监督技术和工具的合理运用以及各项机制的协调运行。其中,公众和社会组织具有举报监督权,可以成为生态环境监管制度的有效补充。

(2)环境影响评价(评估)制度。作为防止环境污染和生态破坏的有力制度,环境影响评价(评估)制度涉及人类的生产性和生活性活动,如建筑、施工等。这一制度具体指在准备进行有可能影响环境的开发及建设活动时,提前通过自然科学以及社会科学手段进行预测和评估,预估其可能给周围环境带来的影响并制定相应措施、填写环境影响报告表,报送生态环境部门审批后再进行有关开发和建设活动、从而防止或减少环境损害的制度。2002 年,我国颁布的《中华人民共和国环境影响评价法》,是我国第一部全面系统的环境影响评价法律文本。《生态文明体制改革总体方案》要求进一步健全建设项目环境影响评价信息公开机制,从而使环境影响评价(评估)制度成为生态文明制度体系的重要构成。

(3)环境信息公开制度。2017 年,党的十九大报告明确提出,必须建立健全环境信息强制性披露制度。环境信息公开主要涉及政府环境信息公开和企业环境信息公开。前者指的是生态环境部门在实施环境管理权力并履行环境保护职责时应该掌握并留存相关环境信息。后者主要涉及企业存留的、与其经营活动相关的环境行为以及该行为产生的环境影响信息。在此基础上建立的环境信息公开制度,指政府和企业两类主体需要依据法律就有关工程建设或环境行为以及相应的环境政策等事项向公众公布涉及环境的有关信息,使公众依法享有环境知情权和参与监督权,从而在现实中能够避免环境风险并确保环境权益的基本能力的制度。这样,通过环境信息公开制度,使企业没有躲避环境责任的生存空间,提升其维护生态环境的企业责任和社会责任;使政府必须严格依法行政,保障公众权益和生态环境效益;使公众能够有效知情、积极参与环境建设。在此基础上,构建人与自然和谐共生的生态文明型社会。

(4)环保信用评价制度。环保信用评价制度是解决突出环境问题,全面防治污染的重要制度保障。2017 年,党的十九大报告提出,必须健全环保信用评价制。这一制度指的是,环保行政主管部门根据企业的环境行为信息,按照统一的指标、方法和程序,对企业的环境行为进行信用评价,确定企业环保信用等级,并面向社会公开,以供社会公众和环境有关部门、组织监督。根据 2013 年 12 月由环境保护部、国家发展改革委、中国人民银行、中国银监会等四个部门共同发布的《企业环境信用评价办法(试行)》,企业环境信用评价包括以下四个方面内容:污染防治、生态保护、环境管理和社会监督,环保部门按照企业环境信用评价指标及评分办法,得出参评企业的评分结果,确定企业的环境信用等级。在广义上,环保信用评价制度包括环境信用等级制度、环境信息公开制度、环境保护监督和举报制度、环境新闻发言人制度等。这一制度可以有效提高环境监管水平,对于社会信用体系的构建也具有重要的意义。从2011年国务院发布《关于加强环境保护重点工作的意见》中提出要建立企业环境行为信用评价制度,到2013年环保部主持印发《企业环境信用评价办法(试行)》,从2014年国务院下发的《社会信用体系建设规划纲要(2014~2020年)》中进一步指出要推进环境保护和能源节约领域信用建设,到2015年环境保护部下发《关于加强企业环境信用体系建设的指导意见》,再到2017年党的十九大报告中提出的健全环保信用评价制度的要求,表明我国已经逐步建立起了环保信用评价制度。

(三)生态管理层面的执行和管理制度

生态管理层面涉及的执行和管理制度,包括生态保护红线制度、耕地草原森林河流湖泊休养生息制度、生态修复(恢复)制度、生态保护修复和污染防治区域联动机制和生态补偿制度。

(1)生态保护红线制度。2017年,党的十九大报告要求在加快推进生态文明体制改革的进程中,要完成生态保护红线、永久基本农田和城镇开发边界三条控制线指定工作,加大生态系统保护力度。其中,生态红线保护制度是生态文明制度体系的重要构成部分之一。这一制度指的是在开展保护国土生态安全的过程中,为提升国土的基础性生态功能并保障生态系统的可持续能力所划定的最小的资源、环境和生态数量与空间,涉及水源涵养、土壤保持、防风固沙、灾害防护以及生物多样性等方面的保护和服务。因此说,生态保护红线制度是生态系统保护的基础性制度,也是整个生态文明制度体系的基本构成要素。

(2)耕地草原森林河流湖泊休养生息制度。2017年,党的十九大报告强调,要严格保护耕地,扩大轮作休耕试点等制度建设。从更为一般的意义上来看,我国人口数量多、资源人均占有量少的基本国情,决定了建立耕地草原森林河流湖泊休养生息制度的必要性和重要性。建立这一制度是保障我国粮食安全乃至国家安全的基础性制度。耕地草原森林河流湖泊休养生息制度具体指在重视自然界客观发展规律和经济社会发展需求的基础之上,按照自然资源和生态功能的基本要求,对耕地实行养护、退耕还林还草、休耕、轮作生产以及污染防治,在保障耕地基本生态功能的基础上兼顾粮食和农产品生产的社会功能;对草原要实行禁牧、休牧、轮牧、人工种草;对森林要加强天然林保护、退耕还林和加强森林生态建设;对河流湖泊要实行水质治理,在实现用水保障、退还合理空间、控制超采量以及保护水域生物资源等措施方面加大力度。通过建立耕地草原森林河流湖泊休养生息制度,给资源环境以休养生息的空间,进而促进人口发展、社会需求与自然生态的可持续发展。

(3)生态修复(恢复)制度。2015年,《中共中央 国务院关于加快推进生态文明建设的意见》提出,继续探索耕地、草原、河湖等几大生态领域的治理和修复思路,保护和修复自然生态系统。生态修复(恢复)制度主要指的是对于已经遭到破坏的资源和环境通过一定的科学技术和生态修复工程,来修复已受损害的生态系统,使其逐渐恢复到原来的功能和状态。与此同时,生态系统自身也具有一定的自我修复能力。这样,通过自然修复和人工修复(包括耕地草原森林河流湖泊休养生息制度等辅助性修复)的结合,就可以使自然生态系统的功能和结构逐渐恢复。

(4)生态保护修复和污染防治区域联动机制。党的十八届三中全会提出,要改革生态环境保护管理体制,建立陆海统筹的生态系统保护修复和污染防治区域联动机制。针对以往各地环境保护缺乏统一协调机制、职能涣散的状况,生态保护修复和污染防治区域联动机制旨在探索生态文明建设的体制改革,即,综合污染防治、生态修复和生态保护等基本任务和职能,实现流域和区域生态治理和环境保护的统筹协调、监督管理以及生态共治。由于环境污染往往存在跨地域性和跨流域性,因此这一制度重点解决如何实现跨地区、跨流域生态保护修复和污染防治的法律、政策等体制机制问题的协调与解决。

(5)生态补偿制度。生态补偿制度指的是生态产品或生态服务的受益者对于提供者所给予的经济补偿,也就是其生产或生活活动之于生态环境的正向的外部性补偿。基于我国自然资源国有和公有的性质,国家对于自然资源的开发利用方进行收费,以补偿资源所有者的基本权益,将费用用于生态修复或生态恢复;此外,对于资源环境的保护者也要进行一定的补偿,从而推动对于资源和生态环境的保护。2017 年,党的十九大报告指出,要建立起市场化、多元化的生态补偿机制。这意味着,要将资源、环境责任和受益等领域纳入市场环节,通过市场机制来调节生态补偿,进行生态调控。

三、生态文明领域的考评和监督制度

在生态文明制度体系中,涉及考评和监督的制度主要包括自然资源资产离任审计、生态环境损害赔偿制度、生态环境监管制度、生态文明责任追究制度以及生态文明绩效评价制度。这是生态环境治理中的"事后"管理方面的制度。

(1)自然资源资产离任审计制度。2015 年,中共中央、国务院印发的《生态文明体制改革总体方案》提出:"在编制自然资源资产负债表和合理考虑客观自然因素基础上,积极探索领导干部自然资源资产离任审计的目标、内容、方法和评价指标体系。"[1]自然资源资产离任审计制度是指,以领导干部任期内辖区自然资源资产变化状况为基础,通过审计,客观评价领导干部履

---

[1]　中共中央 国务院印发《生态文明体制改革总体方案》[N].人民日报,2015-09-22.

行自然资源资产管理责任情况,依法界定领导干部应当承担的责任,加强审计结果运用。这就是要以自然资源资产离任审计结果和生态环境损害情况为依据,明确对地方党委和政府领导班子主要负责人、有关领导人员、部门负责人的追责情形和认定程序。区分情节轻重,对造成生态环境损害的,予以诫勉、责令公开道歉、组织处理或党纪政纪处分,对构成犯罪的依法追究刑事责任。对领导干部离任后出现重大生态环境损害并认定其需要承担责任的,实行终身追责。

(2)生态环境损害赔偿制度。2013 年习近平同志在视察海南时曾指出,"良好生态环境是最公平的公共产品,是最普惠的民生福祉。"[1]这意味着,作为公有资源,生态环境是人们生存和生活的最基本要素,人们享有在安全、美好、和谐的生态环境中生存和发展的基本权利。如果这种环境遭到破坏,既损害了自然生态利益,也损害了人们的生存发展权益,需要止损补偿。生态环境损害赔偿制度就是基于这样的基本理念,将生态损害行为、范围和结果予以确定,依照法律和制度标准做出科学评估,通过生态恢复、生态损害赔偿等方式实现生态救济,保障人们的合法生态权益。这一制度可以有效敦促违法违规企业承担相应损害责任、推动受损生态环境及时修复、合理保障公众生态权益,进而改变以往企业污染、政府买单以及公众受害的不利局面,实现制度对于生态文明的保障。

(3)生态环境监管制度。2015 年,《中共中央 国务院关于加快推进生态文明建设的意见》提出,要完善生态环境监管制度。所谓生态环境监管制度,主要指的就是政府环境主管机构(公民、法人和其他组织具有举报监督权)为了维护国家生态安全,对于自然资源和生态环境进行监测与管理的制度。完善的法律、有效的监管技术和工具、各项协调机制等是否完善和合理,都对生态环境的监管具有决定性作用。只有不断加大对于生态环境的监管范围,监管的体制机制通过统筹规划实现灵活协调、制度有序,才能真正起到对于生态环境的监督、管理和保护作用。

(4)生态文明责任追究制度。党政领导干部由于负有资源环境和自然生态的保护职责,因此,如果造成生态环境损害必须依法追究其责任;社会组织和个人,如果违反有关环保法律、破坏资源生态环境的,也需要依法追究其责任。2016 年 12 月,国务院印发的《"十三五"生态环境保护规划》强调,建立生态环境损害责任终身追究制,对于在生态环境和资源方面造成严重破坏负有责任的干部不得提拔使用或者转任重要职务,对构成犯罪的依法追究刑事责任。2017 年,党的十九大报告则明确提出,要提高污染排放标准、强化污染者责任,通过环保信用评价制度、涉及环境信息的强制性披露制度以及

---

[1]　中共中央文献研究室.习近平关于社会主义生态文明建设论述摘编[M].北京:中央文献出版社,2017.

严惩重罚等制度,对企业、社会组织和个人提出了更高的要求,从而构建了更为明确的生态文明责任追究制度的基本框架,可以有效地维护自然生态环境和人的基本环境权益。生态文明责任追究制度的确立依据是法律法规,指导原则是权利与义务相一致、资源生态环境损害责任需终身追究。

(5)生态文明绩效评价制度。2015年,中共中央、国务院印发的《生态文明体制改革总体方案》提出,"构建充分反映资源消耗、环境损害和生态效益的生态文明绩效评价考核和责任追究制度,着力解决发展绩效评价不全面、责任落实不到位、损害责任追究缺失等问题。"[1]生态文明绩效评价制度摒弃了传统的绩效评价体系,即唯经济增长论英雄,而是在经济社会发展的综合评价体系中糅合了资源消耗、环境损害以及生态效益等指标要求,建立起一套体现生态文明基本要求的考核和奖惩机制。对于一些生态脆弱地区和限制开发地区,尤其要实行生态文明绩效评价制度,从而推动地方政府及干部贯彻落实生态文明理念、扎实推进生态文明建设。

当然,建立和完善生态文明制度体系是一项复杂的社会系统工程。随着实践的发展,会提出建立新的制度的要求。随着制度的完善,必将推动生态文明建设达到新的水平。

第三节　生态文明体制改革的实施保障

我们必须以整体性的方式,构建"点—线—面"一体化的基础保障和制度保障体系,大力推动生态文明体制改革,促进生态文明制度建设的有序进行。

一、生态文明体制改革的基础工程

人口资源环境是影响可持续发展的基本变量。党的十八届三中全会提出:"紧紧围绕建设美丽中国深化生态文明体制改革,加快建立生态文明制度,健全国土空间开发、资源节约利用、生态环境保护的体制机制,推动形成人与自然和谐发展现代化建设新格局。"[2]按照这一思路,我们首先必须从人口、资源、环境等管理制度方面推进生态文明体制改革,将之作为生态文明体制改革的基础工程。

(1)建立和完善人口均衡机制。尽管出于国家安全和社会安全的考虑可以适度调整人口政策,但是,从我国自然条件的生态阈值、经济发展的实际水平、城市化的发展水平等方面来综合考虑,我们必须继续坚持和完善计划生育基本国策,引导人口在地理和产业上合理分布,提升人口素质,建立和完善人口均衡机制,建立人力资本强国。

[1]　中共中央、国务院印发《生态文明体制改革总体方案》[N].人民日报,2015-09-22.

[2]　中共中央关于全面深化改革若干重大问题的决定[N].人民日报,2013-11-16.

（2）建立和完善资源节约机制。资源存在着可持续（可再生）与否的问题，而人均资源和能源占有量少是我国的基本国情，因此，"节约资源是保护生态环境的根本之策。要大力节约集约利用资源，推动资源利用方式根本转变，加强全过程节约管理，大幅降低能源、水、土地消耗强度。大力发展循环经济，促进生产、流通、消费过程的减量化、再利用、资源化。"[1]围绕着这些要求，我们必须建立和完善资源能源节约机制，将我国建设成为自然资本强国。

（3）建立和完善环境友好机制。良好的环境是经济社会持续发展和人们生存质量不断提高的重要基础，而我国在发展中面临着严重的污染问题，由此引发的群体性事件一度有层出不穷的态势，因此，必须坚持环境保护的基本国策，建立和完善环境友好的制度，将我国建设成为环境友好的社会主义现代化强国。

总之，维持自然条件的可持续性是生态文明建设的基本要求，也是建立和完善生态文明制度体系的基本目标。因此，建立和完善人口均衡、资源节约、环境友好的相关机制，是推动生态文明制度体系建设的基础性工程。

二、生态文明体制改革的经济层面

生态文明体制改革和经济体制改革具有复杂的关系。目前，需要在坚持和完善中国特色社会主义经济制度的基础上，实现经济制度和经济体制的绿色化。在坚持自然资源产权公有和共有的前提下，必须引入市场机制，促进外部问题的内部化转向，建立和完善环境治理的经济机制。

（1）推进自然资源产品价格改革。在价格机制上，按照"绿水青山就是金山银山"的科学理念，我们要加快自然资源及其产品价格改革，全面反映市场供求、资源稀缺程度、生态环境损害成本和修复效益。"深化自然资源及其产品价格改革，凡是能由市场形成价格的都交给市场，政府定价要体现基本需求与非基本需求以及资源利用效率高低的差异，体现生态环境损害成本和修复效益。"[2]同时，要建立有效调节工业用地和居住用地合理比价机制，提高工业用地价格，以促进节约利用和集约利用土地资源。

（2）实行和完善绿色收费和绿色税收。在收费和税收上，我们要坚持使用资源付费和谁污染环境、谁破坏生态谁付费的原则，逐步将资源税扩展到占用各种自然生态空间上，实现环境保护费改税。同时，要调整消费税征收范围、环节、税率，把高耗能、高污染产品及部分高档消费品纳入征收范围。2016年12月25日，我国通过了《中华人民共和国环境保护税法》，这是我国

---

[1]　中共中央文献研究主.习近平关于社会主义生态文明建设论述摘编[M].北京:中央文献出版社,2017.

[2]　中共中央 国务院关于加快推进生态文明建设的意见[N]. 人民日报,2015-05-06.

第一部体现了绿色税制的专门的单行税法,其按照税负平移的基本原则,有利于实现传统的排污费向环境税的顺利转移和平稳对接,从而实现以税代费,充分发挥了税收制度的积极作用,有利于大力防治环境污染。环保税法已在 2018 年 1 月 1 日正式开征。

(3)大力发展环保市场。在环保市场方面,要推行节能量、碳排放权、排污权、水权交易制度,建立吸引社会资本投入生态环境保护的市场化机制,推行环境污染第三方治理。2011 年 10 月,国家发展改革委批准北京、天津、上海、重庆、深圳、广东和湖北 7 省(直辖市)在 2013 至 2015 年开展我国的碳排放交易试点工作。2016 年,国家发展改革委做出全国碳市场建设的统一部署和规划,确保 2017 年在全国启动碳市场。2017 年 12 月 19 日,我国将启动全国碳排放交易市场,而我国的碳市场也将超越欧盟成为全球最大的碳市场。

这些绿色化的市场机制都将在未来成为保障生态文明制度的基本经济机制,这也证明,生态文明体制改革需要辅以绿色的经济体制的支撑。

三、生态文明体制改革的政治层面

生态文明体制改革和经济体制改革具有内在关联。因此,在坚持和完善中国特色社会主义政治制度的过程中,必须建立和绿色的政治体制,为生态文明制度创新和体制改革提供政治体制方面的保障。

(1)贯彻绿色发展理念,打造绿色政府。在全面深化改革中,我们已经明确,政府的职责和作用主要是保持宏观经济稳定,加强和优化公共服务,保障公平竞争,加强市场监管,维护市场秩序,推动可持续发展,促进共同富裕,弥补市场失灵。因此,政府必须实现绿色转型,充分发挥自己在生态治理中的主导作用。这就要充分发挥政府在推进绿色发展中的主导作用,推动生态文明领域的国家治理体系和治理能力的现代化;要强化政府的生态文明管理职能,防止生态治理上的市场失灵和社会失灵;在坚持科学决策、民主决策、依法决策的前提下,实现决策的生态化,大力推行“环境—发展”综合决策;综合运用行政的、经济的、科技的、法律的等复合手段来推进生态治理,并且积极融合社会力量,形成推动生态文明体制改革的合力。

(2)加强绿色法制建设,以法治保障生态文明制度建设。必须将生态文明制度创新和体制改革与建设社会主义法治国家统筹起来考虑。在这方面,必须加强立法,确保做到有法可依。目前,要“制定完善自然资源资产产权、国土空间开发保护、国家公园、空间规划、海洋、应对气候变化、耕地质量保护、节水和地下水管理、草原保护、湿地保护、排污许可、生态环境损害赔偿等方面的法律法规,为生态文明体制改革提供法治保障”[1]。在上述前提下,

[1] 习近平.决胜全面建成小康社会 夺取新时代中国特色社会主义伟大胜利——在中国共产党第十九次全国代表大会上的报告[N].人民日报,2017-10-28.

[1]中共中央国务院印发《生态文明体制改革总体方案》[N].人民日报,2015-09-22.

必须严格执法,解决长期存在的环境领域违法成本低、守法成本高的状况,加强对资源环境的违法破坏行为的执法力度。然后,要强化司法,加大执法监督力度和生态文明案件的查处力度,确保生态文明违法案件审理的程序透明、实体公正。最后,必须全民普法,加强生态文明领域法律的宣传普及工作,使法律的预防监督作用有效发挥,形成生态文明法治文化深入人心的良好社会氛围。

(3)由点到面开展绿色治理,用于推进生态文明实践。这需要协调中央和地方两个方面的力量,发挥两个层面的积极性,各部门依据自身职责统筹布局、协调推进。其中,顶层设计与地方实践相统一和相协调,是保障生态文明体制改革顺利推进的制度性保障。一些新的制度体系,可以先从地方试点开始,待经验成熟以后,由点到面扩至全国范围,从而保证制度的有效性和连续性。同时,不同部门、不同管理机构要明确权力与职责、促进部门体制机制相协调,从而保障生态文明体制改革的顺利推进。

总之,通过实现政治体制的绿色化,可以有效地为生态文明制度创新和体制改革提供政治体制方面的保障。

四、生态文明体制改革的文化层面

在推进生态文明体制改革的进程中,必须坚持和完善中国特色社会主义文化制度,加强绿色理念对于社会的引导,发挥社会主义核心价值观的绿色育人作用,构建绿色的生态文化制度,形成生态文明建设的文化软实力。

(1)倡导和树立社会主义生态道德。生态道德是规范和评价人与自然交往的行为准则体系,其基本要求是"爱自然"。正如党的十九大报告中所指出的那样,人与自然是生命共同体,人类必须尊重自然、顺应自然、保护自然,"像对待生命一样对待生态环境"[1]。"像对待生命一样对待生态环境"就是要求我们必须把关爱自然的道德要求纳入到社会主义道德体系中,反对个人主义、利己主义、拜金主义造成的资源浪费、环境污染、生态恶化的问题,形成社会主义生态道德。在这个问题上,我们要超越人类中心论和生态中心论的抽象争论和对立,既要在自然界实现人道主义,也要在人类中实现自然主义,最终要实现人与自然的和谐共生。

(2)发挥社会主义核心价值观的引导作用。"一个民族、一个国家的核心价值观必须同这个民族、这个国家的历史文化相契合,必须同这个民族、这个国家的人民正在进行的奋斗相结合,必须同这个民族、这个国家需要解决的时代问题相适应。"[2]当前,我国处于全面建成小康社会的决胜阶段。我

---

[1]　习近平.决胜全面建成小康社会 夺取新时代中国特色社会主义伟大胜利——在中国共产党第十九次全国代表大会上的报告[N].人民日报,2017-10-28.

[2]　习近平.青年要自觉践行社会主义核心价值观——在北京大学师生座谈会上的讲话[N].人民日报,2014-05-05.

们面临的问题,既有如何实现国民同富、国民同强的发展问题,也有如何实现人口资源环境与经济社会相协调的可持续发展问题。即,"我们要建设的现代化是人与自然和谐共生的现代化,既要创造更多物质财富和精神财富以满足人民日益增长的美好生活需要,也要提供更多优质生态产品以满足人民日益增长的优美生态环境需要。"[1]因此,在这一时代背景之下,社会主义核心价值观必须担负起引领建设富强民主文明和谐美丽的社会主义现代化强国的时代任务。尤其是在面对经济社会发展遭遇资源环境瓶颈、人与自然矛盾较为突出的阶段,更需要弘扬社会主义核心价值观,发挥其育人作用,促进生态文明理念在社会主义生态文明建设中的作用、促进社会和公众积极参与、共建社会主义生态文明。

目前,我们必须将践行社会主义核心价值观和践行社会主义生态文明观有机地统一起来,形成绿色的生态文化制度,为生态文明制度创新和体制改革提供理论支撑和价值导引。

五、生态文明体制改革的社会层面

在坚持新时代中国特色社会主义的过程中,必须促进社会领域相关制度体系的绿色化,为生态文明体制改革营造良好的社会氛围。党的十九大报告提出:"构建政府为主导、企业为主体、社会组织和公众共同参与的环境治理体系。"[1]无论是解决突出环境问题,还是实现绿色发展,都需要公众的广泛参与。由于生态文明建设的平台是社会性的、其成果是公共产品,所以,这项事业需要公众的共建共享、广泛参与。在公众参与生态文明建设的过程中,必须坚持党委领导、政府主导、社会协同、公众参与、依法治理相统一的基本原则。

(1)尊重人民群众的生态环境权益。根据我国社会主要矛盾的变化,党的十九大将满足人民群众的生态环境需要作为了我国社会主义生产的重要目的。满足人民群众的生态环境需要,自然要求尊重人民群众的生态环境权益。生态环境权益是人的基本权益之一。具体来说,人民群众对于生态环境信息有知情权,对于生态环境破坏有举报权,对于涉及环境的重大项目有表决权,对于自身和环境利益的受损有索赔权。因此,在人民群众环境利益受损、表达环境权益诉求方面,要畅通信访、举报等渠道。以往环境群体性事件之所以呈高发的态势,根本上就在于人民群众的诸多生态环境权益没有受到法律保障,因此,必须理顺利益关系、畅通沟通渠道,不断降低环境群体性事件的发生率,将法治和公众表达机制有机结合,实现生态文明建设与和谐社

---

[1]　习近平. 决胜全面建成小康社会 夺取新时代中国特色社会主义伟大胜利——在中国共产党第十九次全国代表大会上的报告[N]. 人民日报,2017-10-28.

会建设的有机统一。

（2）加强公众参与生态治理的制度建设。当前，我国生态治理领域的基本问题之一就是公众参与度不高。因此，按照共享发展的科学理念，我们必须完善公众参与制度、合理有序提升公众参与程度，积极引导各类社会组织有序发展，发挥其积极作用。尤其是，需要发挥工会、共青团和妇联等群团组织在生态治理事业中的积极作用，实现环保民间组织对于生态文明建设的专业化、社会化参与，搭建第三方参与生态治理的制度和渠道。这样，可以有效避免以往政府一家主导的局面，积极吸收社会有益因素，从而实现生态文明建设的广泛参与。

（3）建立和完善绿色生活制度。在生态文明建设中，必须推广绿色生活、低碳生活、可持续生活理念，普及绿色生活方式，使绿色理念深入社会生活。同时，要"开展创建节约型机关、绿色家庭、绿色学校、绿色社区和绿色出行等行动"[1]，营造绿色机关、绿色家庭、绿色学校、绿色社区。

最后，我们要促使绿色生活方式和绿色生产方式有机结合，促进经济社会环境的协调发展，为生态文明制度创新和体制改革提供适宜的社会环境。

总而言之，我们必须依照新时期中国特色社会主义的总体要求，从涉及人口、资源、环境等要素的基础性制度着眼，建立和完善有关生态文明的经济制度、政治制度、文化制度和社会领域制度，通过多方面的体制改革，促进建立和完善系统完整的生态文明制度体系。

第四节　生态文明体制改革的前景展望

建设社会主义生态文明是关乎中华民族未来和人民福祉的大事。在开展生态治理的实践进程中，通过顶层设计与生态实践，我国已经逐渐探索出一套适合我国国情的基本生态文明制度体系。随着生态文明建设实践的不断推进，通过不断地完善和调整，这些制度日益符合生态文明建设的实际需求。因此，生态文明体制改革的基本目标，就是构建起生态文明制度体系的"四梁八柱"，为生态文明建设保驾护航。即，"到2020年，构建起由自然资源资产产权制度、国土空间开发保护制度、空间规划体系、资源总量管理和全面节约制度、资源有偿使用和生态补偿制度、环境治理体系、环境治理和生态保护市场体系、生态文明绩效评价考核和责任追究制度等八项制度构成的产权清晰、多元参与、激励约束并重、系统完整的生态文明制度体系，推进生态文明领域国家治理体系和治理能力现代化，努力走向社会主义生态文明新时代。"[2]未来，在习近平新时代中国特色社会主义思想尤其是习近平生态文

---

　　[1]　中共中央 国务院印发《生态文明体制改革总体方案》[N]．人民日报，2015-09-22．

　　[2]　习近平．决胜全面建成小康社会 夺取新时代中国特色社会主义伟大胜利——在中国共产党第十九次全国代表大会上的报告[N]．人民日报，2017-10-28．

明思想的指导下,按照党的十九大精神,我们应该在生态文明制度创新和体制改革方面作出新的更大的贡献。

(1)构建资源所属清晰、节约资源和有效利用的资源制度体系。在这方面,建立自然资源资产产权制度是前提,唯有如此,才能改变以往自然资源所属不清晰、资源浪费等局面,实现资源归属清晰、资源利用权责明确、资源使用监管有效的目标。此外,未来还要构建起来一整套覆盖广泛、科学合理、严格规范的资源管理和节约制度,重点解决资源利用率低、浪费严重等问题。与此同时,通过资源有偿使用制度和生态补偿制度的建立,逐步解决长期以来存在的自然资源定价偏低、生产和开发成本过低、保护生态环境回报不合理等问题,形成对于资源有效利用和保护的一系列制度体系。

(2)构建空间优化、用途管制合理的开发保护制度体系。未来,通过对国土空间开发进行合理规划、加大用途管制,将构建一套国土空间开发保护制度,从而解决长期存在的分散、无序和过度开发而导致的耕地、草原、森林、河流湖泊等优质生态空间的不合理占用,及其所导致的生态环境破坏问题。

与此同时,还需要从体制机制上对这一系列制度予以保障,实现中央和地方规划统一、部门职责相统一、空间规划相统一,从而实现和谐、有序的生态治理。

(3)构建监管统一、执法严格的环境治理体系。环境治理的开展需要以改善环境质量为目标导向,需要解决长期存在的环境污染防控能力差、监督管理职责不明以及权力边界不清晰、违法成本低等影响环境效益的痼疾。围绕这些问题,构建有效监管、严格执法的环境治理体系,为生态文明体制改革提供制度性、法律性的保障。

(4)构建环境治理和生态保护的市场体系。长期以来,生态治理和环境保护往往是以政府为主体,导致社会参与度不高、生态治理市场体系不发达。而在市场经济的条件下,许多生态环境破坏问题都是典型的负外部性问题,因此,如果能够将市场机制纳入到环境治理的轨道当中,则可能有效解决这一根源,实现外部行为的内部化。因此,在未来,要着力建设生态治理和环境保护的市场化机制,通过市场化和经济行为促进更多要素的有效参与,培育生态治理的市场主体,运用经济手段解决环境问题,促使外部性问题内部化,进而提升生态文明建设水平。

(5)构建科学合理、客观实际的绩效考评制度体系。长期以来,我国在部门和地方领导干部考核制度方面措施较为单一,"唯 GDP 论"的考评体制往往在资源环境管理方面容易出现资源环境责任不明、生态环境损害责任难以追究等问题。实现对党政干部的合理考评以及责任追究,有利于落实行政职权和责任相统一、经济社会发展和环境保护相一致的生态文明指标。当然,由于长期的体制问题,导致在构建绿色政绩考核的改革中,还会有一定的滞后性和不完善。这就需要在推进生态文明建设实践的过程中,进一步实现生态文明建设评价的一岗双责、党政同责、考核监督和舆论监督一体化,将生态文明绩效评价制度、自然资源资产离任审核制度和生态环境损害责任追究制度等有机统一起来,相应地形成生态文明建设责任考核在领导干部任内和任后的连续性,这样,有利于实现生态文明责任制度的连续性,从而促使地方政府及其干部扎实推进生态文明建设,贯彻落实中央有关生态文明精神,从根本上重视环境保护与经济社会发展的同步推进。

总之,我们"必须加强对生态文明建设的总体设计和组织领导"。[1]在习近平生态文明思想的指导下,通过一系列的生态文明制度建设,可以有效推动建构节约资源能源和保护生态环境的空间格局、产业结构、生产方式和生活方式,推动形成人与自然和谐发展的社会主义现代化建设新格局,进而推动我国不断提升生态文明建设水平,最终使我国成为富强民主文明和谐美丽的社会主义现代化强国,成为全球生态文明建设的重要参与者、贡献者、引领者。

思　考　题

1. 我国生态文明体制改革的总体要求是什么?
2. 如何通过生态文明体制改革来构建生态文明制度的主体框架?
3. 在资源管理、环境管理、生态管理中应该建立和完善哪些制度?
4. 如何按照"五位一体"总体布局推进生态文明体制改革?

---

[1]　习近平. 决胜全面建成小康社会 夺取新时代中国特色社会主义伟大胜利——在中国共产党第十九次全国代表大会上的报告[N]. 人民日报,2017-10-28.

第八章
生态文明建设的重要支撑

　　生态文明建设的核心是绿色发展,实现人与自然、人与人和人与社会的和谐。就其实现路径而言,一是通过教育来提高国民的生态文明意识,二是可持续发展意义上的科技支撑,三是建立在社会主义生态文明观意义上的文化传播支撑,四是人类命运共同体意义上的国际化合作支撑。

第一节　生态文明的教育普及

生态文明教育是生态文明建设中的一项基础工程,生态文明教育有助于提升包括青少年在内的全民的生态文明意识。生态文明教育有助于提升全民的行为自觉。大力普及生态文明教育,是对教育内容体系的完善,尤其是有助于增强大学生的生态文明意识,养成符合生态文明价值观的生活方式和行为方式。

一、生态文明教育的发展

世界生态文明教育是兴起于 20 世纪 70 年代。1972 年的斯德哥尔摩人类环境会议之后,联合国教科文组织和环境规划署非常重视生态文明教育,于 1975 年正式制定并实施国际环境教育计划,并于当年创办了环境教育通讯季刊《联结》,建立了数据库,收集了世界 900 个环境教育机构的 300 个环境教育项目的信息。此后的 20 年中,联合国承办了 31 个示范性研究项目,在全球建立了 13 个地区性师资培训机构和 37 个国家级培训中心。130 国家的 26 万名中小学生及大约 1 万名环境管理人员和教育工作者直接参与计划的行动。

1975 年,联合国环境规划署在贝尔格莱德召开了国际环境专家研讨会,会议通过了《贝尔格莱德宪章》,这是指导世界环境教育的第一个纲领性文献。在 1992 年联合国环境与发展大会上通过的《21 世纪议程》中,有一章专门论述环境教育。环境教育首次列入了世界政府首脑会议的议程,并且写入最有影响的大会文件。

中国的生态文明教育与世界生态文明教育同步开展。20 世纪 70 年代,北京大学、中山大学、北京工业大学等高等院校开始筹办生态及环境保护专业,中国开始了环境专业及生态专业的人才培养。与此同时,《寂静的春天》《只有一个地球》等生态文化书籍的翻译引进,为生态文明教育的大众传播开了风气之先。随着《中华人民共和国环境保护法》(试行)的贯彻,在全国开展了生态文明教育的宣传活动,并创办了第一批生态文明教育杂志。

在全民的生态文明教育和公众参与活动的组织上,主要是通过影视、艺术、文学特别是电视等大众传媒进行宣传,并组织各种公众参与的大型活动,例如,纪念"地球日""植树节""爱鸟周""戒烟日""世界环境日"等大型活动。

20 世纪 80 年代以后,中国的生态文明教育全面展开,呈现蓬勃发展的局面,形成了一支较强的专业队伍。环境及生态专业的教育事业迅速发展,并初具规模。除大学专业教育之外,还在全国设立了环境教育类的中等专业学校,在中专和职业高中设立了环境保护专业。为了加强在职干部的培训,提高环境保护干部的素质,1981 年成立了第一所环境保护在职干部培训院校——中国环境管理干部培训学院。国家环保局还在同济大学设立了县以上环境监测站站长培训基地,多次举办全国各地环境保护干部的各种专业培训。

进入 20 世纪 90 年代,中国的生态文明教育进入了大发展阶段。1990 年国务院在《关于进一步加强环境保护工作的决定》中重申:中小学及幼儿园教育应结合有关教学内容普及环境保护知识。环境保护关系到中华民族的存亡兴衰,在中小学普及环境保护知识,树立崭新的生态文明道德规范,使他们自觉增强保护环境、爱护地球的责任感,有着十分深远的意义。

近年来,许多中小学在自然、社会、地理、物理、化学、生物学课程的教学中增加了环保知识,开展了诸如环保知识竞赛、环保夏令营、环保考察等内容丰富多彩、形式活泼多样的适合青少年学生特点的课外环保教育活动。一些地区的环保部门还与教育部门密切合作,编写中小学环保教育教材,供学生选修或自学,并在全国兴起了创建绿色学校的活动。可以说,一个适合中国国情的中小学生态文明教育的新格局正在逐步形成。

在大学生生态文明教育中,各高校除了加强生态专业生态文明教育外,也加强了非生态专业的生态文明教育。普遍开设了各类与生态文明教育有关的必修课、选修课,深受大学生欢迎。清华大学启动了"绿色教育工程",包括绿色教育、绿色科技、绿色校园等三个方面。该校把创建绿色大学作为创建世界一流大学的重要组成部分,明确提出清华大学今后培养的人才必须是具有生态文明理念、具有可持续发展意识的一流人才。北京林业大学设立了生态文明专业的博士点,并成立了生态文明研究中心。浙江农林大学提出建设"生态性创业型"大学的战略目标,自 2012 年起便相继编写并出版了《生态文化词典》等书籍。

随着生态文明建设实践的深入推进,生态文明教育提出了新要求。一方面,生态文明教育与生态文明建设的要求相比,在人们的生态意识和生态修养等方面,仍存在较大差距。必须通过丰富多彩的生态文明教育,在全社会牢固树立尊重自然、保护自然的理念;树立良好的生态环境是最公平的公共产品、最普惠的民生福祉的理念;树立保护生态环境就是保护生产力、改善生态环境就是发展生产力的理念。使全社会对生态文明建设的认识和理解达到一个新高度、新境界,既内化于心、又外化于行,转化为支持和参与生态文明建设的强大共识和切实行动,既为生态文明建设营造良好的氛围,又为生态文明建设事业注入源源不断的正能量。另一方面,我国的生态文明建设在经过长时间的思想启蒙教育和实践探索之后,目前已经培育了丰富的文化土壤和良好的社会条件,开展全方位、多领域、深层次的生态文明宣传教育,正应其势、正当其时。

二、生态文明教育的使命

一是克服工业文明所造成的异化,恢复生命本真的自由自在。工业革命背景下生态危机从主体来说是一种异化的生存方式的危机,人在工具目的理性的资本主义生产方式和消费主义生活方式中丧失了自由自觉活动的本真的存在,异化为马克思所说的资本、商品、金钱的工具,甚至异化为后现代主义所说的抽象的类像、符号。换言之,人迷失了自己,精神匮乏,处于惶惶不可终日的焦虑状态,最终丧失了生存真实感。由于科技发展,物质资料丰富,已经消除了人们的物质匮乏威胁,具备了人基本需要前提下过自由自在本真生活的条件,但异化的生产方式和消费方式,以种种"虚假的需求",刺激人的消费贪欲,迫使人组织起来利用技术无限掠夺大自然,造成生态危机,剥夺了人的本真自由,使人沦为科技理性专制的奴隶的单面人。

毋庸讳言,工业文明的异化本质上就是庄子所说的"人为物役"。只不过在现代性的条件下更为严重罢了。因此重新体悟以庄子为代表的中国传统"逍遥于道"的内在生命自由、心灵的自由的文化理念,对克服现代人消费主义的异化生存方式具有重要意义。按照马克思的观点,人的类本质是自由自觉的活动。古今中外诸子百家公认自由是人生的最高境界或价值。启蒙运动以来的现代性允诺自由与解放,却产生了形形色色的奴役悖论现象,其根本原因在于没有觉悟什么是真正的自由,只重视摆脱束缚的外在自由,而忽视了内在的自由。这是个体融入自然、回归天地、返回原始本源有机联系的"内在超越"的过程。

二是养成具有以生态文明理念为内涵的自由人格,体悟生态自然法则,获得顺应生态法则的外部自由。生态文明的核心是一种"新天理"的生态世界观,包含了全新的思维方式和生态价值论。要形成这样一种世界观或文化哲学理念,首先要做西方"自然法"学理传统,中华道学传统,现代诸子百家理论特别是现代西方生命哲学包括存在主义的理论和健康的后现代主义理论之间的对话交流。另一方面,需要人们在一个漫长时间在一系列生态灾难面前的惊醒与觉悟。这就需要在"公共领域"传播生态文化哲学理念,同时尊重自然生态系统的运行规律,建立人与自然一体共在、内在统一的关系,认识到自然和人从本质上是一个生命的主体所共生的有机整体,在这个有机整体中,人不是中心,自然也不是中心,而是一体感应、共鸣的关系。应该说,自然-社会-人是三位一体的内在有机统一的生态复合系统。如梅洛-庞蒂从现象学提出"身体-主体"(body-subject)概念作为克服近代主客体思维方式,认为以"身体-主体"把握的人的生活世界是一个格式塔的整体知觉世界,这个整体知觉世界"始终是一切理性、价值和存在的先行的基础"。[1]

三是在把世界体验为一个整体的前提下,把握人作为自为主体的对自然有机整体的调控、适应关系,以人和自然的"主客体关系"为媒介,人和人也发生了"主体间""共在"的关系,即"主体-客体-主体"关系,人与人的关系特别是当代人与子孙万代的关系是以自然为中介建立起来的平等"共在"的关系。人与人之间的关系影响人与自然的关系,人与自然的关系也影响人与人的关系,二者互为变量:人与人之间是互相竞争利用的主客体关系决定了人与自然的主奴关系,人与人之间是和谐共感共生的主体间关系则易于形成人与自然的和谐感应共存的主体间关系;人与自然是征服与改造的主奴关系,人与人之间也互相利用争斗不已,而人与自然是主体间的和谐审美或价值体验的存在关系,人与自然之间往往也易于形成主体间和谐共生的关系。具体路径为:

(1)树立生态思想。习近平同志关于生态文明建设的重要论述,回答了生态文明建设的一系列重大理论实践问题,标志着我们党对生态文明建设的认识达到了一个新高度,是指导和推进生态文明建设实践的总钥匙、总开关。建设生态文明,首要任务就是深入学习和贯彻习近平同志关于生态文明建设重要论述精神,牢固树立中国特色社会主义生态观。要通过多种形式和有效手段,让全社会全面系统领会生态决定人类文明兴衰、生态就是生产力、生态就是民生福祉、山水林田湖统筹治理等一系列科学论断的丰富思想、深刻内涵、精神实质,用中国特色社会主义生态观武装头脑、指导实践。

(2)提升生态意识。生态意识是指对生态问题的关注、认识、理解和参与的程度,是衡量一个国家、一个民族生态文明水平最基本的标尺。要提升生态国情意识,让每个人都全面了解自然生态脆弱、生态破坏严重、生态产品短缺、生态差距较大、生态灾害频发、生态压力剧增的基本生态国情。要提升生态安全意识,大力宣传生态安全对维护国家安全、人民生命财产安全的重要意义,宣传我国所面临的生态安全形势,增强人们维护生态安全、应对生态危机的责任感、紧迫感和使命感。要提升生态红线意识,对生态红线的核心内容、基本要求等都要清楚掌握,将生态红线视为生命线、高压线、安全线,坚决守住、不能逾越。

(3)弘扬生态道德。生态道德具有特殊的感召力、约束力和影响力,是推进生态文明建设的无形力量。必须坚持人与自然共生共荣的价值取向,让全社会都深刻认识到人与自然是相互依存、相互联系的命运共同体,自然是人类的衣食父母,人类归根结底是自然的一部分,不能凌驾于自然之上。要推崇感恩自然、回报自然的德行善举,每个人都应该通过自身努力,为保护和

[1]　MEALEAU P. The Primacy of Perception and Other Essays[M].Northwestern University Press,1964.

修复自然、让自然休养生息、恢复生机功能作出贡献。在实现人的福祉的同时也要兼顾自然的福祉,要践行维护人际平等和代际公平的责任义务,既要让当代人平等享有良好的生态环境带来的恩惠,也要为子孙后代营造和留下更多的绿水青山。

(4)倡导生态行为。生态文明教育的最现实和最直接成果就是使人们的生产方式、生活方式和消费方式更加生态化、文明化、理性化,更加符合人与自然相和谐的要求。要通过教育和宣传,正确引导全社会加快转变经济发展方式、着力推进绿色发展、循环发展、低碳发展,最大限度减少能源消耗、环境破坏和生态损害;鼓励和倡导广大公民践行绿色生活、绿色消费,自觉摒弃穷奢极欲、铺张浪费的生活方式和消费行为,形成保护生态、节约资源、合理消费的社会风尚,最大限度地减少对自然的过度索取和野蛮利用。

三、生态文明教育网络建设

随着时代不断发展,科技信息技术的进步,网络学习空间建设以及网络文化对人们的影响日趋广泛。生态文明教育网络建设可以将生态文明的思想更快更广地推送出去,信息化的生态文明教育即云生态文明教育在新时代显得尤为重要。

(1)教育网络建设价值。置身于文化全球化的浪潮中,网络文化日新月异,正在迅速扩张,并对人们的世界观价值观道德观产生直接影响,而生态文明作为生态文化的一种表现形式,在信息化社会,也可以借助互联网、微信微博新媒体进行传播,相比传统的宣传教育方式,新时代出生的大学生们,更熟悉网络、偏爱网络,更愿意接受网络教育的方式、更容易吸收并融会贯通网络信息。而当下在校大学生是我国决胜全面建成小康社会,开启全面建设社会主义现代化国家的主力军,是我国生态文明建设的生力军,通过网络教育加强大学生生态文明知识技能的学习传播,强化生态文明意识教育培养无疑是一个有效的途径。

生态文明教育无论是思想上还是技术上都需要集思广益,充分交流。生态文明教育网络的建设,通过"网络+社会"的方式,有助于社会各界人士(包括大学生)通过网络平台互相交流自己的思想理念、独到见解、亲身感受,将网络成为传达生态文明的载体,有助于促进生态文明教育的深入开展。

(2)教育网络建设现状。在信息社会的当下,各类网络教学平台如雨后春笋一般,种类繁多。在云服务的大背景下,网络课程本身贴近新时代的需求,能更吸引受教育者的目光。政府门户网站的建立,还有各类网络图书馆,网络课程也是一种全新的教育形式,人们可以通过网络了解到我国生态文明建设中所作出的努力和取得的成就。而各类生态文化类的门户网站提供了人们一种新的生态思维,也满足了人们对生态知识技术的部分需求。目前有关生态环保的网站内容信息相对较窄,难以涵盖生态文明建设的丰富内涵。

因此,如何构建完善的生态文明网络文化是现在生态文明教育网络建设的一个难点。

(3)教育网络建设展望。教育网络建成并上线成型并不是生态文明教育网络建设的终点,而仅仅是生态文明教育推广的一个新的开始。有别于传统教育方式,也不仅仅全盘接收网络课程教育形式。生态文明教育网络是以生态文明中心思想作为引导,归根结底是为了构建出一个开放自由的生态文明网络传播学习环境,充分利用信息技术,提高人们对生态文明教育的认知和参与生态文明建设的热情。

生态文明教育网络建设应针对不同的人群,深入浅出地将生态文明的核心内容通过网络课程演示的方式展示出来,以更快更好地让人们深入了解生态文明建设基本要求、建设目标和发展趋势。青年大学生对文化知识的积累和网络技术的掌握已达到相当高的水平,对大学生通过网络平台开展生态文明教育,重点应放在生态文明意识的培养、生态文明建设使命担当的强化,以及如何使用网络等手段传播生态文明,服务生态文明建设,使大学生们在推进我国生态文明建设和社会主义现代化建设中充分发挥优势、贡献力量。

第二节　生态文明的科技支撑

党的十九大报告指出,创新是引领发展的第一动力,是建设现代化经济体系的战略支撑。我国将通过一系列前沿引领技术、颠覆性技术创新,为建设科技强国提供有力支撑。到本世纪中叶,我国经济实力、科技实力将大幅跃升,跻身创新型国家前列。

一、可持续发展需要科技支撑

人口、资源与环境的问题,常被作为可持续发展研究的主要内容,在人口、资源与环境等方面进行科技的研发和应用就被称为可持续发展科技支撑[1]。首先是科技在人口数量的控制和生命健康保障方面的作用和贡献。其次是人力资源增效学说(theory of human development),该理论不同于资源增效理论主要面对物质和能量的优化组合,而是更加着重于人的智力转化与掌握生产手段的人的素质提高上。人力增效理论的基本出发点,在于科学技术成为真正生产力的中心是人力资本的开发。在联合国开发计划署提出的《人类发展报告》中,强调人的能力提高是最根本的提高,人的能力建设是最根本的建设。其命题的中心思想是,只有把科学技术的构思创新、应用创新、产业创新和传播创新分阶段赋予具体的人,通过科技生产力来推动,可持

---

[1]　中国科学院可持续发展研究组.2000 中国可持续发展战略报告[M].北京:科学出版社,2000.

续发展才能真正地变为现实。

技术进步意义上的可持续发展科技支撑的第二个涵义是来自于物质资源增效理论。该理论体系主要针对生产力要素中"实物"资源的需求加剧和供给短缺,增加资源的可替代性,提高其效益性,克服经济发展的资源"瓶颈"限制,展示出科学技术进步在可持续发展中的巨大作用和潜力。美国物理研究所(America Institute of Physics,AIP)在1982年研究认为,技术进步最有效的体现,即其作为生产力的本质体现应侧重于对资源的发现、对资源的代替和对资源的增效,其中又以对资源在经济活动中的增效作为科技进步贡献的最中心环节。拉玛迪(Ramade F,1984)提出的技术负熵理论,也是理解科技对物质资源增效的一个重要方面。技术进步对于"自然储备"的消耗,可以作为"负熵"的形式去加以补偿。明显的例子是,技术进步提高了我们对于低品位资源开发的能力。技术进步同样可以有效地增加资源的数量和质量,而勘探和开发上的技术进步效应,将等价于资源本身的供给。技术进步意义上的可持续发展科技支撑的第三个涵义是环境保护与治理。当废物流入到环境中造成污染后,便破坏了生态的平衡,需要花费更多的钱去进行治理,否则难以可持续发展。要想把一个污染了的生态环境重新恢复到它的平衡态,不依赖科技进步,必将形成另一个更加恶劣的循环。从经济学的观点去认识,最关键的一点就在于:废物进入环境并且扩散(这是资源开发所引起的负面结果之一),必然对自然资本的潜在生产能力和环境稳定性造成一种长期的应力。人们通常通过某种外部投资去克服自然生产力的降低,而这又必然会导致耗竭性资源的加快消耗。这种以资源消耗为代价的恶性循环,唯一的解决方式只有去寻求科学技术和依赖科技生产力水平的提高。

上述三种涵义,可以归结为新古典主义学派的技术进步论,目前的可持续发展科技支撑工作主要就是着力于以上三方面。

二、生态文明建设需要科技引领

更高水平的"可持续"是生态文明的应有之义。基于"人口-资源-环境"这种可持续发展的朴素表达,人们开始探求相应的科学方法和技术手段,并分门别类地进行规划部署,以解决人口、资源和环境等方面的各种问题。然而,在人口-资源-环境这三方面分别应用现有的一些科技成果,并不能真正促使可持续发展问题的真正解决,必须进一步挖掘和充分领会可持续发展的完整涵义,在此基础上,寻求和建设新的科学基础和技术手段。

至于何为可持续发展,可谓众说纷纭。皮尔斯给出的可持续发展定义为:当发展能够保证当代人的福利增加时也不会使后代人的福利减少[1];海蒂(Heady)从技术角度给出的定义则是:可持续发展就是建立极少生产废料

---

[1]　戴维·皮尔斯.世界无末日[M].北京:中国财政经济出版社,1996.

和污染物的工艺或技术系统[1]。缪纳兴哈（Munasingha）等人从生态角度给出了定义：为了当代和后代的经济进步，为将来提供尽可能多的选择，维持或提高地球生命支持系统的完整性[2]。后来，缪纳兴哈与麦克米利（Mcmeely）对可持续发展给出了更进一步的解释，即在经济体系和生态系统的动态作用下，人类生命可以无限延续，人类个体可以充分发展，人类文化可以发展[3]。可持续发展概念需要进一步明晰和统一。可以说，可持续发展概念争论大多源于布伦特兰报告，一些学者对可持续发展概念被滥用表示担心，甚至断言可持续发展概念已处于停滞状态[4]。实际上，布伦特兰的定义主要是表达了一个愿望，或历史性的评价标准，操作性比较弱。而海蒂的主张尽管可落实为清洁生产或生态工业园等，仍不能有力解释资源短缺、创新乏力和社会经济动荡所引起的可持续发展问题。一个社会能否可持续发展，一是在于其是否受到人口、资源与环境方面的制约，二是看社会经济的创新能力和社会稳定性如何。

1992 年联合国环境与发展大会通过的《里约热内卢宣言》指出，"人"（指整个人类）应该通过与自然的和谐享受"健康而富有生产成果的生活的权利"。这就是实现人与自然的和谐，或者经济体系与生态系统的和谐；"富有生产成果"，当然不只是物质生产的成果，更包含能使人与自然持续和谐的精神产品。更进一步讲，可持续发展要求的是一个具有高度创新、调整和适应能力的社会。

可持续发展这一概念本身就使得它应该是一种注重全局，须处理好协调关系的发展观。如果我们把人、企业、区域或国家作为一个"大写的人"，而把要与之相协调的内外在"环境"称之为"广义自然"的话，那么，可持续发展就是指"（大写的）人"与"（广义）自然"之间实现的动态或持续的协调。能不能发展，在于我们与自然变化是否实现了协调，而能不能持续地发展，则是指我们是否具备了与自然变化保持动态协调的能力。

生态文明建设需要科技创新。人与自然的矛盾的最终解决也只有通过科技创新的路径，科技创新在生态文明建设中是全方位的，全过程的。这就要求人类必须步入新的科学和技术境界才行，也只有如此才有可能更好地保持以"完整性"为其特征的"地球生命支持系统"[5]。一方面有必要把可持续发展问题的研究与科学技术新革命浪潮内在地联系起来，另一方面还必须看

[1]　Heady S A. Science, Technology and Future Sustainability[J]. Futures, 1995(1).

[2]　Munasingha M, SHEARER W. An Introduction to the Defining and Measuring Sustainability[M]. New York: The Biogeophysical Foundations, 1996.

[3]　Munasingha M, MCMEELY J. Key Concepts and Technology Sustainable Development[M]. NewYork: The Biogeophysical Foundations, 1998.

[4]　保建云. 西方可持续发展概念论争[J]. 经济学动态, 2002(1).

[5]　Munasingha M, SHEARER W. An Introduction to the Defining and Measuring Sustainability[M]. New York: The Biogeophysical Foundations, 1996.

到可持续发展不仅仅是发展和应用一些人口、资源和环境方面的技术,它更要求人类文明境界要实现一次历史性的提升。

三、生态文明建设需要科技创新

建设生态文明是一场涉及价值观念、空间格局、生产方式、生活方式以及发展格局的全方位变革和系统工程,它涉及社会的方方面面,融于经济、政治、文化和社会建设的全过程。与任何文明形态一样,生态文明的建设也要依赖于科技进步的助力。科技创新在促进经济发展方式转变,发展循环经济、绿色产业、低碳技术,以及提高管理水平中发挥了关键支撑作用,是推进生态文明建设的重要动力。

生态文明建设面临的问题与挑战。工业革命以来,人类在创造巨大物质财富、享受物质成果的同时,也造成了自然资源迅速枯竭、生态环境日趋恶化,直接威胁到人类自身的生存和发展。传统工业文明的目标与自然资源、生态环境承载能力之间的矛盾日益凸显,迫切需要新的文明形态的出现,生态文明应运而生。然而,传统粗放的发展模式难以为继,"高消耗、高排放、高污染"带来的资源破坏、生态恶化、环境污染等问题,成为制约我国经济社会协调发展与生态文明建设的瓶颈。

目前,我国资源能源对外高度依赖,二氧化碳等排放问题的国际压力加大,发展生态文明是破解这些问题、拓展发展空间、有效维护我国核心利益和负责任大国形象的最有效途径。同时,自然生态环境问题日趋严峻,工业废水和生活污水特别是面源污染的增加,导致了严重的地表水体污染。近年来,淮河、松花江、海河、太湖、巢湖、滇池等污染严重,各类污染事件频繁发生。可见,传统工业文明模式的发展与自然资源供给能力、生态环境承载能力的矛盾日益尖锐,巨大的人口、资源和环境压力成为传统发展模式的绊脚石,严重地影响着经济社会的进一步发展,迫切需要创新发展模式,强烈呼唤科技的重大创新突破。

科技创新是生态文明建设的重要支撑力量。生态文明是一种物质生产与精神生产的高度发展,自然生态与人文生态和谐统一的文明形态。它以绿色科技和生态生产为重要手段,以人、自然、社会的共生共荣作为人类认知决策行为实践的理论指南,以人对自然的自觉关怀和强烈的道德感、自觉的使命感为其内在约束机制,以合理的生产方式和先进的社会制度为其坚强有力的物质、制度保障,以自然生态、人文生态的协调共生与同步进化为其理想目标。

永不停息的科技进步和创新使人类认识、利用、适应自然的水平和能力不断提高。当今世界,科学技术作为第一生产力的作用日益突出,科学技术作为人类文明进步的基石和原动力的作用日益凸显,科学技术比历史上任何时期都更加深刻地决定着经济发展、社会进步和人民幸福。没有科学技术的发展就没有中国的今天,也没有中国的明天。我们必须依靠科学技术,依靠科学精神,才能全面建成惠及十几亿人口的小康社会,才能建成富强民主文明和谐美丽的社会主义现代化国家。建设生态文明也不例外。科学技术深刻改变了人类生产和生活的方式及质量,也在改造着我们的思维方式和世界观。从某种意义上讲,科技进步推动了生态文明的产生。随着创新步伐的加快,科技的支撑作用和驱动力将会在生态文明建设过程中进一步显现。

绿色科技创新的现实意义。推动绿色技术创新具有重要的现实意义。第一,绿色技术创新是实现经济转型升级的客观要求。我国面临着人口、资源、环境的巨大压力,传统技术创新在促进经济发展的同时,也导致了污染的加剧、环境的恶化和资源的枯竭。绿色技术创新摒弃了单纯追求经济效益、一味降低生产成本、不断扩大市场占有率的片面思想,注重节约资源、保护环境,倡导经济发展的生态化技术创新。第二,绿色技术创新是加快建设生态文明的重大举措。生态文明是对工业文明的反思,是人与自然和谐相处的文明形态,是中国特色社会主义文明体系的重要组成部分,强调了"自然、经济、社会、生态"全面发展的绿色建构。绿色技术包括清洁生产技术、节能减排技术、环境技术、生态补偿技术等,通过绿色技术创新可以提高资源的利用效率、扩大资源的利用空间、降低和减少污染。第三,绿色技术创新是实现可持续发展的重要途径。绿色技术创新为人类的生存和发展提供了舒适的生活环境与优美的生态空间,使人的生产方式、生活方式、思维方式和消费方式绿色化。清洁生产机制和循环经济等生产技术的推广,大大降低了资源能源的消耗,使生产和生活更为安全和清洁。绿色技术创新实现了低污染、低能耗、低排放、高产出的目标,有利于经济、社会、生态的可持续发展。

四、生态文明建设需要驱动机制

绿色技术创新是对技术创新的拓展和提升,是生态文明视域下技术创新的崭新形态,是推动绿色发展的重要动力和迫切需求。绿色技术创新倡导人、技术、制度的和谐统一,积极践行生态价值观,提高了环境支撑能力和生态容纳能力,蕴含着丰富的人文精神和伦理关怀。绿色技术创新需要良好的制度环境,绿色技术创新制度是绿色技术创新的前提和保障。

(1)政策激励制度。绿色技术创新政策激励制度是指为推动绿色技术创新,促进经济增长、社会进步和生态平衡,实现人与自然、人与社会的和谐发展,而由政府进行的一系列政策安排和系统设计。政府对绿色技术创新起着导向和激励作用。政府通过政策设计、项目支持、资金扶持、人才引进等激励措施,完善绿色财税政策、绿色产业政策、绿色教育政策、绿色人才政策、绿色考核政策、绿色消费政策等,不断提高绿色技术创新能力。

(2)现代市场制度。绿色技术创新现代市场制度是指创新主体在市场机制的作用下,充分发挥市场对研发方向、要素价格、路线选择、各类创新要素配置的导向作用,紧跟市场需求,准确把握技术创新方向,以市场交易为手段,以利润最大化为目标,对各种生产要素进行创新组合、优化配置的制度。

(3)社会参与制度。绿色技术创新社会参与制度是指 NGO、大众传媒、中介组织等在社会创新网络关系的影响下,以公众的绿色技术需求为基础,以全面提升公民科学素养和推动绿色技术创新为目标,充分整合社会各方力量,努力实现协同创新,推动绿色技术创新的制度。绿色技术创新社会参与制度分为有形的社会参与制度和无形的社会参与制度。有形的社会参与主要包括物质、金钱等,无形的社会参与主要包括意识、观念、情感等。它具有社会性、系统性、广泛性、集群性等特点。

(4)文化提升制度。绿色技术创新文化提升制度是指通过构建和谐文化,解放和发展文化生产力,提高竞争软实力,推动绿色技术创新的制度。"文化提升制度是由和谐文化内生的一整套圆融和合的精神追求、价值观念、行为规范。"文化提升制度为绿色技术创新提供文化支撑和精神动力。

(5)法律保障制度。绿色技术创新法律保障制度是指围绕绿色技术创新的全过程和各领域,通过制定严格的法律,形成具有系统性、规范性、关联性、完备性的法律体系,做到有法可依、有法必依、执法必严、违法必究的制度。在激烈的国内外市场竞争中,法律保障制度不仅保障新技术和新产品所有人在一定期限内收回研究开发成本,而且保障其获得预期的超额利润。

绿色技术创新的政策激励制度、现代市场制度、社会参与制度、文化提升制度和法律保障制度等五种制度彼此联系,相互促进,形成了联动制度体系。它们之间的关系:政策激励制度是主导,现代市场制度是平台,社会参与制度是补充,文化提升制度提供软环境,法律保障制度进行硬约束,五者紧密相连、互促互进,共同推动绿色技术创新。

第三节　生态文明的传播推广

生态文明建设是功在当代利在千秋的伟业。我们必须通过培育系统的生态文化不断提升生态文明水平。生态文化作为促进生态文明建设的理念创新、制度规约、行为典范和物质文化,并通过教化、规制、示范、样板等进行生态文化培育,旨在为推进生态文明建设提供系统的理念文化、制度文化、行为文化和物质文化支撑。

一、生态文明传播的背景

"建设资源节约型和生态保护型社会"发展"循环经济"之新的"科学发展观"成为我国的国策,这既有一个全球化发展问题背景,也是我国现代化发展的必然逻辑。

首先,全球化进程所造成的"现代性危机"特别是"生态危机"使发达国家认识到传统的发展模式已行不通了,必须改弦更张,实行"生态经济",这预示着一个崭新的"生态文明"的发展前景。

20世纪八九十年代,发达国家政府认识到,传统的增长模式行不通了,必须改弦更张:为了提高综合经济效益、避免环境污染,以生态理念为基础,重新规划产业发展,提出了"循环经济"发展思路,形成了新的经济潮流。美国、欧洲和日本的循环经济已成为经济的重要产业和普通民众生活的组成部分。日本2000年提出了建立循环型社会的理论。美德日还建立循环经济的立法,从制度上保障循环经济的发展。循环经济是以资源节约和循环利用为特征的经济形态,实际上是生态经济的具体实现形式。

包括生态危机的工业文明,以及生态经济新的发展潮流启示我们,这不仅仅是个现实全球化发展问题,而且预示着未来一个崭新的生态文明形态的到来。生态危机从社会文明的视角来看就是现代工业文明危机。工业文明已经陷入不可自拔的危机中,已经完成它的使命,正在从兴盛走向衰亡,一种新的生态文明将逐渐取代工业文明,成为未来文明的主导形态。由于生产技术和生产方式发生了重大变革,而使人与自然、人与人的关系及相关的文化价值体系发生了根本性变化,即为文明转型。当前随着绿色技术的出现、循环经济新的生产方式的出现、核心的生态价值观念的出现,人类文明将必然转变为"生态文明"。

其次,中国的发展面临比西方发达国家更严重的人地资源矛盾和生态问题。改革开放以来,我国经济高速发展,中国人民正凯歌高奏全面建设小康社会。但高速的经济增长也带来了一些发展中的问题。

我国GDP成本长期居世界前列,单位GDP能耗和物耗远远高于世界先进水平,如不改变现状,发展难以持续。我国资源短缺,原油进口逐年增加,水资源紧张,不少矿藏超负荷开采,全国出现数十个资源枯竭型城市。再就业任务艰巨,大批工人下岗。环境污染,生态破坏局部改善整体恶化,水体污染、黄河断流、沙尘暴、江河洪水、非典疫情,凸现了生态问题的严峻。中国几千年文明史中,人与自然的矛盾从未像今天这样紧迫,中国经济社会的持续发展,中国人口的继续膨胀,开始愈来愈面临资源瓶颈和环境容量的严重制约。我们没有足够的资源总量来支撑高消耗的生产方式,我们没有足够的环境容量来承载高污染的生产方式。我们必须强化全民的资源环境危机意识,必须发展循环经济以提高资源使用效率,必须发展清洁生产以降低生产过程中的污染成本,必须发展绿色消费以减少消费过程对生态的破坏,必须发展新能源以实现生产方式的彻底超越。唯有如此,我国人民才能在物质财富增长的同时,仍生活在安全优美的环境之中,告别历史上曾出现过的种种灾难,建立起一个全新的社会,培育出一个全新的人与自然、人与人双重和谐的生态文明[1]。

---

[1]　中国生态报道:可持续发展与文明转型[N]. 人民日报海外版,2004-01-20.

二、生态文明传播的策略

生态文明传播是一个全新的课题,把生态文明传播作为一个主体研究,从经济和政治的身上剥离下来,不再是一个附属品或者衍生领域。季羡林先生在《21世纪:东方文化的时代》中提到:"总之,我认为是西方的形而上学的分析已快走到尽头,而东方寻求整体的综合必将取而代之。'取代'不是消灭,而是在过去几百年来西方文化所达到的基础上,用东方的整体着眼和普遍联系的综合思维方式,把人类文化的发展推向一个更高的阶段。"这就给生态文明传播机制的建立提供了一个光明的方向:用联系和发展的思想作指导,推进各个影响因素的协调发展。

(1)建立社会主义生态文明观。从苏格拉底的"人是政治的动物"到普罗塔哥拉的"人是万物的尺度",人类思想的思考维度从"人与政治"进化到了"人与社会"。如今,我们应该思考人与自然。这不是摒弃对经济、政治和社会的思考,而是增加对自然的认识,使得"生态"的各个分支得到平衡。党的十九大强调:牢固树立社会主义生态文明观。面对生态文明传播这个新生事物,我们首先要从思想领域给予足够的高度和重视,进而用思想引导具体的政策和行为。我们应该树立这样的观念:人类与其他物种平等地享用地球上的一切资源,人与人平等地竞争使用社会上的一切资源,人与自身是一个不可分割的共同体。和谐作为生态文明传播的核心观念,意味着生命对自身、物种、环境有着共同的责任与义务。

(2)构建多元化的发展格局。中国,甚至全球,面对生态问题的现实是无可辩驳的。问题是共同的,但是道路是多元化的。《论语·子路》中写道"君子和而不同",从经济制度上的"多种所有制经济共同发展的经济制度",政治格局上的"多极化",可以看出,事物的发展必然是走向共生共长,和而不同是人类各种文明协调发展的规律。在建立生态文明传播机制的过程中,首先,要充分借鉴西方国家的经验和优点。因为在生态文明的建设和传播过程中,西方国家是更早发力得一方;同时,在经济全球化和地球村的时代背景下,进行产业升级、发展绿色产业、倡导绿色消费、资源共享等都离不开国与国的合作。其次,要基于中国的基本国情,发展中国特色的生态文明传播机制。

因此,发挥中国特色社会主义制度的优势,凝聚人民群众的力量,才是建设生态文明传播机制的正确道路;人民群众始终是整个传播的主力军,也是成果的享受者,无形中增强了主人翁的意识,更有利于生态文明的发展。

三、生态文明传播的实施

北京林业大学教授铁铮在《建设生态文明首先要重视生态传播》一文中写道:"生态传播是指人类与生态直接或间接相关的信息传播活动。"在这一定义中,生态传播的主体包括个人、群体、传媒等所有涉及传播的媒介。而我们今天所要探讨的生态文明传播的主体主要是指各类群体和新媒体平台。建设生态文明是中华民族永续发展的千年大计,生态文明传播离不开广大人民群众的参与和媒体的作为。基层群众和广大在校生,尤其是大学生作为生态文明传播的主力军,应发挥越来越重要的作用,以其特殊的群体性质发挥影响力。

(1)新媒体平台的建立。建设生态文明是一项系统工程,其中生态文明的传播是建设生态文明的重要组成部分,它对于生态文明的建设主要起到传递信息、交流经验、普及知识、引导舆论、监控环境等作用。在当前的传播环境中,微信微博新媒体平台无疑是传播信息最及时、效果最显著、范围最广泛的一种传播途径和手段。随着自媒体的兴起,生态文明的传播环境也在发生变化,自媒体平台调动了公众参与生态文明传播的积极性、主动性,同时搭建起生态文明建设和传播的监督与反馈平台。

近年来,无论是国家政府层面,还是基层人民群众,对生态文明的关注面从局部上升到整个生态系统,从单种媒体扩展到多媒体的综合运用,这些成绩都是对生态文明传播价值和作用的肯定。但是,在传播过程中,也出现了生态传播理念的滞后、偏重人与自然而忽略人与社会等问题,新媒体平台本身的优点可以在一定程度上弥补这些问题。

(2)生态文明基层民众服务体系。党的十八届五中全会确立了"创新、协调、绿色、开放、共享"的新发展理念。在推进中国特色社会主义生态文明建设的进程中,党中央不断强调"把培育生态文化作为重要支撑",加强生态文明顶层设计。

然而,在现实发展中,人们的生态文明意识薄弱、生态文明建设滞后、生态文明基层民众服务建设急需加强。建设生态文明基层群众服务体系是一项重要而紧迫的任务。创建以政府为主导、以公益性文化单位为骨干的生态文明基层民众服务体系,鼓励全社会积极参与,保障人民群众参与和享有生态文明环境和成果的基本权益。生态文明基层民众服务体系建设关系到生态文明传播长远目标的实现,也关系到中华民族可持续发展的整体利益,必须给予高度重视,从资金、人才、技术等方面给予足够的保障。以生态文明基层民众服务体系为基点,推动生态文明全民宣传教育的开展,打破生态文明传播和发展的地域差距、城乡差距、群体差距。

(3)高校大学生生态文明传播教育与实践。高校是人才的培育基地,是新思想孕育的摇篮,是掌握新技术的主要群体。在生态文明传播过程中,高校应该起到引领的作用。高校不仅能通过思想政治教育帮助大学生确立正确的生态价值观,而且通过生态文明教育的实践活动使大学生深入理解生态文明的丰富内涵,并以身作则地践行生态文明理念。

自党的十八大以来,各高校多次开展大学生生态文明教育的实践工作,目的就是充分发挥大学生特有的辐射功能,努力使其成为实践和传播生态文明的主力军。高校依托学生会、学生社团等学生组织,开展各具特色的生态文明实践活动,通过讲座、研讨会、辩论赛、社区志愿服务、摄影展等活动,提高自身和全校师生的生态文明意识,也带动当地社区、居委会和政府相关部门积极支持学生活动,营造良好的生态文明传播氛围,增强学习生态文明知识的意识,调动当地群众践行生态文明理念的积极性和投入度。

第四节　生态文明与国际合作

人类是一个命运共同体,绿色发展已经成为全球共识。在建设生态文明过程中,应该加强国际交流合作,充分利用国际生态文明建设方面的成果和成功经验,推动我国生态文明建设迈上新台阶。

一、国际合作的重要意义

党的十八大确立了生态文明为国家的执政理念和发展战略的重要组成部分,并把它纳入到了"五位一体"的战略总布局。党的十九大再次吹响了加快生态文明改革建设美丽中国的号角。通过近年来的改革发展,我国的国际地位和国际话语权得到了显著的提升,我国已经成为全球生态文明建设的重要参与者、贡献者、引领者并不断积极地为解决全球生态问题贡献着中国智慧和中国方案。为加快推进生态文明建设,树立起我国负责任大国的形象;加强与世界各国在生态文明领域的对话交流和务实合作来促进全球的生态安全。建设可行的生态文明国际合作路径、强化生态文明的国际合作,已成为当前我国深度参与全球可持续发展以及全球环境治理进程的一项重大而紧迫的任务。

(1)生态文明国际合作的重大意义。当前全球环境治理改革以及全球可持续发展目标设定进程正处于关键时刻,各主要国家都在力争国际环境保护与发展领域的主导权。加强生态文明的国际合作,有利于我国蕴含丰富生态文明观的优秀传统文化的国际传播,一定程度上可以帮助我国融入并影响世界可持续发展的主流,提升国家在国际社会中的价值和文化认同感。加强生态文明的国际合作,有利于缓解和消除国际社会对我国环境发展的误解,使得他们能够客观认识和理解我国在环境和发展领域所做的努力、进展以及对全球可持续发展的积极贡献,以此来赢得更广泛的国际社会理解和支持,树立和维护我国的形象,促进全球的生态安全。加强生态文明的国际合作,还有利于增强我国在国际环境保护与发展领域的话语权,提高主导权,并"推广我国在生态文明建设实践中的绿色产业、技术和投资等在全球环境治理进程中的规则制定,为我国'一带一路'、南南合作等战略实施创造和争取更有利的外部条件,获得更多的国际环境、经济和政治利益。"

（2）生态文明国际合作的现状及问题。近些年来,我国积极参与全球生态环境的保护与治理工作,为全球的生态安全、应对气候变化做出了重要贡献。但总体上目前的国际社会对我国的生态文明建设还存在众多的不解、疑虑、甚至是排斥的现象,致使我国的生态文明国际化合作还存在很大阻力。出现这些问题的主要原因有四个方面:一是缘于各国发展差异,国际社会对我国生态文明理念的不理解、误解以及偏见;二是我国生态文明国际化合作的行动和谋划不足,缺乏生态文明国际化合作的整体策略和布局;三是没有建立有效的生态文明国际化合作机构与平台;四是缺乏政府间、部门间以及组织间的生态文明国际化合作的联系。

（3）加强生态文明国际合作路径的建议。近几年来我国的生态文明建设已取得了显著的成效,尤其是取得了一些值得国际社会借鉴的建设模式与经验。同时国际社会也在积极寻求与我国的合作,鼓励我国积极探索出适宜于本国国情的可持续发展道路并分享经验,共同推动全球的可持续发展。加强生态文明国际化合作的路径建设,有效地促进生态文明的国际化合作,可以从以下几个方面着手:一是国家通过组织国内外专家系统研究可持续发展与生态文明的理论联系,构建生态文明的科学理论体系,加强生态文明的国际化宣传,制定明确的生态文明国际化合作的理念、目标和路径等以便于国际社会形成对生态文明正确的理解和认识,形成生态文明的国际认知与认同。二是国家通过系统布局和战略部署来加强生态文明的国际化合作,促进生态文明的国际化合作的整体安排,明确生态文明国际化合作的目的、核心内容、主要对象、预期成果、合作形式、可以借助的平台和机制等,设立专门的组织机构,增加合作的专项资金投入等。三是培育和建立推动生态文明国际化合作的机构与平台,"借鉴国际经验,培育和建立推动生态文明国际化的国际性机构,建立生态文明知识平台和伙伴关系。"促进中国自身的生态文明建设与全球可持续发展理念的互包互容,以推动全球的可持续发展。四是加强政府间、部门间以及组织间的生态文明国际化合作的政策对话。

二、国际合作的机制建设

生态文明是人类文明发展的新阶段,是整个人类社会发展的必然趋势,它是站在全人类的角度提出的新理念、新思路。因此要建设人与自然和谐发展的生态文明社会,需要全人类一起努力、协同合作,加强国际生态合作机制建设。十八大以来我国全面推进生态文明建设,由"四位一体"发展到经济、政治、文化、社会、生态"五位一体"的总体布局。2015 年,中共中央、国务院《关于加快推进生态文明建设的意见》更是指出,必须"以全球视野加快推进生态文明建设,把绿色发展转化为新的综合国力、综合影响力和国际竞争新优势"。由此可见,要想实现生态文明,不能只着眼于一国、一区之内的生态问题,而应该从整个地球出发,着眼于全人类,树立全球生态观。

现阶段的生态危机主要表现为环境污染、气候变暖、生态平衡被破坏、自然资源枯竭等问题。伴随全球化、市场化和信息化的进一步拓展,生态问题的跨国界速度更快,危害范围更广,管理和解决难度更大。从全球视野来看,对于现存生态问题的解决,目前的状态是世界各国各自理解、单独行动,世界生态依然呈现局部改善、整体恶化的局面。究其原因,则是人们对生态文明建设国际化的必要性认识不足和国际生态合作机制不完善。这就要求我们建立健全国际生态合作机制,在生态国际合作机制的规范下共同治理全球生态问题,建设人类共同的美好家园。

首先,要加强国际生态合作的制度建设,建立多层次、多领域的多边生态合作机制。充分发挥国际组织,特别是联合国的作用,制定颁布有关国际生态合作的法律、法规和规章,保证不发达国家在全球生态治理中的参与权、话语权、知情权和决策权,改变不公正、不公平、不透明的全球生态治理格局。与此同时重视民间合作的作用,注意生态合作形式和渠道多样性,包括从政府间合作、行业间合作到企业"走出去"自主搭建的合作渠道等多种形式。同时从政治、经济、文化、社会等各种领域、各行业加强国际生态合作。多层次全方位的生态合作平台的搭建能够从不同的角度和渠道为生态国际合作提供保障和支撑,不同性质的合作机制各自有独特的优势。

其次,要树立全球生态命运共同体意识,以全球整体性思维推进国际生态合作共治。地球是人类共同的家园,随着生态问题的日益严重,"地球毁灭论""人类灭亡论"层出不穷,在这一背景下,每个国家、每个民族,甚至每个个人都不可能置身事外。全球生态命运共同体要求具有不同社会制度和意识形态的地区、民族和国家在"灾难当头"的境遇中必须摒弃民族的、集团的、区域的和国家的价值偏见,超越作为上层建筑的意识形态的意见分歧,尤其是防止意识形态将生态问题任意地政治化、国别化和情绪化,以全球生态命运共同体的价值诉求整合多元思想意识,携手通力合作,共同推进全球生态问题解决。

最后,要建立公平公正的国际生态补偿机制,消除生态殖民主义的危害,加强生态技术研发和交流。在解决环境污染过程中"谁补偿"问题备受争议,特别是在国际生态补偿问题上,更是争论不休。因此建立科学合理的国际生态保护补偿评价体系,形成一体化、规范化、制度化的国际生态补偿机制势在必行。发达国家在经济、科技上的绝对优势地位使得发展中国家为了发展经济不得不接收发达国家转移过来的高污染、高耗能、高排放的企业,成为发达国家的"垃圾场",这严重阻碍了全球生态文明的发展,使得国际生态合作处于不公平、不公正状态。严格执行"谁开发谁保护、谁受益谁补偿"的生态补偿机制,有利于消除生态殖民主义的危害。此外,各国在加强生态技术研发的同时注重生态技术的交流共享,有助于及时消除国际生态合作中的矛盾和隔阂,进一步促进全球生态文明的发展。

三、国际合作与绿色"一带一路"

"一带一路"是国家主席习近平分别于 2013 年 9 月、10 月出访中亚、东南亚国家期间先后提出共建"丝绸之路经济带"和"21 世纪海上丝绸之路"的重大倡议的合称。"丝绸之路经济带"倡议涵盖东南亚经济整合、涵盖东北亚经济整合,并最终融合在一起通向欧洲,形成欧亚大陆经济整合的大趋势。"21 世纪海上丝绸之路"战略从海上联通欧亚非三个大陆和丝绸之路经济带战略形成一个海上、陆地的闭环。

"一带一路"除了有合作共赢的经济目标外,还有较高的生态诉求。陆上丝绸之路沿线所经过的欧亚大陆腹地,地貌及气候与我国西北地区相似,多以沙漠、荒漠和草原为主,植被少,年降水量严重不足,水资源匮乏,生态环境脆弱。而沿线所经过的东南亚地区,受到人口快速增长、工业化和城市化的影响,环境问题十分突出;海上丝绸之路所串联起的东盟、南亚、西亚、北非国家绝大多数都是发展中国家。随着人口增长、资源消耗迅速增加,过度捕捞和任意排放,使它们深受气候异常和环境问题的困扰:如自然海岸线大量丧失、海水污染、生态灾害频发、渔业资源枯竭、生物多样性减少等。在这样的生态环境状况下,就要求我们在发展沿线经济的同时,也要注意沿线地区的生态保护,必须把绿色发展融入到"一带一路"建设当中,加强与沿线国家的生态合作。

"一带一路"建设秉承的是共商、共建、共享原则,秉持和平合作、开放包容、互学互鉴、互利共赢的理念,全方位推进务实合作,打造政治互信、经济融合、文化包容的利益共同体、命运共同体和责任共同体。这有利于增强沿线地区、国家、民族的共同体意识,为生态合作的发展提供了思想理论基础。此外,2015 年 3 月,国家发改委、外交部、商务部联合发布了《推动共建丝绸之路经济带和 21 世纪海上丝绸之路的愿景与行动》,提出"在投资贸易中突出生态文明理念,加强生态环境、生物多样性和应对气候变化合作,共建绿色丝绸之路"。2017 年 5 月召开的"一带一路"国际合作高峰论坛上,国家主席习近平提出"践行绿色发展的新理念,倡导绿色、低碳、循环、可持续的生产生活方式,加强生态环保合作,建设生态文明,共同实现 2030 年可持续发展目标"。同年,环境保护部发布《"一带一路"生态环保合作规划》,更是为我国当前和今后一段时期推进"一带一路"生态环保合作工作明确了"行动方案"。

我国在"一带一路"建设中一直注重与沿线国家和地区在生态环保领域的合作,积极推进相关工作,并取得了较好的成果。一方面,加强引导智库和环保社会组织的交流和合作。例如,建立了中国—阿拉伯国家环境保护合作论坛、中国—东盟环境合作论坛、欧亚经济论坛生态与环保合作分论坛、"一带一路"生态环保国际高层对话会(深圳)等对话合作平台,初步搭建了"一带一路"生态环保大数据服务平台,推动建立了环境技术和产业转移合作。利用中国优势产能和先进的装备技术帮助沿线国家加快道路、电力、通讯等领域建设,有利于推动沿线国家工业化与城镇化进程。另一方面,把生态文明融入到政策沟通、道路联通、贸易畅通、资金融通和民心相通的"五通"中去。加强政府间生态保护合作,积极构建多层次政府间生态政策的沟通交流,协商解决建设中的各种生态问题,达成生态共识;强化基础设施绿色低碳化建设和运营管理,在建设中充分考虑生态环境问题;拓宽贸易领域,优化贸易结构,积极推进环保产业合作,推动水电、核能、风能、太阳能等清洁、可再生能源合作,推动沿线地区产业结构优化升级;积极建设绿色资金融通大动脉,以绿色发展基金、绿色债券等绿色融资工具筹集资金输血"一带一路";加强优势领域生态环保合作,提高环保领域的法律制度、人才交流、示范项目等方面的对外援助水平。

"一带一路"的建设是中国"构建人类命运共同体"的一次伟大实践,把绿色发展的生态文明理念融入到建设的方方面面,极大地促进了全球生态文明建设的伟大实践,为以后国际生态合作提供了一个值得学习和借鉴的范例。

思 考 题

1. 加强生态文明教育主要包括哪些内容?
2. 如何运用现代信息技术推进生态文明教育?
3. 大学生在推进生态文化传播中应该如何发挥作用?
4. 加强生态文明国际合作与构建人类命运共同体的关系?

第九章
生态文明建设的使命担当

在生态文明建设的伟大事业中,大学生担当着重要的历史使命,具有重要的历史地位,发挥着巨大的作用。要从中国特色社会主义现代化建设的战略全局的高度,科学认识大学生在生态文明建设中的使命担当,正确理解大学生在生态文明建设中的具体作用,充分提升大学生生态素养。

第一节　大学生在生态文明建设中的历史使命

作为社会生活中的现实的、具体的个人，总要担当各种任务和责任，正如马克思和恩格斯在《德意志意识形态》中曾说过的："作为确定的人，现实的人，你就有规定，就有使命，就有任务，至于你是否意识到这一点，那是无所谓的。这个任务是由于你的需要及其与现存世界的联系而产生的。"这也即是说，每一个具体的感性的现实的人在社会生活中都有着自己所承载的不可抗拒的历史使命，都担负着社会生活所提供的社会责任。时代不同，每一个体承担的使命和责任也不尽相同。在建构中国特色社会主义、实现中国特色社会主义共同理想的新时代，经济发展、政治稳定、社会安康、生态优美、成果共享是所有中国人的共同愿景。党的十八大以来，党和国家高度重视生态文明建设，把生态文明建设纳入社会主义建设总体布局，并且在十九大中明确把"美丽中国"作为我们建设的总目标之一，把生态文明建设置于关乎中华民族永续发展和"两个一百年"奋斗目标的实现的重要历史地位。大学生是民族的希望、祖国的未来，理应将这一目标作为自己的历史使命，勇挑重任，奋勇前行。正如习近平同志所强调的："历史和现实都告诉我们，青年一代有理想、有担当，国家就有前途，民族就有希望，实现我们的发展目标就有源源不断的强大力量。"

一、延续和创新人类生态文明

文明是人类文化发展的成果，是人类在社会生产生活实践中所创造的各种物质和精神成果的总和。纵观人类社会发展，大体历经了原始文明、农业文明和工业文明三个重要阶段，尤其是随着工业文明进程的不断加快，人类社会经济以前所未有的速度迅猛发展。在人类享有经济大发展成果的同时，环境和社会问题亦凸显而出，并呈加剧之势，人类的生存环境亦面临严重危机。至20世纪中叶，环境保护运动风起云涌，原有的文明发展模式亦愈来愈遭到人们的质疑。新的文明发展思路由此应运而生，亦即生态文明的及时提出并不断完善和实践。美国海洋生物学家、现代环境保护运动先驱蕾切尔·卡逊在1962年发表的《寂静的春天》一书中指出，地球上生命的历史一直是生物及其周围环境相互作用的历史，认为"我们是在与生命——活的群体、它们经受的所有压力和反压力、它们的兴盛与衰落——打交道。只有认真地对待生命的这种力量，并小心翼翼地设法将这种力量引导对人类有益的轨道上来，我们才能希望在昆虫群落和我们本身之间形成一种合理的协调"[1]。至20世纪80年代，美国学者莱斯特·布朗提出可持续发展的社会理念，认

---

[1]　[美]蕾切尔·卡逊.寂静的春天[M].吕瑞兰，李长生，译.上海：上海译文出版社，2015.

为"如果我们想让经济进步不断地继续下去的话,我们就只有重新来架构我们的全球经济,使之成为一种能维系环境永续不衰的经济,除此之外别无他途"[1]。这条路径也就是没有任何先例可循的以生态法则为导向的可持续发展之路。1982年,联合国环境规划署召开人口、资源、环境和发展大会,会议通过了以可持续发展为核心的《21世纪议程》,使谋求可持续发展逐渐成为人类的共识,形成了人类建构生态文明的纲领性文件。1992年,在联合国环境与发展大会上,提出了全球性可持续发展战略,在人类环境保护与可持续发展进程上迈出了重要一步。因而,从人类社会发展的历史性视角来看,生态文明是一种新型的、更高级的文明形态,是人类和社会进步的必然趋势和选择。

文明是自然环境和社会环境相互选择、相互作用的产物,是人类通过不断发展生产力、改变生产方式推动的。生产力作为人类协调和改造自然使其适应人类需要的客观物质力量,反映了人们解决社会同自然矛盾的能力,体现了人和自然的关系。人类文明是人们在特定的物质生产基础上相互交往、共同活动产生的文化整体,正如马克思所言:"在实践上,人的普遍性正是表现为这样的普遍性,它把整个自然界——首先作为人的直接的生活资料,其次作为人的生命活动的对象(材料)和工具——变成人的无机的身体。自然界,就它自身不是人的身体而言,是人的无机的身体。人靠自然界生活,就是说,自然界是人为了不致死亡而必须与之处于持续不断的交互作用过程的、人的身体。所谓人的肉体生活和精神生活同自然界相联系,不外是说自然界同自身相联系,因为人是自然界的一部分。"[2]这也既是说,人类在社会实践活动中如果不保持自身和自然的和谐统一,那就会危及自身的生存发展。生态文明正是实现人自身与自然和谐统一的必然路径。大学生作为现代生产力系统中最能动、最活跃的因素,也是最富有梦想、最富有朝气、最富有创造力的青年群体,更应该成为文明传承和创新的主力军和践行者,这既是新时代和国家赋予大学生的神圣使命,也是当代大学生自身发展的必然需要。因而,大学生在学习、创新而实现自我的同时,把学习、传承和创新人类文明作为一种责任,一种价值追求,一种生活方式,从而成为人类文明的承载者和建设者,对于延续和创新文明起着关键性作用。

二、传承与创新中国生态文化

文化就其内容而言,正如英国文学家泰勒在《原始文化》中曾指出的"是包括全部的知识、信仰、艺术、道德、法律、风俗以及作为社会成员的人所掌握和接受的任何其他的才能和习惯的复合体。"[3]文化就其一般意义而言,它

---

[1]　[美]莱斯特·R·布朗.生态经济[M].林自新,戢守志,等译.北京:东方出版社,2002.

[2]　马克思,恩格斯.马克思 恩格斯文集(第1卷)[M].北京:人民出版社,2009.

[3]　[英]爱德华·泰勒.原始文化[M].连树生,译.桂林:广西师范大学出版社,2005.

是人类在社会实践过程中主体本质力量的对象化和自我确证。马克思在其《1848 年经济学哲学手稿》中强调指出："正是在改造对象世界中,人才真正地证明自己是类存在物。这种生产是人的能动的类生活。通过这种生产,自然界才表现为他的作品和现实。"[1]文化就其功能而言在于以文化人。《易经》贲卦象辞言："观乎天文,以察时变;观乎人文,以化成天下。"文化是一个国家、一个民族的灵魂。文化兴国运兴,文化强民族强。中华文明是世界古代文明中始终没有中断、连续五千多年发展至今的文明,在其漫长的历史发展中在各时代特定的环境、经济、政治、意识形态的作用下形成了独具特色的文化传统,为人类文明进步作出了不可磨灭的贡献。

作为对象化存在的中国文化也是具体的、历史的,积淀了丰富的生态文明思想,正如习近平同志曾指出的:"我们中华文明传承五千多年,积淀了丰富的生态智慧。'天人合一'、'道法自然'的哲理思想,'劝君莫打三春鸟,儿在巢中望母归'的经典诗句,'一粥一饭,当思来处不易;半丝半缕,恒念物力维艰'的治家格言,这些质朴睿智的自然观,至今仍给人以深刻警示和启迪。"在中国特色社会主义步入新时代的征程中,中国特色社会主义的新实践必然要求生态文化的不断传承和创新,必然要求生态文化的自信与繁荣。因而,对中国生态文化的传承与创新,已然成为关乎中华民族伟大复兴的历史伟业乃至全人类的福祉的重大问题。当代大学生作为生态文化传承与创新的主体力量,更应该具备高度的文化自觉,全面深入了解中国传统生态文化,通过不断深化学习,对传统生态文化达到正确的自我认知和自我判断,从而做到真正的文化自信。

三、建构人类命运共同体

自从党的十八大报告明确提出"倡导人类命运共同体意识""同舟共济,权责共担,增进人类共同利益"以来,习近平同志多次反复阐述和强调"命运共同体",如 2013 年 3 月 23 日,他在莫斯科国际关系学院发表演讲时明确指出:"这个世界,各国相互联系、相互依存的程度空前加深,人类生活在同一个地球村里,生活在历史和现实交汇的同一个时空里,越来越成为你中有我、我中有你的命运共同体。"就整体而言,人类命运共同体的核心要义就是构建人类命运共同体,实现人类利益共赢共享,建设一个持久和平、开放包容、绿色低碳、可持续发展的世界。人类命运共同体指认着人与人之间、国与国之间、人与自然之间的利益共享的"真正的共同体",绝非是马克思、恩格斯所批判的"虚假的共同体":"从前各个人联合而成的虚假的共同体,总是相对于各个人而独立的;由于这种共同体是一个阶级反对另一个阶级的联

---

[1]　马克思,恩格斯. 马克思 恩格斯全集(第 42 卷)[M]. 北京:人民出版社,1995.

合,因此对于被统治的阶级来说,它不仅是完全虚幻的共同体,而且是新的桎梏。"[1]在马克思、恩格斯那里,共产主义和"所有过去的运动不同的地方在于:它推翻一切旧的生产关系和交往关系的基础,并且第一次自觉地把一切自发形成的前提看做是前人的创造,消除这些前提的自发性,使这些前提合起来的个人的支配。"[2]各个人在自己的联合中并通过这种联合获得自己的自由,实现的是人类的共赢与共享。

人类命运共同体不仅社会是和谐的,而且社会与自然之间也是和谐的。"我们要构筑尊崇自然、绿色发展的生态体系。人类可以利用自然、改造自然,但归根结底是自然的一部分,必须呵护自然,不能凌驾于自然之上。我们要解决好工业文明带来的矛盾,以人与自然和谐相处为目标,实现世界的可持续发展和人的全面发展。建设生态文明关乎人类未来。国际社会应该携手同行,共谋全球生态文明建设之路,牢固树立尊重自然、顺应自然、保护自然的意识,坚持走绿色、低碳、循环、可持续发展之路。"[3]这也即是说人和自然的和谐并不是放弃对自然的改造和利用,而是以文明的尊重和合乎自然规律的绿色方式来改造和利用自然,唯有如此,人类生活才能如恩格斯所说:"谈到那种同已被认识的自然规律和谐一致的生活。"[4]地球作为我们人类共同的家园,保护环境是全人类的共同责任,这种以整体性的视野和思维来把握和思考人与自然关系的方法,体现了鲜明的"命运共同体"意识。从这个意义上讲,生态文明建设蕴含着对人类文明永续发展的高度的责任感。大学生是中国特色社会主义事业建设的主力军,也是中国走向世界舞台中央的关键力量,更是"真正共同体"建构的主要承担者。因而,建构人类命运共同体是大学生义不容辞的使命和责任。

四、开创美好生活

党的十八大后,习近平总书记代表新一届中央领导集体庄严宣示,"人民对美好生活的向往,就是我们的奋斗目标"。2017 年,党的十九大报告中习近平总书记再次强调,"全党同志一定要永远与人民同呼吸、共命运、心连心,永远把人民对美好生活的向往作为奋斗目标"。带领全国人民不断创造美好生活,实现以人民为中心的发展,既是党确立治国理政新理念新思想新战略的价值目标,也是新时代中国特色社会主义的实践追求。

"美好生活"作为评价一种社会建制下人的存在状态的综合性价值标准,它的内涵和外延都是动态的、历史的、社会性的。从哲学意义上理解,美

---

[1]　马克思,恩格斯. 马克思 恩格斯文集(第 1 卷)[M]. 北京:人民出版社,2009.

[2]　马克思,恩格斯. 马克思 恩格斯文集(第 1 卷)[M]. 北京:人民出版社,2009.

[3]　习近平. 携手构建合作共赢新伙伴同心打造人类命运共同体——在第七十届联合国大会一般性辩论时的讲话[EB/OL]. http://politics.people.com.cn/n/2015/0929/c1024-27644905.html.

[4]　马克思,恩格斯. 马克思 恩格斯文集(第 9 卷)[M]. 北京:人民出版社,2009.

好生活是理想与现实的对立统一,它既是一定社会制度中人们对自身生存生活状态的价值预期,也是人们创造并满足既有生存生活条件的价值体现。既有物质的,更有向善、自由、公平、正义、责任、关爱、和谐、民主、法治等价值要素,尤其是新时代,人们对美好生活的向往,更多向往的是公平、正义、平等和自由。其实,早在马克思恩格斯那里,就已经为我们勾勒了美好生活的样板:在共产主义社会里,任何人都没有特殊的活动范围,而是都可以在任何部门内发展,社会调节着整个生产,因而使我有可能随自己的兴趣今天干这事,明天干那事,上午打猎,下午捕鱼,傍晚从事畜牧,晚饭后从事批判,这样就不会使我老是一个猎人、渔夫、牧人或批判者。在这里,马克思美好生活理想是建构在共产主义社会里的,是实现了人的全面和自由发展的基础上的。当然,这也是马克思主义的理论诉求。要实现人的全面发展,必须具备两个重要条件:即物质财富极大丰富,社会财富按需分配;人们精神境界极大提高,社会关系高度和谐。但是这种和谐是建立在人和自然和谐相生的基础之上的。美好生活需要,在某种程度上已等同于对美好环境的需要。党的十九大报告指出:"我们的现代化是人与自然和谐共生的现代化","要提供更多优质生态产品以满足人民日益增长的优美生态环境需要"[1],并明确提出建设美丽中国,形成人与自然和谐发展的现代化建设新格局,既为我国生态文明建设绘出了一张宏伟蓝图,也为中国人民的美好生活规划了具体的"路线图"。良好的生态环境是人们追求美好生活的支撑和基础。因而,美好生活是美好日常物质生活、精神生活和美好生活环境的统一体。

习近平指出:"我们的人民热爱生活,期盼有更好的教育、更稳定的工作、更满意的收入、更可靠的社会保障、更高水平的医疗卫生服务、更舒适的居住条件、更优美的环境,期盼孩子们能成长得更好、工作得更好、生活得更好。"[2]现实不等于理想,期盼不等于现状。当前人们的日常生活还存在着诸如生态环境恶化、教育发展不平衡、医疗体制不健全等问题,因而努力构建美好生活需要在党和政府的领导下社会全体力量的参与与凝聚,齐心协力共同建设好适合中国实际的美好生活。当代大学生既是美好生活的开创者,也是美好生活的享有者,因而,建设美好生活也是大学生义不容辞的义务与责任。

第二节　大学生在生态文明建设中的作用

一、生态文明理念的宣传者

思想是行为的先导,马克思在《<黑格尔法哲学批判>导言》中这样说过:

---

[1]　习近平. 决胜全面建成小康社会 夺取新时代中国特色社会主义伟大胜利——在中国共产党第十九次全国代表大会上的报告[M]. 北京:人民出版社,2017.

[2]　习近平. 习近平谈治国理政[M]. 北京:外文出版社,2014.

"理论一经掌握群众,也会变成物质力量,理论只要说服人,就能掌握群众;而理论只要彻底,就能说服人。"[1] 这也既是说,理论要指导人们的行为达到改造世界的目的,需要首先掌握群众,内化为群众的价值观念后才能外化为群众的行为从而成为强大的物质力量。而理论如何掌握群众?这就需要先进的知识分子的宣传、教育和灌输。列宁非常重视对工人阶级进行社会主义的宣传,并且认为革命知识分子承担着科学社会主义思想体系的创造和传播的神圣使命,他认为:"社会主义学说则是从有产阶级的有教养的人即知识分子创造的哲学理论、历史理论和经济理论中发展起来的。现代科学社会主义的创始人马克思和恩格斯本人,按他们的社会地位来说,也是资产阶级知识分子。俄国的情况也是一样,社会民主党的理论学说也是完全不依赖于工人运动的自发增长而产生的,它的产生是革命的社会主义知识分子的思想发展的自然和必然的结果。"[2] 毛泽东早在抗日战争中也曾指出宣传的重要性:"军队的基础在士兵,没有进步的政治精神贯注于军队之中,没有进步的政治工作去执行这种贯注,就不能达到真正的官长和士兵的一致,就不能激发官兵最大限度的抗战热忱,一切技术和战术就不能得着最好的基础去发挥它们应有的效力。"[3] 可以说,对先进的思想的广泛而深刻的宣传是无产阶级革命和建设能取得成功的重要因素。

生态文明作为一种全新范式的文明,不会在人们头脑中自发地产生,只有通过学习、教育、实践才能自觉形成。大学生思维活跃,接受力强,最易接受新思想、新知识、新技术。因而,大学生通过接受生态文明教育,并把生态文明思想内化为自己的价值体系,投入到生态文明建设的宣传中。通过生态文明观念的宣传,可以帮助人们摈弃落后的环境伦理观、发展观,实现观念的变革和创新,成为生态文明实践发展的先导和推动力;通过生态文明宣传,可以将由自发意识影响和支配的自发的生态行为向由自觉意识影响和支配的自觉的生态活动,也就是马克思所言的:"自由的有意识的活动恰恰就是人的类特性";通过生态文明宣传,可以调动其他群体参与生态文明建设的积极性、主动性和创造性,激发人们的精神动力,在生态文明建设中把精神力量转化为物质力量;通过生态文明宣传,可以使其他民众理解生态文明建设之于国家发展、民族振兴、人类永续发展的重要性,达成普遍的生态共识,从而形成强大的社会凝聚力、向心力,形成推动生态文明建设的强大力量。

二、生态文明建设的生力军

当今世界,人们面临的生态难题不断增多,环境污染、能源危机、淡水危

[1]　马克思,恩格斯. 马克思 恩格斯文集(第1卷)[M]. 北京:人民出版社,2009.
[2]　列宁. 列宁专题文集论无产阶级政党[M]. 北京:人民出版社,2009.
[3]　毛泽东. 毛泽东选集(第2卷)[M]. 北京:人民出版社,1991.

机、温室效应、物种灭绝、灾害频发等等层出不断,社会生活中人与自然不和谐的状态已成普遍共识,"近80%以上草原出现不同程度的退化,水土流失面积占国土总面积37%,海洋自然岸线不足42%。资源开采和地下水超采造成土地沉陷和破坏。生物多样性锐减,濒危动物达258种,濒危植物达354种,濒危或接近濒危状态的高等植物有4000～5000种,生态系统缓解各种自然灾害的能力减弱。"[1]面对如此脆弱和伤痕累累的自然,需要人类对我们赖以生存的自然给予关爱、保护。大学生是国家的希望,也是生态文明建设能够实现可持续发展的根本保证,在生态环境保护、生态文明建设方面应该要比其他社会群体成员负有更多义务与责任。

生态文明建设是一个庞大的系统工程,需要社会生活各方面力量长期不懈的努力和坚持,其中大学生这支庞大的队伍就是重要载体和力量。大学生是我国青年群体中知识较密集、思想较敏锐、观念较开放的社会群体,他们接受着系统的生态教育,在生态价值观念、生态素养、生态行为等方面都要明显区别于其他群体,是生态文明建设中最具创造性和活力的主体力量和核心力量,更应该成为生态文明创新的主力军和践行者。这是社会、时代和人民赋予大学生群体的责任和使命。因而,加强大学生生态文明教育,提高他们的生态素质,优化他们的生态行为,对于确保实现全面建成小康社会、加快推进社会主义现代化强国的宏伟目标,确保中国特色社会主义事业繁荣兴盛、后继有人,具有重大而深远的战略意义。对于大学生而言,既是生态文明建设的主力军,同时也是生态文明建设成果的共享者。应该在日常生活实践中,深入践行生态文明理念,广泛开展绿色环保、生态建设、环境保护等实践活动。

三、生态文明创新的引领者

在现代化工业突飞猛进的过程中,当人类在坐享工业文明带来的巨大物质财富的同时,也共享着自然界对人类的"报复"。种种环境问题、全球问题拷问着人们的良知,作为具有对象性存在的人何以解决这些危及人自身生存和发展的重大问题,诚如马克思曾言,问题就是一切,问题就是如何解决人和自然的矛盾与冲突,如何实现人与自然的和谐共生。对此,各种理论的回应层出不断,人类中心主义、技术享乐主义、功利主义、生态伦理学、生态马克思主义、生态社会主义、生态女权主义、消费主义等思潮纷纷表达各自的利益诉求和价值取向。随着改革开放以及互联网的发展,这些思潮对人们的价值观念、行为取向都产生着重大影响。在当今社会,大学生不仅要成为生态文明的宣传者、实践者、推动者,更要成为生态文明发展的引领者,要站在时代发展和社会进步的历史高度以马克思主义立场、观点和方法深刻认识和揭示各

---

[1] 马凯.坚定不移推进生态文明建设[J].求是,2013(9).

种生态思潮的本质和根源,以社会主义核心价值观引领各种生态思潮,能够帮助其他群体增强推动和引领生态文明建设,才能使自身不断融入生态文明建设,才能带动更多的人投身生态文明建设,生态文明才能在全社会、全民族的共同努力下得到实现和发展。

四、生态文明发展的奉献者

奉献就是一种爱、一种快乐、一种幸福,拥有奉献的人生才是完美的人生。正如马克思所言:"人们只有为同时代人的完美、为他们的幸福而工作,才能使自己也过得完美。如果一个人只为自己劳动,他也许能够成为著名的学者、伟大哲人、卓越的诗人,然而他永远不能成为完善的、真正伟大的人物。"[1]一个人在社会生活中如果所有作为都只是满足自我私利,而不能服务、奉献于国家、社会、人民,那么他永远是一个精致的利己主义者,而不会成为真正完美的人物。作为有担当、有使命的大学生将来也要走向社会,融入社会,所学知识为谁服务是每个大学生都必须思考和理清的问题。对此,列宁在《青年团的任务》中就曾指出过:"青年团的任务还在于:除了掌握各种知识,还要帮助那些靠自己的力量摆脱不了文盲愚昧状况的青年。做一个青年团员,就要把自己的工作和精力全部贡献给公共事业。"[2]列宁的这段话虽然是针对本国青年所讲,但对我国当代广大大学生也具有指导意义,为大学生服务于谁指明了方向:即所学知识要服务于国家、人民,服务于社会公共事业,这也是大学生"为天地立心、为生民立命"的具体行动表达。

生态文明建设关乎人类福祉、关乎每个个体的生存与发展,需要大学生的倾情付出和奉献。大学生要有奉献精神,就要锤炼高尚品格,保持积极的人生态度,积极参加生态环保公益活动、志愿服务等,养成奉献习惯。习近平总书记在 2014 年纪念五四讲话中特别强调:"现在在高校学习的大学生都是 20 岁左右,到 2020 年全面建成小康社会时,很多人还不到 30 岁;到本世纪中叶基本实现现代化时,很多人还不到 60 岁。也就是说,实现'两个一百年'奋斗目标,你们和千千万万青年将全过程参与。有信念、有梦想、有奋斗、有奉献的人生,才是有意义的人生。"[3]当前正处在实现中国梦的伟大征程中,正处在生态文明建设的伟大工程中,大学生要在中国舞台、世界舞台去奋斗、去奉献,创造美丽人生,共享美丽生活。

[1]　马克思,恩格斯 . 马克思 恩格斯全集(第 40 卷)[M]. 北京:人民出版社,1982.

[2]　列宁 . 列宁选集(第 4 卷)[M]. 北京:人民出版社,1995.

[3]　习近平 . 青年要自觉践行社会主义核心价值观——在北京大学师生座谈会上的讲话[N]. 人民日报,2014-05-05.

第三节　大学生参与生态文明建设的方式

2015 年 4 月,中共中央、国务院颁布的《关于加快推进生态文明建设的意见》指出:"生态文明建设关系各行各业、千家万户。要充分发挥人民群众的积极性、主动性、创造性,凝聚民心、集中民智、汇集民力,实现生活方式绿色化。"同年 9 月印发的《生态文明体制改革总体方案》中明确指出:"引导人民群众树立环保意识,完善公众参与制度,保障人民群众依法有序行使环境监督权。"生态文明建设是一项复杂系统工程,需要全社会力量的共同参与。公众参与与生态文明建设是辩证统一的,公众参与为生态文明建设提供持久发展的主体动力,生态文明建设也以维护广大公众的生态利益为价值旨归。大学生作为生态文明建设的主力军,要依法通过多种途径参与生态文明建设,积极贡献自己的主体力量。

一、树立生态法律意识

习近平同志指出:"建设生态文明是中华民族永续发展的千年大计。必须树立和践行绿水青山就是金山银山的理念,坚持节约资源和保护环境的基本国策,像对待生命一样对待生态环境,统筹山水林田湖草系统治理,实行最严格的生态环境保护制度,形成绿色发展方式和生活方式,坚定走生产发展、生活富裕、生态良好的文明发展道路,建设美丽中国,为人民创造良好生产生活环境,为全球生态安全作出贡献。"[1]其中特别强调了要实行最严格的生态环境保护制度,这是推进生态文明建设的根本保障。改革开放 40 年来,我国已颁布了如《环境保护法》《水污染防治法》《海洋环境保护法》《节约能源法》《矿产资源法》《农业法》等 30 多部法律,基本上建立了完整的立法框架,对我国污染防治、能源节约、生态保护和循环经济发展等发挥了积极的作用。但是我国生态文明的法律形式和体系仍不完善,需要在生态文明理念指导下制定更加严密、科学、整体的法律保障体系,推进依法治理生态环境,为实现国家治理能力和治理体系现代化提供完备的法律支撑。

(一)树立生态法律意识,加强生态法律教育

随着生态文明建设的推进,大学生逐步认识到建设生态文明、保护生态环境,关系到每个个体自身的生存以及子孙后代的长远利益,要在生态法律体系中担负起自己的责任和行使自己合法的权益。虽然各种相关生态法律已颁布实施,但是这些生态法律在大学生中的宣传与普及相对还处于薄弱状

---

[1]　习近平. 决胜全面建成小康社会 夺取新时代中国特色社会主义伟大胜利——在中国共产党第十九次全国代表大会上的报告[M]. 北京:人民出版社,2017.

态。因而,大学生依法参与生态文明建设,首先必须树立生态法律意识。任何生态法律意识都不可能在头脑中自发生成,必须通过各种渠道接受生态法律教育。纵观世界上生态法制发达的国家都非常注重依托立法的方式加强生态教育,提高教育对象的生态法律意识。如美国于1970年制定了《环境教育法》,巴西在1999年制度了《国家环境教育法》,日本在2003年制定了《增进环保热情及推进环境教育法》,韩国在2008年制定了《环境教育振兴法》等,通过这些具体的生态文明教育相关的法律,推动了生态文明教育法治化发展,这对我们来说非常具有可咨借鉴的价值。当前,在推进生态文明建设的过程中,我们的生态法律体系中还没有相应的生态文明教育法。因此,需要立足于中国特色社会主义事业的新时代、新实践、新征程,尽快制定适合我国的生态文明教育法律,完备我国生态文明法律体系。

(二)遵守生态法律法规,规范生态行为

生态法律的实施,需要社会成员的守法。大学生要积极参与生态文明建,在行动中严格遵守生态法规,恪守生态红线,通过生态法规调控人、约束和规范生态行为,促使其行为与生态保护相一致,与生态文明发展相同步,使自己自觉地参与环境保护、环境治理中,从而有效地促进人与自我和谐发展。同时,大学生还要增强生态法律权利意识。《中共中央关于全面推进依法治国若干重大问题的决定》中指出要"推动全社会树立法治意识""增强全社会学法尊法意识,使法律为人民所掌握所遵守、所运用"。大学生参与生态文明建设的行为既是履行使命和义务的行为,同时也是行使宪法和国家所赋予公民权利的表现。因此,每一个大学生不但要遵守生态文明建设的各种法律法规,使自己的各种具体行为都利于生态文明建设,而且还要从思想上意识到自己有参与生态文明建设的法定权利。因而大学生在生态文明建设的过程中,还要积极行使生态法律权利,参与环境影响评价、环境污染听证等活动,行使环境法律知情权、参与权、监督权,以法律武器保护生态,推进生态文明进程。

二、参加生态文明实践活动

(一)增强生态文明建设主体意识

主体意识是指具有思维能力、从事社会实践和认识活动的人对于自身的主体地位、主体能力、主体需要、主体价值等方面的一种自我认知和理性自觉。个人主体意识的自觉及提升,关涉着其能否发挥自身的主动性、创造性,从而能否实现自身全面的发展。大学生作为生态文明建设的主力军,其主体意识的全面提升,有利于使其明确自己在生态文明建设中的权利主体地位以及所担负的生态文明建设的历史使命,使他们能真正自觉自愿地投身到生态

文明建设。因此,增强大学生主体意识对积极参与生态文明建设具有关键性的作用。提高大学生生态文明建设主体意识,需要学校、家庭、社会的共同努力。

(二)参加生态文明实践活动

对于大学生来说,要通过各种渠道掌握生态文明理论,使原有的生态知识有感性到理性的升华,形成绿色发展理念。同时,还要积极参加各种生态文明建设实践活动。在日常校园生活中,可以把握和利用一些诸如"世界地球日""世界环境日""世界水日""植树节""国家宪法日"等一系有特殊意义的重要日子开展生态道德、生态法律等生态文明专题活动,还可以组建环保社团,通过举办各种生态文化节、生态知识大赛、生态文明征文比赛等活动以及环保志愿活动,扩大生态文明宣传,增强生态文明建设校园感染力和渗透力。另外,大学生还要融入社会,走入社区、街道、乡村,以通俗易懂的、大众化的、老百姓喜闻乐见的形式和方式开展环保知识、法律宣传教育和创建绿色文明乡村、绿色文明社区、绿色生态城市等活动。通过参与各种生态实践活动获得丰富的生态环境道德体验,激发参与生态文明实践活动的热情。与此同时,通过生态实践活动过程中同学间的相互激励与合作,还能够提高他们的生态文明参与能力和参与意识,从而进一步加深对生态文明内涵的理解,并在潜移默化中把生态文明建设精神升华为信念,推动生态文明建设的进程。

三、建构绿色低碳生活方式

人类社会进入工业社会以后,过度生产和过度消费带来了极大的资源浪费、生态破坏和环境污染,造成了人与自然张力的不断扩张。因而,要在全社会"倡导简约适度、绿色低碳的生活方式,反对奢侈浪费和不合理消费,开展创建节约型机关、绿色家庭、绿色学校、绿色社区和绿色出行等行动。"[1]绿色低碳的生活方式是破解人类发展面临的生态难题、消解人与自然张力的重要途径。

消费是人们生活重要的组成部分,是人类生存和发展的基本需求,消费观就是人们对消费的总的看法和观点。作为人们消费行为的先导,消费观指导着人们在实践生活中消费什么、如何消费等消费行为。因而,人们的消费观是否科学,对人们的生活方式是否合理、是否科学有着直接影响作用。作为一种具体化的观念形态,消费观有其社会历史性,总是受制于一定社会历史的物质生产条件,不同时代条件下必然有着不同的消费观念,即便是同一

---

[1]　习近平.决胜全面建成小康社会 夺取新时代中国特色社会主义伟大胜利——在中国共产党第十九次全国代表大会上的报告[M].北京:人民出版社,2017.

社会历史条件下由于人们的政治、经济、文化、历史、传统等多种因素的影响，也会产生不同的消费观。与人类文明发展的线性进程相一致，人类的消费观大体也经历了三个不同时期：原始文明的压抑型消费观、农业文明的适应型消费观以及工业文明的扩张型消费观，尤其是工业文明带来的物质财富的大幅增加，滋生了消费主义的价值观。消费主义是以追求享受性和挥霍物质性消费为核心价值追求的消费理念。作为一种生活方式、一种生活态度，消费主义"消费的目的不是为了实际需求的满足，而是不断追求被制造出来、被刺激起来的欲望的满足。换句话说，人们所消费的，不是商品和服务的使用价值，而是它们的符号象征意义。"[1]消费主义甚嚣尘上，带来的是资源的极大浪费和生态环境的极大破坏。随着人类对工业文明和消费主义的反思，生态消费观伴随着生态文明进程的推进也油然而生。生态消费观是指以保护环境为前提，在满足人的生存和发展需要的基础上进行适度、绿色和可持续的消费的观念，它体现了人与人、人与社会以及人与自然的和谐统一。

大学生是社会新技术、新思想的前沿群体，是未来政治和经济理念的传播者和实践者，因此作为一个特殊的消费群体，其消费观是否正确，直接影响着社会生活消费结构的变化。随着大学生对美好生活向往的需要不断增加以及网络消费平台的日益丰富，他们的消费方式、消费理念、消费行为都发生了巨大变化，尤其是消费主义的滋生蔓延，加剧了大学生消费行为的偏离。因而，大学生必须树立科学合理的生态消费观，秉承适度原则，坚持节约资源、节制消费、科学消费的绿色消费原则，克服冲动与盲目消费、攀比与炫耀消费、交往过度消费以及个性消费等不合理、不科学的消费方式、消费行为，使自身的消费行为最大限度地降低对生态环境的影响。

把绿色消费、绿色出行、绿色学习等融入生活，过低碳生活是提高人类生活质量和实现人类社会永续发展的长远战略，需要长期坚持不懈的努力和培育。因而要把对大学生进行低碳生活认知的教育贯穿生活的全过程，从点滴做起，从自我做起，并通过大学生自身的榜样示范作用辐射整个社会，使低碳生活成为人们普遍的生活方式和生活习惯，从而极大地以推进生态文明的建设。

四、提高生态文明素养

在全面推进小康社会、建设美丽中国的愿景下，党和国家高度关注人民的永续发展，提出"必须从中华民族历史发展的高度来看待这个问题，为子孙后代留下美丽家园，让历史的春秋之笔为当代中国人留下正能量的记录"。大学生担负着生态文明建设的责任与使命，更应该具备进行生态文明建设需要的良好的生态文明素养。因而，着力提升大学生生态意识、生态人

---

[1]　陈昕．救赎与消费——当代中国日常生活中的消费主义[M]．南京：江苏人民出版社，2003.

格、生态行为,是当前必须要应对和解决的重大的时代课题。

大学生作为生态文明建设的中坚力量,其生态文明素养状况直接关乎生态文明建设的成败得失。提升大学生生态文明素养,需要全社会营造清朗的生态文明建设氛围,以整体性思维建构由校内到校外、由课上到课下、由网内到网外的立体协调的教育机制。生态文明素养的提升,对大学生的全面发展提出了更高的要求。也就是说,人的全面发展不仅要有高尚的处理人和人以及人和社会关系的思想政治品质,还要有处理人与自然关系的生态人格;不仅要有科学的生态意识,还要有参与生态文明建设的能力和素质。

（一）课上与课下相结合,引领大学生树立科学的生态文明观

有学者对大学曾作出过精辟的规定:"大学是知识的共同体、学术的共同体、思想的共同体、文化的共同体、道德的共同体。这就是大学的本质所在。"[1]其实,这还不够全面,大学还是人与自然和谐相生的生命共同体。高校是大学生生态文明教育的主阵地、主渠道,要从整体上打造生态文明建设的浓郁氛围,做好顶层设计,通过理论教育、环境熏陶、实践养成等路径加强大学生生态文明教育。首先,学校要把生态文明教育纳入教育内容之中,不仅要贯穿于思想政治理论课,还要在专业课程、生态文明通识选修课等课程中有所普及。重点开展马克思主义生态观、中国化马克思主义生态观的教育,强化生态伦理、生态哲学、生态战略、生态思维等具体内容的教育,从而完善和优化大学生生态文明的知识结构。当前社会生活中各种生态思潮蔓延滋生,需要大学生能以科学的生态观作为理论武器进行批判和回应,以增强建设生态文明的自觉和自信。其次,要把第一课堂和第二课堂、第三课堂相结合。通过社团活动、志愿者活动等多种载体,使学生进入"在场"或"当场"状态,提高他们的生态情感体验,获得生态知识的本质意蕴和精神实质。最后,要把生态文明教育融入大学生日常生活中。日常生活则是人与现实世界相联系的载体与中介。日常生活是"主要包括家庭或者私人的一些消费性的活动(比如衣食住行、饮食男女、婚丧嫁娶、休闲活动等)、日常交往、日常观念活动等,是一种具有重复性的活动",也是人的内心与外部世界对话的基本场域。因而,大学生生态文明观的教育必然要把目光投向这一被阿尔弗雷德·舒茨视为人类"最重要、最基本的生活事实"场域,让生态文明教育关照学生心灵,回应学生关切的生态危机、生态现实,关注大学生实然的生态生活,让"日常生活"由传统的不在场转为现代的生态文明教学基地,以学生易于掌握的生活性语言在具有"人情味"的生活课堂中相互学习、相互激励,从而在生活中真正正确地认识和处理人和自然的关系,能自觉而自由地把自然作为与自己生命相连的共同体。正如马克思所指出:"全面发展的个体应当

---

[1] 徐显明. 大学理念论纲[J]. 中国社会科学,2010(6).

是把对自然界的认识当作对他自己的现实体的认识。"[1]

(二)校内与校外相结合,提升大学生生态文明实践能力

高校在开展生态文明教育过程中,要坚持实践育人,把校内与校外生态文明教育相结合,引导大学生养成绿色生活方式和行为习惯,积极参与环保公益活动,在保护环境、节约资源的各种具体实践活动中提升生态文明实践能力。

第一,依托地方生态资源,建立校地共育生态文明实践基地。生态文明实践基地,是具备一定的生态景观或教育资源,能够促进人与自然和谐价值观的形成,有一定的生态教育功能,由高校和地方政府、企业、景区、乡村等共建共育的践行环保理念的场所。这些场所有着各具特色的生态优势,如海洋公园、森林公园、自然保护区、动物园、湿地公园,还如各级美丽乡村、生态农庄,亦如生态文明示范企业,都可以成为大学生社会生态实践基地,通过参观、考察、体验、交流,以更加感性直观的方式为大学生形成可持续发展的生态文明观念,进而转化为自觉的生态行为创造了客观条件。

第二,依托假期,开展以生态文明为主题的社会实践活动。大学生通过田间地头、厂矿企业的实际调查,考察空气、河流、土地污染等情况,明确污染的程度及其危害,进一步了解生态现状,从而进一步激发他们的生态情感,触动大学生树立科学的生态文明观,增强生态文明建设的使命感和责任感,进而促进大学生生态保护的内驱力以及生态人格的养成。

第三,依托绿色校园,促进大学生生态实践能力的提升。校园生态文化是校园文化重要的组成部分,可以在建设绿色校园的过程中强化生态育人的功能。首先,要营造浓厚的生态文明教育氛围。如定期举办生态文化节、开展生态文化主题名家论坛和讲座、组织多种形式的生态知识竞赛、摄影、微电影、音乐展播等,使学生全方位掌握生态文明的前沿理论,充分发挥大学生参与生态文明建设的自主性和创造性。其次,可以利用校园 BBS、校园微信公众号、校园广播、校园宣传栏等平台,通过"微话题""微互动"等各种大学生喜闻乐见的方式适时发布和推送"美丽校园""美丽中国""美丽生活"的相关理论动态等,使生态文明理念入心化行。

(三)网内与网外相结合,激发大学生践行正确的生态文明行为

随着"互联网+"时代的推进,各种新媒介、新技术层出不断,互联网和人工智能延伸了人们生存、活动和发展的空间,正在以一种前所未有的速度和方式深深地影响和改变着人们的生产方式、生活方式和思维方式。网络生活已然是人们生活的重要组成部分。网络的发展也是一把双刃剑,在为人们生

产、生活带来便利的同时,也带来了各种问题和挑战。如网络的超时空性,使各种纷繁复杂的社会思潮迅速传播,同现实社会一样,虚拟的网络社会中,也出现了种种网络生态问题,如网络安全危机、网络信息污染、网络信息垄断、网络信息异化等问题严重影响着我们的生活。

因此,社会要加强网络生态文明教育。建立清朗的网络空间,弘扬社会主义核心价值观,传播网络正能量,惩恶扬善。大学生作为青年网民,是网络群体的主体力量,大学生的网络生态认知、网络生态人格、网络生态行为对网络生态文明的发展起着举足轻重的作用。因而,加强大学生网络生态文明教育刻不容缓。网络生态文明教育作为一种新型的现代教育形态,有效延伸和发展了网外即现实生态文明教育的空间。为此,只有把网络生态文明教育和网外即现实生态文明教育结合起来,实现网内和网外的相互联动、全程覆盖,才能提升生态文明教育的实效性,也才能更有针对性地提升大学生生态文明素养,做生态公民,为生态文明建设做出杰出的贡献。

思 考 题

1. 在生态文明建设中大学生承担的历史使命是什么? 为什么?
2. 大学生在生态文明建设中的作用有哪些?
3. 大学生如何参与生态文明建设?
4. 人的生态文明素养的内涵是什么? 是如何形成的?
5. 大学生如何提升生态文明素养?

第十章
迈向生态文明新时代

党的十九大以来中国特色社会主义建设进入新时代。

生态文明建设进入关键期、攻坚期和窗口期，要在习近平生态文明思想指引下，坚持全党动员、全国发动，立足形成人与自然和谐发展现代化建设新格局，准确把握新时代生态文明建设所处的历史方位、深刻内涵和重点任务，咬紧牙关，爬坡迈坎，共建共享生态文明，迎接美丽中国建设的新胜利。

第一节　党的十九大以来生态文明建设新部署

在党的十九大报告中，习近平总书记系统总结党的十七大、十八大以来生态文明建设的实践理论探索，形成了社会主义生态文明观的系统完整阐述。十九大通过的《中国共产党党章》修正案，增加了生态文明的内容，明确提出，中国共产党领导人民建设社会主义生态文明，并将实行最严格的生态环境保护制度、增强绿水青山就是金山银山的意识、建设富强民主文明和谐美丽的社会主义现代化强国等内容写进党章。

党的十九大以来，以习近平同志为核心的党中央围绕完善生态文明管理体制机制推出了一系列具有革命性、根本性的改革举措，标志着我国生态文明治理体系现代化迈入新阶段：一是将生态文明建设写入宪法；二是党和国家机构改革的决定中明确生态环境保护作为政府基本职能加以强化，是党对生态文明建设重大工作集中统一领导体制机制的建立健全；三是国务院机构改革方案确立组建自然资源部、生态环境部、国家林业和草原局的新治理格局，是改革的落地落实；四是召开全国生态环境保护大会，系统部署新时代生态文明建设。

一、生态文明正式写入国家宪法

2018年3月11日下午十三届全国人大一次会议第三次全体会议经投票表决，通过《中华人民共和国宪法修正案》。修正案中将宪法序言第七自然段一处表述修改为："推动物质文明、政治文明、精神文明、社会文明、生态文明协调发展，把我国建设成为富强民主文明和谐美丽的社会主义现代化强国，实现中华民族伟大复兴。"其中"生态文明""美丽"等新表述，不仅对我国生态保护和环境治理具有重大意义，也为生态文明建设提供了宪法保障。这标志着生态文明建设被赋予了更高的法律地位，实现了党的主张、国家意志、人民意愿的高度统一。

与此同时，一系列与生态文明建设相关的新理念、新思想写入宪法。具体的修改体现在以下几个方面：一是增写"贯彻创新、协调、绿色、开放、共享的新发展理念"的要求，有利于更好地发挥新发展理念对推动我国经济实现高质量发展的引领、指导和约束作用；二是"推动物质文明、政治文明和精神文明协调发展"修改为"推动物质文明、政治文明、精神文明、社会文明、生态文明协调发展"。这是对中国特色社会主义事业总体布局的进一步丰富和完善，有利于生态文明建设深度融入经济建设、政治建设、文化建设、社会建设各方面、各环节和全过程，全方位、全地域、全过程开展自然资源保护和生态环境治理；三是"把我国建设成为富强、民主、文明的社会主义国家"修改为"把我国建设成为富强民主文明和谐美丽的社会主义现代化强国，实现中华民族伟大复兴",必将引领全党全国人民在新时代为实现"两个一百年"奋斗目标、实现中华民族伟大复兴的中国梦而不懈奋斗;四是"国务院行使下列职权"中第六项"领导和管理经济工作和城乡建设"修改为"领导和管理经济工作和城乡建设、生态文明建设",对于严格落实各级政府及其有关部门生态文明建设"一岗双责""属地管理"的责任,构建政府为主导的生态文明治理体系有深远影响;五是增写"推动构建人类命运共同体"的要求,为完善全球治理、构建更加公正合理的国际秩序指明了方向,有利于建设持久和平、普遍安全、共同繁荣、开放包容、清洁美丽的世界。

二、自然资源和生态环境管理体制改革进入新阶段

2018 年 2 月 26 日至 28 日召开的中共十九届中央委员会第三次全体会议通过《中共中央关于深化党和国家机构改革的决定》,对改革自然资源和生态环境管理体制作出系统安排,主要的改革举措包括:实行最严格的生态环境保护制度,构建政府为主导、企业为主体、社会组织和公众共同参与的环境治理体系,为生态文明建设提供制度保障。设立国有自然资源资产管理和自然生态监管机构,完善生态环境管理制度,统一行使全民所有自然资源资产所有者职责,统一行使所有国土空间用途管制和生态保护修复职责,统一行使监管城乡各类污染排放和行政执法职责。强化国土空间规划对各专项规划的指导约束作用,推进"多规合一",实现土地利用规划、城乡规划等有机融合。

2018 年 3 月 17 日,十三届全国人大一次会议表决通过关于国务院机构改革方案的决定。此次国务院机构改革方案,新组建自然资源部、生态环境部、国家林业和草原局,自然资源和生态环境管理体制改革进入新阶段。

组建自然资源部,旨在统一行使全民所有自然资源资产所有者职责,统一行使所有国土空间用途管制和生态保护修复职责,着力解决自然资源所有者不到位、空间规划重叠等问题,实现山水林田湖草整体保护、系统修复、综合治理,既避免发生自然资源因产权不清而被肆意破坏的"公地悲剧",也为领导干部自然资源离任审计等新的改革和制度实施奠定基础,符合自然资源稀缺性、整体性、公共性、多功能的特点,符合公共产品属性的服务应当集中管理,专业性质的管理应当由专业部门管理的国际惯例。

我国《宪法》规定,我国矿藏、水流、森林、山岭、草原、荒地、滩涂等自然资源属国家所有;国务院授权自然资源部作为自然资源管理的代理人,将使得自然资源产权更加明晰。具体而言,自然资源部将国土资源部的原有规划职责,国家发展和改革委员会的组织编制主体功能区规划职责,住房和城乡建设部的城乡规划管理职责整合,从而做到"统一的空间规划、统一的用途管制、统一的管理事权";将水利部的水资源调查和确权登记管理职责,农业部的草原资源调查和确权登记管理职责,国家林业局的森林、湿地等资源调

查和确权登记管理职责整合,有利于摸清自然资源的数量和质量,有利于解决自然资源所有者不到位、资源税国家应收未收等问题,实现自然资源资产价值的最大化。

组建生态环境部,将整合分散的生态环境保护职责,统一行使生态和城乡各类污染排放监管与行政执法职责,加强环境污染治理,保障国家生态安全,建设美丽中国。具体而言,将原环境保护部的职责,国家发展和改革委员会应对气候变化和减排的职责,国土资源部监督防止地下水污染的职责,水利部编制水功能区划、排污口设置管理、流域水环境保护的职责,农业部监督指导农业面源污染治理的职责,国家海洋局海洋环境保护的职责,国务院南水北调工程建设委员会南水北调工程项目区环境保护的职责等加以整合,归属于生态环境部。同时,赋予了生态环境部制定并组织实施生态环境政策、规划和标准,统一负责生态环境监测和执法工作,监督管理污染防治、核与辐射安全,组织开展中央环境保护督察等职能。

组建国家林业和草原局,有助于加大生态系统保护力度,统筹森林、草原、湿地监督管理,加快建立以国家公园为主体的自然保护地体系,保障国家生态安全。具体而言,将国家林业局的职责,农业部的草原监督管理职责,以及国土资源部、住房和城乡建设部、水利部、农业部、国家海洋局等部门的自然保护区、风景名胜区、自然遗产、地质公园等管理职责整合,组建国家林业和草原局,由自然资源部管理。国家林业和草原局加挂国家公园管理局牌子。这些职能调整有利于生态红线发挥重要作用、实行生态补偿制度,有利于促进国家公园管理体制高效运转,从而实现各类自然保护地真正意义上的严格保护、系统保护和整体保护。

国家自然资源和生态环境管理体制改革的不断深化,是落实生态系统治理理念的具体举措,是构建新时代生态文明建设新格局的核心任务。当前国务院机构改革正在稳步推进。我们相信在党中央的正确领导下,聚焦改革核心目标、关键领域,明确主要任务,就能发挥改革的牵引作用,切实推动生态文明建设取得新成效。

三、全面加强生态环境保护　坚决打好污染防治攻坚战进入新阶段

2018 年 5 月 18 日至 19 日,全国生态环境保护大会召开。6 月 16 日,中共中央、国务院发布《关于全面加强生态环境保护 坚决打好污染防治攻坚战的意见》。这是中华人民共和国成立以来,第一次以中共中央、国务院名义印发的加强生态环境保护的重大政策性文件,对加强生态环境保护、打好污染防治攻坚战作出再部署,制定新要求,制定了新时代的生态文明建设的时间表和路线图,标志着全党全国人民深入学习贯彻习近平新时代中国特色社会主义思想和党的十九大精神,决胜全面建成小康社会,全面加强生态环境保护,打好污染防治攻坚战,提升生态文明,建设美丽中国步入新阶段。

该意见就深刻认识生态环境保护面临的形势,深入贯彻习近平生态文明思想,全面加强党对生态环境保护的领导进行了系统部署,提出了全面加强生态环境保护的总体目标和基本原则,就推动形成绿色发展方式和生活方式、坚决打赢蓝天保卫战,着力打好碧水保卫战,扎实推进净土保卫战、加快生态保护与修复、改革完善生态环境治理体系做出了制度性安排。

该意见明确提出,进入新时代,解决人民日益增长的美好生活需要和不平衡不充分的发展之间的矛盾对生态环境保护提出许多新要求。该意见强调,当前生态文明建设正处于压力叠加、负重前行的关键期,已进入提供更多优质生态产品以满足人民日益增长的优美生态环境需要的攻坚期,也到了有条件有能力解决突出生态环境问题的窗口期。必须加大力度、加快治理、加紧攻坚,打好标志性的重大战役,为人民创造良好生产生活环境。

该意见深刻把握习近平生态文明思想"八个坚持"内涵,强调习近平生态文明思想为推进美丽中国建设、实现人与自然和谐共生的现代化提供了方向指引和根本遵循,必须用以武装头脑、指导实践、推动工作,把生态文明建设重大部署和重要任务落到实处,让良好生态环境成为人民幸福生活的增长点、成为经济社会持续健康发展的支撑点、成为展现我国良好形象的发力点。

该意见以 2020 年为时间节点,兼顾 2035 年和本世纪中叶,提出了新时代生态文明建设的时间表和近期、中期和总体目标,形成了美丽中国建设的阶段性目标体系。第一步到 2020 年,生态环境质量总体改善,主要污染物排放总量大幅减少,环境风险得到有效管控,生态环境保护水平同全面建成小康社会目标相适应。并且从质量、总量、风险 3 个层面确定具体指标。比如,全国细颗粒物未达标地级及以上城市浓度比 2015 年下降 18% 以上,地级及以上城市空气质量优良天数比率达到 80% 以上;全国地表水 Ⅰ~Ⅲ 类水体比例达到 70% 以上,劣 V 类水体比例控制在 5% 以内;生态保护红线面积占比达到 25% 左右;森林覆盖率达到 23.04% 以上等。同时要求通过加快构建生态文明体系,确保到 2035 年节约资源和保护生态环境的空间格局、产业结构、生产方式、生活方式总体形成,生态环境质量实现根本好转,美丽中国目标基本实现。到本世纪中叶,生态文明全面提升,实现生态环境领域国家治理体系和治理能力现代化。这一目标体系与十九大的整体目标指标保持连续性,也提出新要求,与增强人民群众的获得感紧密结合,强调要坚持坚持保护优先,强化问题导向,突出改革创新,注重依法监管,推进全民共治的四大工作原则。

该意见要求推动形成绿色发展方式和生活方式,强调坚持节约优先,加强源头管控,转变发展方式,培育壮大新兴产业,推动传统产业智能化、清洁化改造,加快发展节能环保产业,全面节约能源资源,协同推动经济高质量发展和生态环境高水平保护。并提出了促进经济绿色低碳循环发展;推进能源资源全面节约;引导公众绿色生活的具体要求。

该意见针对重点领域,抓住薄弱环节,做出打好三大保卫战和七大标志性战役的明确部署。三大保卫战即蓝天、碧水、净土保卫战。七大标志性重大战役即打赢蓝天保卫战,打好柴油货车污染治理、水源地保护、黑臭水体治理、长江保护修复、渤海综合治理、农业农村污染治理攻坚战。

坚决打赢蓝天保卫战,是污染防治攻坚战的重中之重。2018 年 7 月 3 日,国务院印发《打赢蓝天保卫战三年行动计划》,要求坚持新发展理念,坚持全民共治、源头防治、标本兼治,以京津冀及周边地区、长三角地区、汾渭平原等区域为重点,持续开展大气污染防治行动,综合运用经济、法律、技术和必要的行政手段,统筹兼顾、系统谋划、精准施策,坚决打赢蓝天保卫战,实现环境效益、经济效益和社会效益多赢。

此外,要求着力打好碧水保卫战,保好水、治差水,保障饮用水安全,基本消灭城市黑臭水体,保障群众饮水安全,守住水环境质量底线。在攻坚举措上,强调减排和扩容两手发力。一手抓工业、农业、生活三大类污染源整治,大幅减少污染物排放;一手抓水生态系统整治,有效扩大水体纳污和自净能力。

扎实推进净土保卫战,紧紧围绕改善土壤环境质量、防控环境风险目标,打基础、建体系、守底线。采取推进受污染耕地安全利用、严格建设用地用途管制、加快推进垃圾分类处置、全面禁止洋垃圾入境等措施,突出重点区域、行业和污染物,有效管控农用地和城市建设用地土壤环境风险,让老百姓吃得放心、住得安心。

在部署重点打好蓝天、碧水、净土三大保卫战的同时,还对加快生态保护与修复,划定并严守生态保护红线,坚决查处生态破坏行为,建立以国家公园为主体的自然保护地体系;改革完善生态环境治理体系,完善生态环境监管体系,健全生态环境保护经济政策体系,健全生态环境保护法治体系,强化生态环境保护能力保障体系,构建生态环境保护社会行动体系等做出了周密安排。

专家指出,以全国生态环境保护大会的召开和《关于全面加强生态环境保护 坚决打好污染防治攻坚战的意见》的发布为标志,全国上下吹响了建设生态文明、实现美丽中国梦的进军号角。

2018 年 7 月 10 日,第十三届全国人民代表大会常务委员会第四次会议通过《全国人民代表大会常务委员会关于全面加强生态环境保护 依法推动打好污染防治攻坚战的决议》,强调要贯彻党中央打好污染防治攻坚战决策部署,为全面加强生态环境保护贡献人大力量。该决议提出要在党中央集中统一领导下,充分发挥人民代表大会制度的特点和优势,履行宪法法律赋予的职责,以法律的武器治理污染,用法治的力量保护生态环境,为全面加强生态环境保护、依法推动打好污染防治攻坚战作出贡献。

该决议着重就坚持以习近平新时代中国特色社会主义思想特别是习近

平生态文明思想为指引,坚持党对生态文明建设的领导,建立健全最严格最严密的生态环境保护法律制度,大力推动生态环境保护法律制度全面有效实施,广泛动员人民群众积极参与生态环境保护工作提出了具体要求。

第二节 共建生态文明建设新时代

建设生态文明是一场革命性变革。实现这样的变革,必须全员参与。所谓全员参与,就是要抓好政府、企业、公众多主体的生态文明建设责任落实。就公众而言,生态文明建设是全社会的事情,与每一个人息息相关,人人都是受益者,人人都是践行者。需要教育引导公民树立勤俭节约、绿色低碳、文明健康的生活方式和消费观念,坚持生态文明人人共享,生态文明人人共建,为美丽中国建设贡献光和热。

生态文明建设以维护公共的生态利益为最终落脚点,而公众参与是生态文明建设深入推进的持久动力。只有切实推动生产方式从单向的资源利用型向保育节约循环再生型转轨,生活方式从高能耗、高消费向低能耗、适度消费转变,生态环境才能从负重前行向减量发展转化,为美丽中国涵养生态能量。

经过长期的努力,我国生态文明建设中公众参与制度框架体系初步构建,公众参与的领域不断拓展,参与方式和途径不断多样化。城乡居民种花种草、见缝插绿的积极性日益高涨,植纪念树、造纪念林成为风尚,认种认养、捐资捐物逐步兴起,志愿服务、网络参与渐趋流行,爱绿植绿护绿成为人民的自觉行动。全国绿化委员会办公室于 2017 年专门印发《全民义务植树尽责形式管理办法(试行)》,加强顶层设计,丰富义务植树内涵,规范义务植树尽责形式及折算标准,推进全民义务植树工作向更深层次、更广领域、更大范围发展。

与此同时,公众参与生态文明建设还存在不平衡的现象。公众对生态环境质量改善的获得感有待提升,参与领域、参与层次和水平有待提高。生态文明建设的不同领域涉及公众参与的具体制度,以及制度之间有关的政策性工具或手段还存在不够协调的情况。公众参与涉及的法律保障制度、信息公开制度、公益诉讼制度等制度之间体系化程度不高,公众利益的表达渠道还不够通畅,建立公众利益的协调平台,吸纳公众意见进行环境与发展的综合决策还需要不断地深入探索。特别是以更加有效地发挥公众的知情权、参与权、决策权和监督权为目标的公众组织化有序参与,还存在着一些短板。要以科学理性、依法有序、积极有效作为生态文明建设公众参与的基本目标,以利益相关性作为参与公众选择的基本原则,根据公共政策质量要求和公众接受性的需求程度确定公众参与的具体路径,进一步畅通生态治理的公众参与制度渠道,构建协调的公众参与机制。

生态文明的共建共创共享共赢,需要加强公众的生态文明知识教育、意识价值观构建、实践行为落实,以促进适应可持续发展的生产、生活和消费方式的全面转型。一方面,要推动生活理念绿色化。倡导简约适度、绿色低碳的生活方式,首先需要思想观念的破旧立新,树立新的价值观、生活观和消费观,大力宣传节约光荣、浪费可耻的观念,推动全社会形成绿色消费文化和生活方式。另一方面,关键要实现生活消费行为的绿色化。迎接绿色生活时代,需要从生活点滴开始。既要从消费端发力,反对奢侈浪费和不合理消费,比如推行"光盘行动"、禁止"过度包装"、治理快递垃圾等;又要养成自然、环保、节俭、健康的生活方式,坚持从自我做起,践行勤俭节约、低碳环保的绿色生活方式,影响并带动身边更多的人践行绿色理念、改变生活方式,将绿色生活方式融入我们的日常生活。

生态文明建设同每个人息息相关,每个人都应该做践行者、推动者。2017 年,习近平总书记在中共中央政治局第四十一次集体学习时强调推动形成绿色发展方式和生活方式,为人民群众创造良好生产生活环境。只有越来越多的人既能求知,又能行动,生态文明的变革才有可能真正产生,并持续巩固。只要人人于细微处为生态文明建设尽一份力量,就能形成全社会共同参与的良好风尚,以思想自觉引领行为自觉,共同创造美丽中国宏伟愿景。

全球可持续发展的纲领性文件《21 世纪议程》强调,"教育是推进可持续发展的关键",并把教育作为"人类最好的希望和寻求达到可持续发展最有效的途径"。因此,充分发挥教育所具有的独特而又持久的功能,全力以赴地推行全民生态文明教育,这样做受益的不仅是当下国人,更能造福子孙后代。

大学是培养德智体美全面发展的社会主义建设者和接班人的主要阵地。必须顺应生态文明建设的新要求、新任务,以问题需求为导向,发挥人才培养、科学研究和社会服务的多重功能,做生态文明建设的先行者和助推器。

要突出大学教育的主体功能,明确生态文明教育的目标,培养具有生态文明意识的公民。围绕此目标,应立足生产、生活、消费方式的转变,突出生态文明教育的重点,提高教育的实效性。要坚持分类施策,注重生态文明教育方式的多样化。通过树立典型示范、推动绿色创建、编写实用读本、主题宣传实践、合理化建议等多种形式,广泛动员全社会参与节能减排,引导绿色低碳文明行为,将生态文明理念真正落实到对每个人的行为自律约束上,形成完整的绿色行为规范,真正做到人人都是生态文明建设者、参与者。要针对生态文明教育合力不足的问题,发挥社会团体、各类 NGO、教学科研机构、媒体的绿色教育传播作用,推动生态文明教育向多方主体参与、多种资源整合、多种要素发挥作用的格局发展,形成政府部门推动和公众参与的互促共进格局。

要发挥大学的优势,突出实践性,加强师生生态文明行为的养成教育。

学校师生既是生态文明教育的主要受众，也是生态文明建设的重要推动者。要立足大学的不同学科特色，强化大学人才培养、科学研究为生态文明建设提供支撑的重点，用社会、经济、环境与文化可持续发展的科学知识充实有关课程内容，将生态文明建设内容纳入日常道德教育之中，注重培养具有可持续发展需要的科学知识、学习能力、价值观念与生活方式的新一代社会主义事业建设者。

大学生态文明教育重在养成实践。要遵循新一代大学生的认知规律，坚持学校教育与社会教育、理论教育与实践教育有机结合，倡导知行合一理念，注重发挥绿色生态文化的熏染感知，通过丰富的绿色课程教育内容的知识内化、生态环保实践行为的外化和日常行为规范的固化，推动师生生态文明行为的全方位养成。在校内要积极鼓励、支持和引导学生成立和运作生态环保社团，加强学校绿色教育课外实践活动。

大学教育具有文化传承创新功能，这是高校履行社会责任的重要体现。大学要充分发挥示范效应，通过传播绿色知识、推广绿色理念和研发成果，吸引社会关心绿色、热爱绿色，让绿色成为社会发展的主旋律。要摒弃现实存在的学校教育"小众化"发展自说自话的不良风气，构建起学校与政府、企业、社区、媒体有机互动的生态文明教育合作伙伴关系。充分发挥学校的优势，通过与政府和民间团体合作，加强社区共建，以绿色学校建设辐射带动"绿色社区""绿色企业""绿色城市"的建设；推动学生志愿者的生态环保实践活动进社区、进工厂、进乡村，让学生节省身边一滴水、一张纸、一度电，力争做到教育一名学生，影响一个家庭，受益一方社区。

大学要主动融入国际合作框架，加强大学生态文明教育的国际合作交流。近年来，众多国际组织积极推动绿色可持续学校教育实践。我国大学有待深度参与。要以更加开放的视野，充分借鉴国际上可持续发展教育的先进经验，促进大学生态文明教育的均衡化发展。

在纪念马克思诞辰200周年大会的讲话中，习近平总书记强调，要学习和实践马克思主义关于人与自然关系的思想。他指出，自然是生命之母，人与自然是生命共同体，人类必须敬畏自然、尊重自然、顺应自然、保护自然。特别是要牢固树立和切实践行绿水青山就是金山银山的理念，推进生态文明建设，共建美丽中国，共享共建自然之美、生命之美、生活之美。对此，大学要发挥优势，多为生态文明建设贡献智慧、培育人才。

生态文明建设已经进入新时代。这是一个伟大的时代。美丽中国建设向全国人民提出了新的任务。我们要全面践行习近平生态文明思想，让美丽中国的愿景在不懈奋斗中变为现实。

思　考　题

1. 如何概况总结党的十九大以来我国生态文明建设的新进展、新成就。

2. 中共中央、国务院发布的《关于全面加强生态环境保护,坚决打好污染防治攻坚战的意见》的主要要求是什么?

3. 如何从国际、国内两个维度,理解和认识建立以国家公园为主体的自然保护地体系。

4. 走进生态文明新时代应该采取哪些具体措施?

参 考 文 献

［1］黄承良.新时代生态文明建设思想概论［M］.北京：人民出版社，2018.

［2］俞海，刘越，等.习近平生态文明思想：内涵实质、体系特征与时代意义［N］.中国环境报，2018-06-15.

［3］黄承梁.走进社会主义生态文明新时代［J］.红旗文稿，2018（3）.

［4］任勇.关于习近平生态文明思想的理论思考［N］.中国环境报，2018-05-29.

［5］中共生态环境部党组.以习近平生态文明思想为指导，坚决打好打胜污染防治攻坚战.［J］.求是，2018（12）.

［6］OECD．2009．Sustainable Manufacturing and Eco-innovation：Towards a Green Economy［W］．OECD Observer（June）.

［7］俞孔坚，李迪华，等.“海绵城市”理论与实践［J］.城市规划，2015，39（6）：26-36.

［8］陈义勇，俞孔坚.古代"海绵城市"思想——水适应性景观经验启示［J］.中国水利，2015，17：19-22.

［9］俞孔坚，李雷.缓解内涝需营造"海绵城市"［J］.中国经济报告，2016，8：52-54.

［10］俞孔坚.海绵城市的三大关键策略：消纳、减速与适应［J］.南方建筑，2015，3：4-7.

［11］孙佑海.当前生态文明立法领域存在的几个问题［J］.中国生态文明，2016，3：42-46.

［12］本书编辑组.习近平谈治国理政（第二卷）［M］.北京：外文出版社，2017.

［13］陈宗兴.生态文明建设（理论卷）［M］.北京：学习出版社，2014.

［14］中国工程院.中国生态文明建设若干战略问题研究［M］.北京：科学出版社，2016.

［15］世界自然基金会.地球生命力报告［R］.2016.

［16］张三元.绿色发展与绿色生活方式的构建［J］.山东社会科学，2018，3.

［17］陈润羊，花明，张贵祥.我国生态文明建设中的公众参与［J］.江西社会科学，2017，3.

［18］陈建成.推进绿色发展　实现全面小康［M］.北京：中国林业出版社，2018.

［19］黎祖交.生态文明关键词［M］.北京：中国林业出版社，2018.

［20］廖福霖，等.生态文明学［M］.北京：中国林业出版社，2012.

［21］国家林业局.党政领导干部生态文明建设读本（上、下）［M］.北京：中国林业出版社，2014.

［22］方世南.从重大政治问题和社会问题的高度推进生态文明建设［EB/OL］.光明网，理论频道，2018-05-23.

［23］张云飞.坚持生态惠民、生态利民、生态为民［EB/OL］.央广网，2018-05-24.